高等职业教育土木建筑类专业教材
高职高专智慧建造系列教材

建筑工程计量与计价

主　编　王占锋
参　编　叶　征　李晶晶
主　审　郭红兵

北京理工大学出版社
BEIJING INSTITUTE OF TECHNOLOGY PRESS

内容提要

本书根据《建设工程工程量清单计价规范》进行编写。全书共分为七个项目，主要内容包括建设工程计价概述、建筑工程定额、建筑面积计算、工程量清单计价原理、房屋建筑工程工程量计算、装饰工程工程量计算、建筑工程合同价款管理等。

本书可作为高职高专院校建筑工程技术等相关专业的教材，也可作为函授和自考辅导用书，还可供建筑工程施工现场相关技术和管理人员工作时参考使用。

版权专有　侵权必究

图书在版编目（CIP）数据

建筑工程计量与计价 / 王占锋主编 .—北京：北京理工大学出版社，2018.1（2020.8重印）
ISBN 978-7-5682-5036-8

Ⅰ.①建… Ⅱ.①王… Ⅲ.①建筑工程—计量—高等学校—教材 ②建筑造价—高等学校—教材 Ⅳ.①TU723.32

中国版本图书馆CIP数据核字（2017）第309556号

出版发行 / 北京理工大学出版社有限责任公司
社　　址 / 北京市海淀区中关村南大街5号
邮　　编 / 100081
电　　话 /（010）68914775（总编室）
　　　　　（010）82562903（教材售后服务热线）
　　　　　（010）68948351（其他图书服务热线）
网　　址 / http://www.bitpress.com.cn
经　　销 / 全国各地新华书店
印　　刷 / 北京紫瑞利印刷有限公司
开　　本 / 787毫米 × 1092毫米　1/16
印　　张 / 17.5　　　　　　　　　　　　　　　　　　责任编辑 / 李玉昌
字　　数 / 425千字　　　　　　　　　　　　　　　　文案编辑 / 李玉昌
版　　次 / 2018年1月第1版　2020年8月第5次印刷　　责任校对 / 周瑞红
定　　价 / 48.00元　　　　　　　　　　　　　　　　责任印制 / 边心超

图书出现印装质量问题，请拨打售后服务热线，本社负责调换

高等职业教育土木建筑类专业教材
高职高专智慧建造系列教材
编审委员会

顾　问：胡兴福　全国住房和城乡建设职业教育教学指导委员会秘书长
　　　　　　　　全国高职工程管理类专业指导委员会主任委员
　　　　　　　　享受政府特殊津贴专家，教授、高级工程师

主　任：杨云峰　陕西交通职业技术学院党委书记，教授、正高级工程师

副主任：薛安顺　刘新潮

委　员：
　　　　于军琪　吴　涛　官燕玲　刘军生　来弘鹏
　　　　高俊发　石　坚　黄　华　熊二刚　于　均
　　　　赵晓阳　刘瑞牛　郭红兵

编写组：
　　　　丁　源　罗碧玉　王淑红　吴潮玮　寸江峰
　　　　孟　琳　丰培洁　翁光远　刘　洋　王占锋
　　　　叶　征　郭　琴　丑　洋　陈军川

总序言

　　高等职业教育以培养生产、建设、管理、服务第一线的高素质技术技能人才为根本任务，在建设人力资源强国和高等教育强国的伟大进程中发挥着不可替代的作用。近年来，我国高职教育蓬勃发展，积极推进校企合作、工学结合人才培养模式改革，办学水平不断提高，为现代化建设培养了一大批高素质技术技能人才，对高等教育大众化作出了重要贡献。要加快高职教育改革和发展的步伐，全面提高人才培养质量，就必须对课程体系建设进行深入探索。在此过程中，教材无疑起着至关重要的基础性作用，高质量的教材是培养高素质技术技能人才的重要保证。

　　高等职业院校专业综合改革和高职院校"一流专业"培育是教育部、陕西省教育厅为促进高职院校内涵建设、提高人才培养质量、深化教育教学改革、优化专业体系结构、加强师资队伍建设、完善质量保障体系，增强高等职业院校服务区域经济社会发展能力而启动的陕西省高等职业院校专业综合改革试点项目和陕西高职院校"一流专业"培育项目。在此背景下，为了更好地贯彻《国家中长期教育改革和发展规划纲要（2010—2020年）》及《高等职业教育创新发展行动计划（2015—2018年）》相关精神，更好地推动高等职业教育创新发展，自"十三五"以来，陕西交通职业技术学院建筑工程技术专业先后被立项为"陕西省高等职业院校专业综合改革试点项目"、"陕西高职院校'一流专业'培育项目"及"高等职业教育创新发展行动计划（2015—2018年）骨干专业建设项目"，教学成果"契合行业需求，服务智慧建造，建筑工程技术专业人才培养模式创新与实践"荣获"陕西省2015年高等教育教学成果特等奖"。依托以上项目建设，陕西交通职业技术学院组织了一批具有丰富理论知识和实践经验的专家、一线教师，校企合作成立了智慧建造系列教材编审委员会，着手编写了本套重点支持建筑工程专业群的智慧建造系列教材。

　　本套公开出版的智慧建造系列教材编审委员会对接陕西省建筑产业岗位要求，结合专业实际和课程改革成果，遵循"项目载体、任务驱动"的原则，组织开发了以项目为主体的工学结合教材；在项目选取、内容设计、结构优化、资源建设等方面形成了自己的特色，具体表现在以下方面：一是教材内容的选取凸显了职业性和前沿性特色；二是教材结构的安排凸显了情境化和项目化特色；三是教材实施的设计凸显了实践性和过程性特色；四是教材资源的建设凸显了完备性和交互性特色。总之，智慧建造系列教材的体例结构打破了传统的学科体系，以工作任务为载体进行项目化设计，教学方法融"教、学、做"于一体、实施以真实工作任务为载体的项目化教学方法，突出了以学生自主学习为中心、以问题为导向的理念，考核评价体现过程性考核，充分体现现代高等职业教育特色。因此，本套智慧建造系列教材的出版，既适合高职院校建筑工程类专业教学使用，也可作为成人教育及其他社会人员岗位培训用书，对促进当前我国高职院校开展建筑工程技术"一流专业"建设具有指导借鉴意义。

2017年10月

前　言

本书结合"建筑工程计量与计价"课程教学基本要求和课程教学特点，按照《房屋建筑与装饰工程消耗量定额》（TY 01—31—2015）和《建设工程工程量清单计价规范》（GB 50500—2013）、《房屋建筑与装饰工程工程量计算规范》（GB 50854—2013）《陕西省建筑装饰工程消耗量定额（2009）》及最新的建筑与装饰工程计量与计价依据编写而成。

本书附有大量建筑工程计量与计价项目案例，重点突出了对建筑工程计量与计价基本实践技能的讲解，理论与实践相结合；同时教材知识体系完整，结构层次分明，重点突出，语言简练，概念清楚，内容通俗易懂。

本书每个项目中都有确定的学习目标、能力目标。各个项目内任务的具体内容又可分为任务描述、相关知识以及任务实施三个部分。书中既有例题，又有表格及图示，每个项目的最后还有项目小结、思考与练习，可帮助学生迅速掌握相关知识，并很快掌握工作技能。

本书由陕西交通职业技术学院王占锋担任主编，陕西交通职业技术学院叶征、李晶晶参与了本书部分章节的编写工作。具体编写分工为：王占锋编写了项目一、项目三和项目五，叶征编写了项目六和附录，李晶晶编写了项目二、项目四和项目七。全书由陕西交通职业技术学院郭红兵主审。

尽管我们在探索《建筑工程计量与计价》教材建设的特色方面作出了许多努力，但由于编者水平有限，教材中仍可能存在一些疏漏和不妥之处，恳请读者批评指正。

编　者

目 录

项目一　建设工程计价概述……………1

任务一　建筑工程造价构成 ………1
　一、工程造价的含义 ……………1
　二、工程造价的特点 ……………2
　三、工程造价的计价特征 ………2

任务二　建设项目投资构成 ………4
　一、建筑安装工程费用 …………5
　二、设备及工、器具购置费用 …11
　三、工程建设其他费用 …………11
　四、预备费 ………………………12
　五、建设期贷款利息 ……………13
　六、固定资产投资方向调节税 …13

任务三　建设工程计价方法 ………14
　一、工程计价模式 ………………14
　二、工程计价基本原理 …………15
　三、工程计价标准和依据 ………17
　四、工程计价基本程序 …………17

项目小结 ……………………………20
思考与练习 …………………………20

项目二　建筑工程定额……………21

任务一　建筑工程定额的认知 ……21
　一、定额的基本概念 ……………21
　二、工程定额体系 ………………22

任务二　建筑安装工程人工、材料及
　　　　机械台班定额消耗量 ……24
　一、工作时间分类 ………………24
　二、确定人工定额消耗量的基本方法 …26
　三、确定材料定额消耗量的基本方法 …27
　四、确定机械台班定额消耗量的基本
　　　方法 …………………………28

任务三　建筑安装工程人工、材料及
　　　　机械台班单价 ……………29
　一、人工日工资单价的组成和确定方法…30
　二、材料单价的组成和确定方法 ………31
　三、施工机械台班单价的组成和确定方法…32

任务四　预算定额 …………………34
　一、预算定额的概念与作用 ……35
　二、预算定额的编制原则、编制依据、
　　　编制程序及要求 ……………36

· 1 ·

三、预算定额消耗量的编制方法 ……… 37

四、房屋建筑与装饰工程消耗量定额简介 … 40

五、预算定额基价编制 ……………… 41

六、预算定额应用 …………………… 42

项目小结 …………………………… 45

思考与练习 ………………………… 46

项目三 建筑面积计算 …………… 47

任务一 建筑面积概述 …………… 47

一、建筑面积的概念 ………………… 47

二、建筑面积的意义 ………………… 48

三、建筑面积的计算要求 …………… 48

任务二 建筑面积计算 …………… 49

一、计算建筑面积的范围 …………… 49

二、不计算建筑面积的项目 ………… 54

项目小结 …………………………… 54

思考与练习 ………………………… 54

项目四 工程量清单计价原理 …… 56

任务一 工程量清单认识 ………… 56

一、分部分项工程项目清单 ………… 56

二、措施项目清单 …………………… 59

三、其他项目清单 …………………… 60

四、规费、税金项目清单 …………… 65

任务二 招标工程量清单与招标控制价的编制 …………………… 66

一、招标工程量清单的编制 ………… 66

二、招标控制价的编制 ……………… 71

任务三 投标报价的编制 ………… 75

一、分部分项工程和措施项目计价表的编制 ……………………………… 76

二、其他项目清单与计价表的编制 … 78

三、规费、税金项目清单与计价表的编制 ……………………………… 79

四、投标价的计价程序 ……………… 79

任务四 综合单价的应用 ………… 80

项目小结 …………………………… 81

思考与练习 ………………………… 82

项目五 房屋建筑工程工程量计算 …………………………… 83

任务一 土石方工程 ……………… 83

一、工程量清单项目设置及计算规则 … 84

二、工程量计算规则相关说明 ……… 85

三、工程量清单计量 ………………… 89

任务二 地基处理与边坡支护工程 … 89

一、工程量清单项目设置及计算规则 … 90

二、工程量计算规则相关说明 ……… 95

三、工程量清单计量 ………………… 96

任务三 桩基工程 ………………… 96

一、工程量清单项目设置及计算规则 … 97

二、工程量计算规则相关说明 ……… 99

三、工程量清单计量 ………………… 100

任务四 砌筑工程 ………………… 100

一、工程量清单项目设置及计算规则 … 101

二、工程量计算规则相关说明 …………… 108
　　三、工程量清单计量 …………………… 109
任务五　混凝土及钢筋混凝土工程 … 110
　　一、工程量清单项目设置及计算规则　111
　　二、工程量计算规则相关说明 …………… 120
　　三、工程量清单计量 …………………… 121
任务六　金属结构工程 ………………… 122
　　一、工程量清单项目设置及计算规则　123
　　二、工程量计算规则相关说明 …………… 127
　　三、工程量清单计量 …………………… 128
任务七　木结构工程 …………………… 128
　　一、工程量清单项目设置及计算规则　129
　　二、工程量计算规则相关说明 …………… 130
　　三、工程量清单计量 …………………… 130
任务八　门窗工程 ……………………… 131
　　一、工程量清单项目设置及计算规则　132
　　二、工程量计算规则相关说明 …………… 138
　　三、工程量清单计量 …………………… 140
任务九　屋面及防水工程 ……………… 141
　　一、工程量清单项目设置及计算规则　142
　　二、工程量计算规则相关说明 …………… 145
　　三、工程量清单计量 …………………… 145
任务十　保温、隔热、防腐工程 … 146
　　一、工程量清单项目设置及计算规则　146
　　二、工程量计算规则相关说明 …………… 150
　　三、工程量清单计量 …………………… 150
项目小结 ………………………………… 150
思考与练习 ……………………………… 151

项目六　装饰工程工程量计算 …… **156**
　任务一　楼地面装饰工程 ………… 156
　　一、工程量清单项目设置及计算规则　157
　　二、工程量计算规则相关说明 …………… 162
　　三、工程量清单计量 …………………… 162
　任务二　墙、柱面装饰与隔断、幕墙
　　　　　工程 ……………………… 163
　　一、工程量清单项目设置及计算规则　164
　　二、工程量计算规则相关说明 …………… 169
　　三、工程量清单计量 …………………… 170
　任务三　天棚工程 …………………… 171
　　一、工程量清单项目设置及计算规则　172
　　二、工程量计算规则相关说明 …………… 174
　　三、工程量清单计量 …………………… 174
　任务四　油漆、涂料、裱糊工程 … 174
　　一、工程量清单项目设置及计算规则　175
　　二、工程量计算规则相关说明 …………… 179
　　三、工程量清单计量 …………………… 179
　任务五　措施项目工程 ……………… 180
　　一、工程量清单项目设置及计算规则　180
　　二、工程量计算规则相关说明 …………… 186
　　三、工程量清单计量 …………………… 187
项目小结 ………………………………… 188
思考与练习 ……………………………… 188

项目七　建筑工程合同价款管理 … **191**
　任务一　合同价款处理 ……………… 191

一、合同价款约定 …………… 191
　二、工程计量 ………………… 193
　三、合同价款调整 …………… 194
　四、合同价款期中支付 ……… 210
　五、竣工结算与支付 ………… 213
　六、合同解除的价款结算与支付 … 218
　七、合同价款争议的解决 …… 218
任务二　工程造价鉴定 …………… 221
　一、一般规定 ………………… 221
　二、取证 ……………………… 222
　三、鉴定 ……………………… 222

项目小结 ……………………… 223
思考与练习 …………………… 224

附录　建筑工程工程量清单及其计价编制示例 …………………… 225
　一、某配电房工程量项目说明 …… 225
　二、配电房工程量清单编制 … 240
　三、配电房工程招标控制价编制 … 247

参考文献 ……………………… 270

项目一 建设工程计价概述

学习目标

通过本项目的学习,熟悉定额计价模式和工程量清单计价模式;掌握建筑工程造价的构成。

能力目标

对建设工程计价体系有初步的认识。

任务一 建筑工程造价构成

任务描述

工程造价是在建设项目决策、设计、交易、施工、竣工五个阶段过程中,确定的投资估算、设计概算、施工图预算、招标控制价、工程量清单报价、工程结算价和竣工决算价的总称。本任务要求学生认识工程造价的含义和计价特征。

相关知识

一、工程造价的含义

工程造价就是工程的建造价格。工程造价有两种含义,即工程投资费用和工程建造价格。

(1)工程投资费用(固定资产投资)。从投资者(业主)的角度来定义,工程造价是指建设一项工程,预期开支或实际开支的全部固定资产投资费用。投资者选定一个投资项目,为了获得预期的效益,就要通过项目评估进行决策,然后进行设计招标、工程招标,直至竣工验收等一系列投资管理活动。在投资活动中所支付的全部费用形成了固定资产和无形资产,所有这些开支就构成了工程造价。从这个角度来说,工程投资费用就是建设项目工程造价,也就是建设项目的固定资产投资。其费用构成的主要内容为:设备及工、器具购置费;建筑安装工程费用;工程建设其他费用;预备费;建设期贷款利息;固定资产方向调节税。

(2)工程建造价格(建筑安装工程费)。从承包者(承包商),或供应商,或规划、设计等机构的角度来定义，工程建造价格为建成一项工程，预计或实际在土地市场、设备市场、技术劳务市场，以及承包市场等交易活动中所形成的建筑安装工程的价格和建设工程总价格。工程建造价格又称为建安工程费，我国现行的建安工程费由人工费、材料费、施工机械使用费构成。

二、工程造价的特点

(1) 工程造价的大额性。要发挥工程项目的投资效用，其工程造价都非常高昂，动辄数百万、数千万(元人民币)，特大的工程项目造价可达上百亿元人民币。

(2) 工程造价的个别性、差异性。任何一项工程都有特定的用途、功能和规模。因此，对每一项工程的结构、造型、空间分割、设备配置和内外装饰都有具体的要求，所以，工程内容和实物形态都具有个别性、差异性。产品的差异性决定了工程造价的个别性差异。同时，每期工程所处的地理位置也不相同，从而使这一特点得到了强化。

(3) 工程造价的动态性。任何一项工程从决策到竣工交付使用，都有一个较长的建设期。在建设期内，往往由于不可控制因素的原因，造成许多影响工程造价的动态因素。如设计变更，材料和设备价格，工资标准以及取费费率的调整，贷款利率、汇率的变化，都必然会影响到工程造价的变动。所以，工程造价在整个建设期都处于不确定状态，直至竣工决算后才能最终确定工程的实际造价。

(4) 工程造价的层次性。工程造价的层次性取决于工程的层次性。一个建设项目往往包含多项能够独立发挥生产能力和工程效益的单项工程。一个单项工程又由多个单位工程组成。与此相适应，工程造价有三个层次，即建设项目总造价、单项工程造价和单位工程造价。如果专业分工更细，分部分项工程也可以作为承发包的对象，如大型土方工程、桩基础工程、装饰工程等。这样工程造价的层次因增加分部工程和分项工程而成为五个层次。即使从工程造价的计算程序和工程管理角度来分析，工程造价的层次也是非常明确的。

(5) 工程造价的兼容性。首先表现在其本身具有的两种含义，其次表现在工程造价构成的广泛性和复杂性，工程造价除建筑安装工程费用，设备及工、器具购置费用外，征用土地费用、项目可行性研究费用、规划设计费用、与一定时期政府政策(产业和税收政策)相关的费用也占有相当的份额。营利的构成较为复杂，资金成本较大。

三、工程造价的计价特征

1. 计价的单件性

每个建设产品都为特定的用途而建造，在结构、造型、选用材料、内部装饰、体积和面积等方面都会有所不同。建筑物要有个性，不能千篇一律，只能单独设计、单独建造。由于建造地点的地质情况不同，建造时人工材料的价格变动，使用者不同的功能要求，最终导致工程造价的千差万别。

2. 计价的多次性

建设产品的生产过程是一个周期长、规模大、消耗多、造价高的投资生产活动，必须按照规定的建设程序分阶段进行。工程造价多次性计价的特点，表现在建设程序的每个阶段都有相对应的计价活动，以便有效地确定与控制工程造价。各个阶段的造价文件是相互衔接的，由粗到细、由浅到深、由预期到实际，前者制约后者，后者修正和补充前者。工程造价多次性计价与建设程序的关系(计价过程)如图1-1所示。

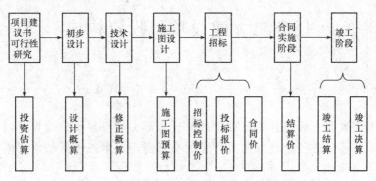

图1-1 工程造价多次性计价与建设程序的关系

3. 计价的组合性

每个工程项目都可以按照建设项目、单项工程、单位工程、分部工程、分项工程的层次分解，然后按相反的次序组合计价。工程计价的最小单元是分项工程或构配件。工程计价的基本对象是单位工程。

4. 方法的多样性

工程造价多次性计价有各自不同的计价依据，对造价的精度要求也不相同，这就决定了计价方法的多样性特征。

5. 依据的复杂性

影响工程造价的因素主要有以下几类：
(1)项目建议书、可行性研究报告、设计文件、招标文件等。
(2)投资估算指标、概算指标、概算定额、消耗量定额、企业定额文件等。
(3)人工、材料费、机械台班、设备的单价。
(4)计价规则、取费标准等。
(5)政府和有关部门规定的税费。
(6)物价指数和工程造价指数。

任务实施

根据上述相关知识的内容学习可知，工程造价的两种含义是从不同角度把握同一事物的本质。对于建设工程的投资者来说，工程造价就是项目投资，是"购买"项目付出的价格。同时，它也是投资者在作为市场供给主体"出售"项目时定价的基础。对于承包商来说，工程造价是他们作为市场供给主体出售商品和劳务的价格总和或是特定范围的工程造价，如建筑安装工程造价。了解工程造价的计价特征，对工程造价的确定与控制是非常必要的。在日后的学习工作中，可对工程造价的计价特征有更深入的了解。

任务二 建设项目投资构成

任务描述

建设项目投资包含工程项目按照确定的建设内容、建设规模、建设标准、功能和使用要求等全部建成并验收合格后交付使用所需的全部费用。本任务要求学生掌握我国现行建设项目投资的主要构成。

相关知识

按照原国家计委审定发布的《投资项目可行性研究指南》(计办投资〔2002〕15号)的规定，我国现行工程造价的构成主要内容包括建筑安装工程费，设备及工、器具购置费，工程建设其他费用，预备费，建设期贷款利息，固定资产投资方向调节税六项。

建设工程项目总投资费用构成见表1-1。

表1-1 建设工程项目总投资费用构成表

投资性质		投资组成	费用
建设工程项目总投资	固定资产投资（工程造价的第一层含义）	建筑安装工程费(工程造价的第二层含义)	(1)直接费 (2)间接费 (3)利润 (4)税金
		设备、工器具、生产家具用具购置费	(1)设备原价及设备运杂费 (2)工、器具购置费
		工程建设其他费用	(1)土地使用费 (2)生产准备费 (3)建设相关费
		预备费	(1)基本预备费 (2)调价预备费
		建设期贷款利息	
		固定资产投资方向调节税	
	流动资产投资	经营性项目铺底流动资金	

建设工程项目总投资费用计算表见表1-2。

表 1-2 建设工程项目总投资费用计算表

序号	费用名称	参考计算方法
1	(1)建筑安装工程费	①+②+③+④
	①直接费	$\sum$(工程量×单价)+措施费
	②间接费	(直接工程费×取费费率)或(人工费×取费费率)
	③利润	(①+②)×利润率
	④税金	(①+②+③)×税率
2	(2)设备购置费(包括备用件)	$\sum$设备原价×(1+运杂费率)+成套设备供应服务费
3	(3)工、器具购置费	设备购置费×工、器具购置费率(或规定金额)
4	(4)工程建设其他费用	按所涉及的各项费用规定的方法进行计算
5	(5)预备费	按项目涉及的费用进行计算
6	(6)建设工程项目固定投资总费用	(1)+(2)+(3)+(4)+(5)
7	(7)固定资产投资方向调节税	(6)×规定调节税率
8	(8)建设期贷款利息	[(6)+(7)]分年度贷款额×利息率
9	建设工程项目总投资	(6)+(7)+(8)

一、建筑安装工程费用

根据住房和城乡建设部、财政部颁布的《关于印发〈建筑安装工程费用项目组成〉的通知》(建标〔2013〕44号),我国现行建筑安装工程费用按两种不同的方式划分,即按费用构成要素划分和按造价形成划分,其具体构成如图1-2所示。

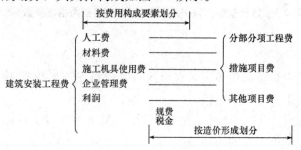

图 1-2 建筑安装工程费用项目构成

(一)按费用构成要素划分建筑安装工程费用

建筑安装工程费按照费用构成要素可分为人工费、材料(包含工程设备,下同)费、施工机具使用费、企业管理费、利润、规费和税金七种费用。其中,人工费、材料费、施工机具使用费、企业管理费和利润包含在分部分项工程费、措施项目费、其他项目费中,其具体构成如图1-3所示。

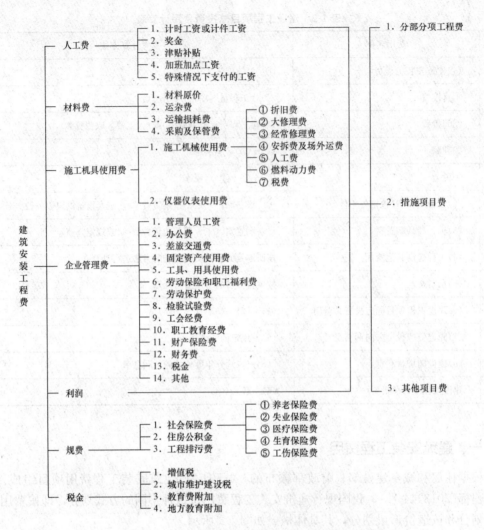

图1-3 建筑安装工程费用项目组成表(按费用构成要素划分)

1. 人工费

人工费是指按工资总额构成规定，支付给从事建筑安装工程施工的生产工人和附属生产单位工人的各项费用。其内容包括：

(1)计时工资或计件工资。计时工资或计件工资是指按计时工资标准和工作时间或对已做工作按计件单价支付给个人的劳动报酬。

(2)奖金。奖金是指对超额劳动和增收节支支付给个人的劳动报酬。如节约奖、劳动竞赛奖等。

(3)津贴补贴。津贴补贴是指为了补偿职工特殊或额外的劳动消耗和因其他特殊原因支付给个人的津贴，以及为了保证职工工资水平不受物价影响支付给个人的物价补贴。如流动施工津贴、特殊地区施工津贴、高温(寒)作业临时津贴、高空津贴等。

(4)加班加点工资。加班加点工资是指按规定支付的在法定节假日工作的加班工资和在法定日工作时间外延时工作的加点工资。

(5)特殊情况下支付的工资。特殊情况下支付的工资是指根据国家法律、法规和政策规定，因病、工伤、产假、计划生育假、婚丧假、事假、探亲假、定期休假、停工学习、执行国家或社会义务等原因按计时工资标准或计时工资标准的一定比例支付的工资。

2. 材料费

材料费是指施工过程中耗费的原材料、辅助材料、构配件、零件、半成品或成品、工程设备的费用。其内容包括：

(1) 材料原价。材料原价是指材料、工程设备的出厂价格或商家供应价格。

(2) 运杂费。运杂费是指材料、工程设备自来源地运至工地仓库或指定堆放地点所发生的全部费用。

(3) 运输损耗费。运输损耗费是指材料在运输装卸过程中不可避免的损耗。

(4) 采购及保管费。采购及保管费是指为组织采购、供应和保管材料、工程设备的过程中所需要的各项费用。如采购费、仓储费、工地保管费、仓储损耗的费用等。

工程设备是指构成或计划构成永久工程一部分的机电设备、金属结构设备、仪器装置及其他类似的设备和装置。

3. 施工机具使用费

施工机具使用费是指施工作业所发生的施工机械、仪器仪表使用费或其租赁费。

(1) 施工机械使用费。施工机械使用费以施工机械台班耗用量乘以施工机械台班单价表示，施工机械台班单价应由下列七项费用组成。

1) 折旧费。折旧费是指施工机械在规定的使用年限内，陆续收回其原值的费用。

2) 大修理费。大修理费是指施工机械按规定的大修理间隔台班进行必要的大修理，以恢复其正常功能所需的费用。

3) 经常修理费。经常修理费是指施工机械除大修理以外的各级保养和临时故障排除所需的费用。包括为保障机械正常运转所需替换设备与随机配备工具附具的摊销和维护费用，机械运转中日常保养所需润滑与擦拭的材料费用及机械停滞期间的维护和保养费用等。

4) 安拆费及场外运费。安拆费是指施工机械（大型机械除外）在现场进行安装与拆卸所需的人工、材料、机械和试运转费用以及机械辅助设施的折旧、搭设、拆除等费用；场外运费是指施工机械整体或分体自停放地点运至施工现场或由一施工地点运至另一施工地点的运输、装卸、辅助材料及架线等费用。

5) 人工费。人工费是指机上司机（司炉）和其他操作人员的人工费。

6) 燃料动力费。燃料动力费是指施工机械在运转作业中所消耗的各种燃料及水、电等。

7) 税费。税费是指施工机械按照国家规定应缴纳的车船使用税、保险费及年检费等。

(2) 仪器仪表使用费。仪器仪表使用费是指工程施工所需使用的仪器仪表的摊销及维修费用。

4. 企业管理费

企业管理费是指建筑安装企业组织施工生产和经营管理所需的费用。其内容包括：

(1) 管理人员工资。管理人员工资是指按规定支付给管理人员的计时工资、奖金、津贴补贴、加班加点工资及特殊情况下支付的工资等。

(2) 办公费。办公费是指企业管理办公用的文具、纸张、账表、印刷、邮电、书报、办公软件、现场监控、会议、水电、烧水和集体取暖降温（包括现场临时宿舍取暖降温）等费用。

(3)差旅交通费。差旅交通费是指职工因公出差、调动工作的差旅费、住勤补助费,市内交通费和误餐补助费,职工探亲路费,劳动力招募费,职工退休、退职一次性路费,工伤人员就医路费,工地转移费以及管理部门使用的交通工具的油料、燃料等费用。

(4)固定资产使用费。固定资产使用费是指管理和试验部门及附属生产单位使用的属于固定资产的房屋、设备、仪器等的折旧、大修、维修或租赁费。

(5)工具、用具使用费。工具、用具使用费是指企业施工生产和管理使用的不属于固定资产的工具、器具、家具、交通工具和检验、试验、测绘、消防用具等的购置、维修和摊销费。

(6)劳动保险和职工福利费。劳动保险和职工福利费是指由企业支付的职工退职金、按规定支付给离休干部的经费,如集体福利费、夏季防暑降温、冬季取暖补贴、上下班交通补贴等。

(7)劳动保护费。劳动保护费是指企业按规定发放的劳动保护用品的支出。如工作服、手套、防暑降温饮料以及在有碍身体健康的环境中施工的保健费用等。

(8)检验试验费。检验试验费是指施工企业按照有关标准规定,对建筑以及材料、构件和建筑安装物进行一般鉴定、检查所发生的费用,包括自设试验室进行试验所耗用的材料等费用。不包括新结构、新材料的试验费,对构件做破坏性试验及其他特殊要求检验试验的费用和建设单位委托检测机构进行检测的费用,对此类检测发生的费用,由建设单位在工程建设其他费用中列支。但对施工企业提供的具有合格证明的材料进行检测不合格的,该检测费用由施工企业支付。

(9)工会经费。工会经费是指企业按《工会法》规定的全部职工工资总额比例计提的工会经费。

(10)职工教育经费。职工教育经费是指按职工工资总额的规定比例计提,企业为职工进行专业技术和职业技能培训,专业技术人员继续教育,职工职业技能鉴定、职业资格认定以及根据需要对职工进行各类文化教育所发生的费用。

(11)财产保险费。财产保险费是指施工管理用财产、车辆等的保险费用。

(12)财务费。财务费是指企业为施工生产筹集资金或提供预付款担保、履约担保、职工工资支付担保等所发生的各种费用。

(13)税金。税金是指企业按规定缴纳的房产税、车船使用税、土地使用税、印花税等。

(14)其他。其他包括技术转让费、技术开发费、投标费、业务招待费、绿化费、广告费、公证费、法律顾问费、审计费、咨询费、保险费等。

5. 利润

利润是指施工企业完成所承包工程获得的营利。

6. 规费

规费是指按国家法律、法规规定,由省级政府和省级有关权力部门规定必须缴纳或计取的费用。其包括:

(1)社会保险费。

1)养老保险费。养老保险费是指企业按照规定标准为职工缴纳的基本养老保险费。

2)失业保险费。失业保险费是指企业按照规定标准为职工缴纳的失业保险费。

3)医疗保险费。医疗保险费是指企业按照规定标准为职工缴纳的基本医疗保险费。

4)生育保险费。生育保险费是指企业按照规定标准为职工缴纳的生育保险费。

5)工伤保险费。工伤保险费是指企业按照规定标准为职工缴纳的工伤保险费。
(2)住房公积金。住房公积金是指企业按规定标准为职工缴纳的住房公积金。
(3)工程排污费。工程排污费是指按规定缴纳的施工现场工程排污费。
其他应列而未列入的规费,按实际发生计取。

7. 税金

税金是指国家税法规定的应计入建筑安装工程造价内的增值税、城市维护建设税、教育费附加以及地方教育附加。

(二)按造价形成划分建筑安装工程费用

根据住房和城建建设部、财政部联合下达的《建筑安装工程费用的组成》的通知(建标〔2013〕44号),具体规定:建筑安装工程费按照工程造价形成顺序,由分部分项工程费、措施项目费、其他项目费、规费、税金组成。分部分项工程费、措施项目费、其他项目费包含人工费、材料费、施工机具使用费、企业管理费和利润,其具体构成如图1-4所示。

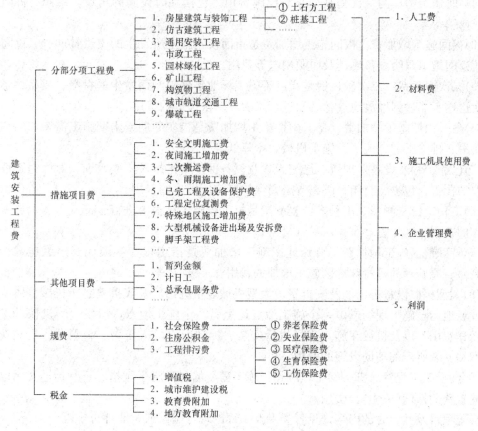

图1-4 建筑安装工程费用项目组成表(按造价形成划分)

1. 分部分项工程费

分部分项工程费是指各专业工程的分部分项工程应予列支的各项费用。
(1)专业工程。专业工程是指按现行国家计量规范划分的房屋建筑与装饰工程、仿古建筑工程、通用安装工程、市政工程、园林绿化工程、矿山工程、构筑物工程、城市轨道交通工程、爆破工程等各类工程。

(2)分部分项工程。分部分项工程是指按现行国家计量规范对各专业工程划分的项目。如房屋建筑与装饰工程划分的土石方工程、地基处理与桩基工程、砌筑工程、钢筋及钢筋混凝土工程等。

各类专业工程的分部分项工程划分见现行国家或行业计量规范。

2. 措施项目费

措施项目费是指为完成建设工程施工，发生于该工程施工前和施工过程中的技术、生活、安全、环境保护等方面的费用。其内容包括：

(1)安全文明施工费。

1)环境保护费。环境保护费是指施工现场为达到环保部门要求所需要的各项费用。

2)文明施工费。文明施工费是指施工现场文明施工所需要的各项费用。

3)安全施工费。安全施工费是指施工现场安全施工所需要的各项费用。

4)临时设施费。临时设施费是指施工企业为进行建设工程施工所必须搭设的生活和生产用的临时建筑物、构筑物和其他临时设施费用。包括临时设施的搭设、维修、拆除、清理费或摊销费等。

(2)夜间施工增加费。夜间施工增加费是指因夜间施工所发生的夜班补助费、夜间施工降效、夜间施工照明设备摊销及照明用电等费用。

(3)二次搬运费。二次搬运费是指由于施工场地条件限制而发生的材料、成品、半成品等一次运输不能达到堆放地点，必须进行二次或多次搬运的费用。

(4)冬、雨期施工增加费。冬、雨期施工增加费是指在冬期或雨期施工需增加的临时设施、防滑、排除雨雪、人工及施工机械效率降低等费用。

(5)已完工程及设备保护费。已完工程及设备保护费是指竣工验收前，对已完工程及设备采取的覆盖、包裹、封闭、隔离等必要保护措施所发生的费用。

(6)工程定位复测费。工程定位复测费是指工程施工过程中进行全部施工测量放线和复测工作的费用。

(7)特殊地区施工增加费。特殊地区施工增加费是指工程在沙漠或其边缘地区、高海拔、高寒、原始森林等特殊地区施工增加的费用。

(8)大型机械设备进出场及安拆费。大型机械设备进出场及安拆费是指机械整体或分体自停放场地运至施工现场或由一个施工地点运至另一个施工地点，所发生的机械进出场运输及转移费用，以及机械在施工现场进行安装、拆卸所需的人工费、材料费、机械费、试运转费和安装所需的辅助设施的费用。

(9)脚手架工程费。脚手架工程费是指施工需要的各种脚手架搭、拆、运输费用以及脚手架购置费的摊销(或租赁)费用。

措施项目及其包含的内容详见各类专业工程的现行国家或行业计量规范。

3. 其他项目费

(1)暂列金额。暂列金额是指建设单位在工程量清单中暂定并包括在工程合同价款中的一笔款项。其用于施工合同签订时尚未确定或者不可预见的所需材料、工程设备、服务的采购，施工中可能发生的工程变更、合同约定调整因素出现时的工程价款调整以及发生的索赔、现场签证确认等的费用。

(2)计日工。计日工是指在施工过程中，施工企业完成建设单位提出的施工图纸以外的零星项目或工作所需的费用。

(3)总承包服务费。总承包服务费是指总承包人为配合、协调建设单位进行的专业工程发包,对建设单位自行采购的材料、工程设备等进行保管以及施工现场管理、竣工资料汇总整理等服务所需的费用。

4. 规费和税金

规费和税金的构成和计算与按费用构成要素划分建筑安装工程费用项目组成部分是相同的。

二、设备及工、器具购置费用

设备及工、器具购置费用由设备购置费和工、器具及生产家具购置费组成。在生产性工程建设中,设备及工、器具购置费用占工程造价比重的增大,意味着生产技术的进步和资本有机构成的提高。

设备购置费是指为建设项目购置或自制的达到固定资产标准的各种国产或进口设备、工具、器具的购置费用。其计算公式为:

$$设备购置费=设备原价+设备运杂费 \tag{1-1}$$

1. 设备原价

设备原价是指国产设备原价或进口设备原价。

(1)国产设备原价一般是指设备制造厂的交货价,或订货合同价。一般根据生产厂或供应商的询价、报价、合同价确定。国产设备原价一般分为国产标准设备原价和国产非标准设备原价。

1)国产标准设备原价。国产标准设备原价有带备件的原价和不带备件的原价两种,在计算时,一般采用带备件的原价。

2)国产非标准设备原价。非标准设备原价有多种不同的计算方法,如成本计算估价法、分部组合估价法、定额估价法等。无论采用哪种方法,都应该使非标准设备的原价接近实际出厂价,并且计算方法要简便。

(2)进口设备原价是指进口设备的抵岸价,即抵达买方边境口岸或边境车站,并且交完关税等税费后形成的价格。当进口设备采用装运港船上交货价(FOB)时,进口设备抵岸价由以下公式计算:

$$进口设备抵岸价=货价+国际运费+运输保险费+银行财务费+外贸手续费+$$
$$关税+增值税+消费税+海关监管手续费+车辆购置附加税 \tag{1-2}$$

2. 设备运杂费

设备运杂费由运费和装卸费、包装费、设备供销部门的手续费、采购与仓库保管费组成。其计算公式为:

$$设备运杂费=设备原价×设备运杂费费率 \tag{1-3}$$

三、工程建设其他费用

工程建设其他费用是指从工程筹建到工程竣工验收交付使用的整个建设期间,除建筑安装工程费用和设备及工、器具购置费用以外,为保证工程建设顺利完成和交付使用后能够正常发挥效用而发生的各项费用。工程建设其他费用通常包括以下内容。

1. 土地使用费

为获得建设用地所支付的费用称为土地使用费。

2. 与建设项目有关的其他费用

(1)建设单位管理费。建设单位管理费包括建设单位开办费、建设单位经费。

(2)勘察设计费。勘察设计费是指提供项目建议书、可行性研究报告及设计文件等所需的费用。

(3)研究实验费。研究实验费是指提供和验证设计参数、数据、资料进行的必要实验费用以及设计规定在施工中必须进行试验、验证所需的费用。

(4)建设单位临时设施费。建设单位临时设施费是指建设期间建设单位所需临时设施的搭设、维修、摊销或租赁的费用。

(5)工程监理费。工程监理费是指建设单位委托工程监理单位对工程实施监理工作所需的费用。

(6)工程保险费。工程保险费是指建筑工程一切险、安装工程一切险和机器损坏保险的费用。

(7)引进技术和进口设备其他费用。引进技术和进口设备其他费用包括出国人员费用；国外工程技术人员来华费用；技术引进费；分期和延期付款利息；担保费和进口设备检验鉴定费用。

(8)工程承包费。工程承包费是指具有总承包条件的工程公司，对工程建设项目从开始建设至竣工投产全过程的总承包所需的管理费用。

3. 与未来企业生产经营有关的其他费用

(1)联合试运转费。联合试运转费是指竣工验收前进行整个车间的负荷和无负荷联合试运转发生的费用支出大于试运转收入的亏损部分。

(2)生产准备费。生产准备费是指生产工人培训费、生产单位提前进厂的各项费用。

(3)办公和生活家具购置费。办公和生活家具购置费是指该项费用按照设计定员人数乘以综合指标计算，一般为600～800元/人。

四、预备费

1. 基本预备费

基本预备费是指在初步设计及概算内难以预料的工程费用。其计算公式为：

$$基本预备费＝(设备及工、器具购置费＋建筑安装工程费用＋工程建设其他费用)×基本预备费费率 \quad (1\text{-}4)$$

费用内容包括：

(1)在批准的初步设计范围内，技术设计、施工图设计及施工过程中所增加的工程费用；设计变更、局部地基处理等增加的费用。

(2)一般自然灾害造成的损失和预防自然灾害所采取的措施费用。

(3)竣工验收时，为鉴定工程质量对隐蔽工程进行必要的挖掘和修复费用。

2. 涨价预备费

涨价预备费是指建设项目在建设期间内由于价格等变化引起工程造价变化的预测预留费用。其计算公式为：

$$PF = \sum_{t=1}^{n} I_t [(1+f)^t - 1] \tag{1-5}$$

式中 PF——涨价预备费；

n——建设期年费数；

I_t——建设期中第 t 年的投资计划额，包括设备及工、器具购置费，建筑安装工程费，工程建设其他费用及基本预备费；

f——年均投资价格上涨率。

【例 1-1】 某建设项目，建设期为 3 年，各年投资计划额如下：第一年投资 500 万元，第二年投资 860 万元，第三年投资 400 万元，年均投资价格上涨率为 5%，求建设项目建设期间涨价预备费。

【解】 第一年涨价预备费为：

$$PF_1 = I_1[(1+f)-1] = 500 \times (1.05-1) = 25(万元)$$

第二年涨价预备费为：

$$PF_2 = I_2[(1+f)^2-1] = 860 \times (1.1025-1) = 88.15(万元)$$

第三年涨价预备费为：

$$PF_3 = I_3[(1+f)^3-1] = 400 \times (1.1576-1) = 63.04(万元)$$

所以，建设期的涨价预备费为：

$$PF = 25 + 88.15 + 63.04 = 176.19(万元)$$

五、建设期贷款利息

建设期贷款利息包括向国内银行和其他非银行金融机构贷款、出口信贷、外国政府贷款、国际商业银行贷款以及在境内外发行的债券等在建设期应偿还的借款利息，按复利计算法计算。

当总贷款是分年均衡发放时，建设期利息的计算可按当年借款在年中支用考虑，即当年贷款按半年计息，上年贷款按全年计息。其计算式如下：

$$q_j = (P_{j-1} + 1/2 A_j) \cdot i \tag{1-6}$$

式中 q_j——建设期第 j 年应计利息；

P_{j-1}——建设期第 $(j-1)$ 年年末贷款累计金额和利息累计金额之和；

A_j——建设期第 j 年贷款金额；

i——年利率。

【例 1-2】 某新建项目，建设期为 3 年，分年均衡进行贷款，第一年贷款 200 万元，第二年贷款 300 万元，第三年贷款 200 万元，年利率为 6%，一年计息一次，建设期内利息只计息不支付，计算建设期贷款利息。

【解】 建设期各年利息计算如下：

第一年贷款利息：$Q_1 = (200/2) \times 6\% = 6(万元)$

第二年借款利息：$Q_2 = (206 + 300/2) \times 6\% = 21.36(万元)$

第三年借款利息：$Q_3 = (206 + 321.36 + 200/2) \times 6\% = 37.64(万元)$

该项目建设期利息：$Q = Q_1 + Q_2 + Q_3 = 6 + 21.36 + 37.64 = 65(万元)$

六、固定资产投资方向调节税

国务院规定从 2000 年 1 月 1 日起新发生的投资额暂停征收方向调节税，但该税种并未取消。其费用归属：

(1) 生产工人工资、操作施工机械人员工资、施工企业管理人员工资、建设单位管理人员工资、监理工程师工资。
(2) 劳动保护费和劳动保险费。
(3) 安拆费及场外运费与大型机械设备进出场及安拆费。
(4) 检验试验费与研究试验费。
(5) 施工单位的临时设施费与建设单位的临时设施费。
(6) 企业管理费中的"税金"与建设安装工程费中的"税金"。
(7) 财务保险和工程保险。

任务实施

根据上述相关知识的内容学习，在日后的实际工作中，运用相关知识进行建设项目投资费用的计算。

任务三　建设工程计价方法

任务描述

工程计价是指按照规定的程序、方法和依据，对工程造价及其构成内容进行估计或确定的行为。工程计价依据是指在工程计价活动中，所要依据的与计价内容、计价方法和价格标准相关的工程计量计价标准，工程计价定额及工程造价信息等。本任务要求学生了解定额计价模式与工程量清单计价模式这两种计价方法的区别与联系。

相关知识

一、工程计价模式

（一）定额计价模式与工程量清单计价模式

长期以来，工程预算定额是我国承发包计价、定价的主要依据。现预算定额中规定的消耗量和有关施工措施性费用是按社会平均水平编制的，以此为依据形成的工程造价基本上也属于社会平均价格。这种平均价格可作为市场竞争的参考价格，但不能反映参与竞争企业的实际消耗和技术管理水平，这在一定程度上限制了企业的公平竞争，难以满足招标投标竞争定价和经评审的合理低价中标的要求。因此，改变以往的工程预算定额的计价模式，适应招标投标的需要，推行工程量清单计价办法是十分必要的。

工程量清单计价是建设工程招标投标中，按照国家统一的工程量清单计价规范，由招标人提供工程数量，投标人自主报价，经评审低价中标的工程造价计价模式。采用工程量清单计价能反映工程个别成本，有利于企业自主报价和公平竞争。

工程量清单计价法是一种有别于定额计价模式的方法，是一种主要由市场定价的计价模式，是由建筑产品发承包双方在建筑市场上根据供求状况、信息状况进行自由竞价，从而最终能够签订工程合同的方法。

（二）工程量清单计价规范

为了适应我国建设工程管理体制改革以及建设市场发展的需要，规范建设工程各方的计价行为，进一步深化工程造价管理模式的改革。2003年2月17日，原建设部以第119号公告发布了国家标准《建设工程工程量清单计价规范》（GB 50500—2003）（以下简称"03 规范"）。"03 规范"是我国工程造价从传统的以预算定额为主的计价方式向国际上通行的工程量清单计价模式转变的成果，在推行过程中既积累了经验也发现了不足。

2008年7月9日，中华人民共和国住房和城乡建设部总结了"03 规范"实施以来的经验，针对执行中存在的问题，对不尽合理、可操作性不强的条款及表格格式等进行了修订，并颁布了国家标准《建设工程工程量清单计价规范》（GB 50500—2008）（以下简称"08 规范"），于2008年12月1日起实施。"03 规范"同时废止。

2012年12月25日，在总结"08 规范"实施以来的经验，针对执行中存在的问题的基础上，相关部门对"08 规范"的相关内容进行了修订，并颁布了国家标准《建设工程工程量清单计价规范》（GB 50500—2013）（以下简称"13 计价规范"）、《房屋建筑与装饰工程工程量计算规范》（GB 50854—2013）、《仿古建筑工程工程量计算规范》（GB 50855—2013）、《通用安装工程工程量计算规范》（GB 50856—2013）、《市政工程工程量计算规范》（GB 50857—2013）、《园林绿化工程工程量计算规范》（GB 50858—2013）、《矿山工程工程量计算规范》（GB 50859—2013）、《构筑物工程工程量计算规范》（GB 50860—2013）、《城市轨道交通工程工程量计算规范》（GB 50861—2013）、《爆破工程工程量计算规范》（GB 50862—2013），于2013年7月1日起实施。"08 规范"同时废止。

《建设工程工程量清单计价规范》（GB 50500—2013）是统一工程量清单编制，调整建设工程工程量清单计价活动中发包人与承包人各种关系的规范文件，其包括总则、术语、工程量清单编制、工程量清单计价、工程量清单计价表格等内容。"13 计价规范"分别就"计价规范"的适用范围、编制工程量清单应遵循的原则、工程量清单计价活动的规则、工程清单计价表格作了明确规定。

二、工程计价基本原理

建设项目是兼具单件性与多样性的集合体。每一个建设项目的建设都需要按业主的特定需要进行单独设计、单独施工，不能批量生产和按整个项目确定价格，只能采用特殊的计价程序和计价方法，即将整个项目进行分解，划分为可以按有关技术经济参数测算价格的基本构造单元（如定额项目、清单项目），这样就可以计算出基本构造单元的费用。一般来说，分解结构层次越多，基本子项就越细，计算也更精确。

任何一个建设项目都可以分解为一个或几个单项工程，任何一个单项工程都是由一个或几个单位工程所组成。作为单位工程的各类建筑工程和安装工程仍然是一个比较复杂的综合实体，还需要进一步分解。单位工程可以按照结构部位、路段长度及施工特点或施工任务分解为分部工程。分解成分部工程后，从工程计价的角度，还需要把分部工程按照不同的施工方法、材料、工序及路段长度等，加以更为细致的分解，划分为更为简单细小的部分，即分项工程。分解到分项工程后还可以根据需要进一步划分或组合为定额项目或清单项目，这样就可以得到基本构造单元。

工程造价计价的主要思路就是将建设项目细分至最基本的构造单元，找到了适当的计量单位及当时当地的单价，就可以采取一定的计价方法，进行分部组合汇总，计算出相应工程造价。工程计价的基本原理就在于项目的分解与组合。

工程计价的基本原理可以用公式的形式表达如下：

$$分部分项工程费 = \sum[基本构造单元工程量（定额项目或清单项目）\times 相应单价] \tag{1-7}$$

工程造价的计价可分为工程计量和工程计价两个环节。

1. 工程计量

工程计量工作包括工程项目的划分和工程量的计算。

(1)单位工程基本构造单元的确定，即划分工程项目。编制工程概算预算时，主要是按工程定额进行项目的划分；编制工程量清单时主要是按照工程量清单计量规范规定的清单项目进行划分。

(2)工程量的计算就是按照工程项目的划分和工程量计算规则，就施工图设计文件和施工组织设计对分项工程实物量进行计算。工程实物量是计价的基础，不同的计价依据有不同的计算规则。目前，工程量计算规则包括两大类：

1)各类工程定额规定的计算规则。

2)各专业工程计量规范附录中规定的计算规则。

2. 工程计价

工程计价包括工程单价的确定和总价的计算。

(1)工程单价是指完成单位工程基本构造单元的工程量所需要的基本费用。工程单价包括工料单价和综合单价。

1)工料单价也称为直接工程费单价，其包括人工、材料、机械台班费用，是各种人工消耗量、各种材料消耗量、各类机械台班消耗量与其相应单价的乘积。用下式表示：

$$工料单价 = \sum(人、材、机消耗量 \times 人、材、机单价) \tag{1-8}$$

2)综合单价包括人工费、材料费、机械台班费，还包括企业管理费、利润和风险因素。综合单价根据国家、地区、行业定额或企业定额消耗量和相应生产要素的市场价格来确定。

(2)工程总价是指经过规定的程序或办法逐级汇总形成的相应工程造价。

根据采用单价的不同，总价的计算程序也有所不同。

1)采用工料单价时，在工料单价确定后，乘以相应定额项目工程量并汇总，得出相应工程直接工程费，再按照相应的取费程序计算其他各项费用，汇总后形成相应工程造价。

2)采用综合单价时，在综合单价确定后，乘以相应项目工程量，经汇总即可得出分部分项工程费，再按相应的办法计取措施项目费用、其他项目费用、规费项目费用、税金项目费用，由各项目费用汇总后得出相应工程造价。

三、工程计价标准和依据

工程计价标准和依据主要包括计价活动的相关规章规程、工程量清单计价和计量规范、工程定额和相关造价信息。

从目前我国现状来看,工程定额主要用于在项目建设前期各阶段对于建设投资的预测和估计,在工程建设交易阶段,工程定额通常只能作为建设产品价格形成的辅助依据。工程量清单计价依据主要适用于合同价格形成以及后续的合同价格管理阶段。计价活动的相关规章规程则根据其具体内容可能适用于不同阶段的计价活动。造价信息是计价活动所必需的依据。

1. 计价活动的相关规章规程

现行计价活动相关的规章规程主要包括建筑工程发包与承包计价管理办法、建设项目投资估算编审规程、建设项目设计概算编审规程、建设项目施工图预算编审规程、建设工程招标控制价编审规程、建设项目工程结算编审规程、建设项目全过程造价咨询规程、建设工程造价咨询成果文件质量标准、建设工程造价鉴定规程等。

2. 工程量清单计价和计量规范

工程量清单计价和计量规范由《建设工程工程量清单计价规范》(GB 50500—2013)、《房屋建筑与装饰工程工程量计算规范》(GB 50854—2013)、《仿古建筑工程工程量计算规范》(GB 50855—2013)、《通用安装工程工程量计算规范》(GB 50856—2013)、《市政工程工程量计算规范》(GB 50857—2013)、《园林绿化工程工程量计算规范》(GB 50858—2013)、《矿山工程工程量计算规范》(GB 50859—2013)、《构筑物工程工程量计算规范》(GB 50860—2013)、《城市轨道交通工程工程量计算规范》(GB 50861—2013)、《爆破工程工程量计算规范》(GB 50862—2013)等组成。

3. 工程定额

工程定额主要是指国家、省、有关专业部门制定的各种定额,包括工程消耗量定额和工程计价定额等。

4. 工程造价信息

工程造价信息主要包括价格信息、工程造价指数、已完工程信息等。

四、工程计价基本程序

1. 工程概预算编制的基本程序

工程概预算的编制是国家通过颁布统一的计价定额或指标,对建筑产品价格进行计价的活动。国家以假定的建筑安装产品为对象,制定统一的预算和概算定额。然后按概预算定额规定的分部分项子目,逐项计算工程量,套用概预算定额单价(或单位估价表)确定直接工程费,再按规定的取费标准确定措施费、间接费、利润和税金,经汇总后即为工程概预算价值。工程概预算编制的基本程序,如图1-5所示。

工程概预算单位价格的形成过程,就是依据概预算定额所确定的消耗量乘以定额单价或市场价,经过不同层次的计算形成相应造价的过程。可以用公式进一步明确工程概预算编制的基本方法和程序。

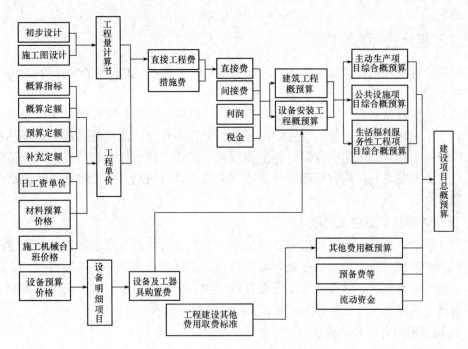

图 1-5 工程概预算编制程序示意图

(1)每一计量单位建筑产品的基本构造要素(假定建筑产品)的直接工程费单价=人工费+材料费+施工机械使用费。其中：

$$人工费 = \sum (人工工日数量 \times 人工单价)$$

$$材料费 = \sum (材料用量 \times 材料单价) + 检验试验费$$

$$施工机械使用费 = \sum (机械台班用量 \times 机械台班单价)$$

(2)单位工程直接费=$\sum$(假定建筑产品工程量×直接工程费单价)+措施费。

(3)单位工程概预算造价=单位工程直接费+间接费+利润+税金。

(4)单项工程概预算造价=$\sum$单位工程概预算造价+设备、工器具购置费。

(5)建设项目全部工程概预算造价=$\sum$单项工程的概预算造价+预备费+有关的其他费用。

2. 工程量清单计价的基本程序

工程量清单计价的过程可以分为两个阶段，即工程量清单编制和工程量清单应用两个阶段，如图 1-6 和图 1-7 所示。

工程量清单计价的基本原理可以描述为：按照工程量清单计价规范规定，在各相应专业工程计量规范规定的工程量清单项目设置和工程量计算规则基础上，针对具体工程的施工图纸和施工组织设计计算出各个清单项目的工程量，根据规定的方法计算出综合单价，并汇总各清单合价得出工程总价。

(1)分部分项工程费=$\sum$(分部分项工程量×相应分部分项综合单价)。

(2)措施项目费=$\sum$各措施项目费。

(3)其他项目费=暂列金额+暂估价+计日工+总承包服务费。

(4)单位工程报价=分部分项工程费+措施项目费+其他项目费+规费+税金。

(5)单项工程报价=$\sum$单位工程报价。

(6)建设项目总报价=$\sum$单项工程报价。

式中,综合单价是指完成一个规定清单项目所需的人工费、材料费和工程设备费、施工机具使用费和企业管理费、利润,以及一定范围内的风险费用。风险费用是隐含于已标价工程量清单综合单价中,用于化解发承包双方在工程合同中约定内容和范围内的市场价格波动风险的费用。

工程量清单计价活动涵盖施工招标、合同管理,以及竣工交付全过程,主要包括编制招标工程量清单、招标控制价、投标报价,确定合同价,进行工程计量与价款支付、合同价款的调整、工程结算和工程计价纠纷处理等活动。

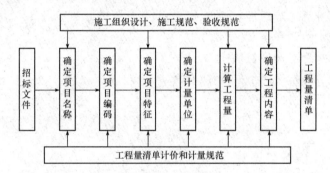

图 1-6　工程量清单编制程序

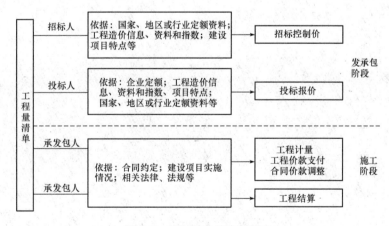

图 1-7　工程量清单应用程序

任务实施

根据上述相关知识的内容学习,在日后的实际工作中,运用相关知识进行建筑工程的计量与计价。

项目小结

工程造价有两种含义,即工程投资费用和工程建造价格。我国现行工程造价的构成主要内容为建筑安装工程费,设备及工、器具购置费,工程建设其他费用,预备费,建设期贷款利息,固定资产投资方向调节税六项。工程计价是指按照规定的程序、方法和依据,对工程造价及其构成内容进行估计或确定的行为。

思考与练习

1. 简述定额计价模式与工程量清单计价模式的计价方法的不同。
2. 简述工程造价的两种含义。
3. 工程造价具有哪些计价特征?
4. 建设工程项目总投资费用有哪些构成?
5. 如何计算建设期贷款利息?

项目二　建筑工程定额

学习目标

通过本项目的学习，熟悉工程建设定额体系以及工程建设定额的概念；掌握工程建设定额的应用，建筑安装工程人工、材料、机械台班消耗量与单价的确定方法；掌握预算定额的编制方法。

能力目标

能进行预算定额的编制。

任务一　建筑工程定额的认知

任务描述

定额是一种规定的额度，广义地说，是处理特定事物的数量界限。在现代社会经济生活中，定额几乎无处不在。就生产领域来说，工时定额、原材料消耗定额、原材料和成品半成品储备定额、流动资金定额等，都是企业管理的重要基础。更为重要的是，在市场经济条件下，从市场价格机制角度，该如何看待现行工程建设定额在工程价格形成中的作用。因此，在研究工程造价的计价依据和计价方式时，首先有必要对定额和工程定额的基本原理有一个基本认识。本任务即是对建筑工程定额一个基本认知。

相关知识

一、定额的基本概念

1. 定额的概念

所谓"定"就是规定；"额"就是额度或限额，是进行生产经营活动时，在人力、物力、财力消耗方面所应遵守或达到的数量标准。从广义上理解，定额就是规定的额度或限额，即标准或尺度，也是处理特定事物的数量界限。

2. 工程定额的概念

工程定额是完成规定计量单位的合格建筑安装产品所消耗资源的数量标准。即在一定生产力水平下，在工程建设中，单位产品上人工、材料、机械、资金消耗的规定额度。这种数量关系体现出在正常的施工条件、合理的施工组织设计、合格产品等各种生产要素消耗下的社会平均合理水平。

工程定额是工程造价的计价依据。反映社会生产力投入和产出关系的定额，在建设管理中不可缺少。尽管建设管理科学在不断发展，但是仍然离不开工程定额。

二、工程定额体系

工程定额是一个综合概念，是建设工程造价计价和管理中各类定额的总称，包括许多种类的定额，可以按照不同的原则和方法对它进行分类。

1. 按定额反映的生产要素消耗内容分类

按定额反映的生产要素消耗内容分类，可以把工程定额分为劳动消耗定额、材料消耗定额和机械消耗定额三种。

(1)劳动消耗定额。劳动消耗定额简称为劳动定额(也称为人工定额)，是指在正常的施工技术和组织条件下，完成规定计量单位合格的建筑安装产品所消耗的人工工日的数量标准。劳动定额的主要表现形式是时间定额，但同时也表现为产量定额。时间定额与产量定额互为倒数。

(2)材料消耗定额。材料消耗定额简称为材料定额，是指在正常的施工技术和组织条件下，完成规定计量单位合格的建筑安装产品所消耗的原材料、成品、半成品、构配件、燃料，以及水、电等动力资源的数量标准。

(3)机械消耗定额。机械消耗定额是以一台机械一个工作台班为计量单位，所以又称为机械台班定额。机械消耗定额是指在正常的施工技术和组织条件下，完成规定计量单位合格的建筑安装产品所消耗的施工机械台班的数量标准。机械消耗定额的主要表现形式是机械时间定额，同时也以产量定额表现。

2. 按定额的编制程序和用途分类

按定额的编制程序和用途分类，可以把工程定额分为施工定额、预算定额、概算定额、概算指标、投资估算指标五种类型。

(1)施工定额。施工定额是指完成一定计量单位的某一施工过程或基本工序所需消耗的人工、材料和机械台班数量标准。施工定额是施工企业(建筑安装企业)为组织生产和加强管理而在企业内部使用的一种定额，属于企业定额的性质。施工定额是以某一施工过程或基本工序作为研究对象，为表示生产产品数量与生产要素消耗综合关系而编制的定额。为了适应组织生产和管理的需要，施工定额的项目划分很细，是工程定额中分项最细、定额子目最多的一种定额，也是工程定额中的基础性定额。

(2)预算定额。预算定额是指在正常的施工条件下，完成一定计量单位合格分项工程和结构构件所需消耗的人工、材料、施工机械台班数量及其费用标准。预算定额是一种计价性定额。从编制程序上看，预算定额是以施工定额为基础综合扩大编制的，同时它也是编制概算定额的基础。

(3)概算定额。概算定额是指完成单位合格扩大分项工程或扩大结构构件所需消耗的人工、材料和施工机械台班的数量及其费用标准，是一种计价性定额。概算定额是编制扩大初步设计概算、确定建设项目投资额的依据。概算定额的项目划分粗细，与扩大初步设计的深度相适应，一般是在预算定额的基础上综合扩大而成的，每一综合分项概算定额都包含了数项预算定额。

(4) 概算指标。概算指标是以单位工程为对象，反映完成一个规定计量单位建筑安装产品的经济消耗指标。概算指标是概算定额的扩大与合并，以更为扩大的计量单位来编制的。概算指标的内容包括人工、机械台班、材料定额三个基本部分，同时列出了各结构分部的工程量及单位建筑工程(以体积计或面积计)的造价，是一种计价定额。

(5) 投资估算指标。投资估算指标是以建设项目、单项工程、单位工程为对象，反映建设总投资及其各项费用构成的经济指标。它是在项目建议书和可行性研究阶段编制投资估算、计算投资需要量时使用的一种定额。它的概略程度必须与可行性研究阶段相适应。投资估算指标往往根据历史的预、决算资料和价格变动等资料编制，但其编制基础仍然离不开预算定额、概算定额。

上述各种定额的相互联系可参见表 2-1。

表 2-1　各种定额间关系的比较

内容	施工定额	预算定额	概算定额	概算指标	投资估算指标
对象	施工过程或基本工序	分项工程和结构构件	扩大的分项工程或扩大的结构构件	单位工程	建设项目、单项工程、单位工程
用途	编制施工预算	编制施工图预算	编制扩大初步设计概算	编制初步设计概算	编制投资估算
项目划分	最细	细	较粗	粗	很粗
定额水平	平均先进	平均			
定额性质	生产性定额	计价性定额			

3. 按专业划分类

由于工程建设涉及众多的专业，不同的专业所包含的内容也各不相同，因此，就确定人工、材料和机械台班消耗数量标准的工程定额来说，也需按不同的专业分别进行编制和执行。建筑工程按专业不同可分为以下两种。

(1) 建筑工程定额。建筑工程定额按专业对象分为建筑及装饰工程定额、房屋修缮工程定额、市政工程定额、铁路工程定额、公路工程定额、矿山井巷工程定额等。

(2) 安装工程定额。安装工程定额按专业对象分为电气设备安装工程定额、机械设备安装工程定额、热力设备安装工程定额、通信设备安装工程定额、化学工业设备安装工程定额、工业管道安装工程定额、工艺金属结构安装工程定额等。

4. 按主编单位和管理权限分类

按主编单位和管理权限分类，工程定额可以分为全国统一定额、行业统一定额、地区统一定额、企业定额、补充定额五种。

(1) 全国统一定额。全国统一定额是指由国家建设行政主管部门综合全国工程建设中技术和施工组织管理的情况编制，并在全国范围内适用的定额。

(2) 行业统一定额。行业统一定额是指考虑到各行业部门专业工程技术特点，以及施工生产和管理水平而编制的。行业统一定额一般只在本行业和相同专业性质的范围内使用。

(3) 地区统一定额。地区统一定额包括省、自治区、直辖市定额。地区统一定额主要是考虑地区性特点和全国统一定额水平做适当调整和补充而编制的。

（4）企业定额。企业定额是施工单位根据本企业的施工技术、机械装备和管理水平而编制的人工、施工机械台班和材料等的消耗标准。企业定额在企业内部使用，是企业综合素质的一个标志。企业定额水平一般应高于国家现行定额，才能满足生产技术发展、企业管理和市场竞争的需要。在工程量清单计价方式下，企业定额作为施工企业进行建设工程投标报价的计价依据，正发挥着越来越大的作用。

（5）补充定额。补充定额是指随着设计、施工技术的发展，现行定额不能满足需要的情况下，为了补充缺陷所编制的定额。补充定额只能在指定的范围内使用，可以作为以后修订定额的基础。

上述各种定额虽然适用于不同的情况和用途，但它们是一个互相联系的、有机的整体，在实际工作中配合使用。

任务实施

根据上述相关知识的内容学习，对建筑工程定额体系有初步的认识。

任务二　建筑安装工程人工、材料及机械台班定额消耗量

任务描述

定额消耗量是规定消耗在单位工程构造上的劳动力、材料和机械的数量标准，是计算建筑安装产品价格的基础。本任务即研究建筑安装工程人工定额消耗量、材料定额消耗量、机械台班定额消耗量的确定方法。

相关知识

一、工作时间分类

研究施工中的工作时间最主要的目的是确定施工的时间定额和产量定额，其前提是对工作时间按其消耗性质进行分类，以便研究工时消耗的数量及其特点。

工作时间是指工作班延续时间。例如，8小时工作制的工作时间是8小时，午休时间不包括在内。对工作时间消耗的研究可以分为两个系统进行，即工人工作时间的消耗和工人所使用的机器工作时间消耗。

工人在工作班内消耗的工作时间，按其消耗的性质，基本可以分为两大类，即必需消耗的时间和损失时间。工人工作时间的分类如图2-1所示。

（1）必需消耗的时间。必需消耗的时间是指工人在正常施工条件下，为完成一定合格产品（工作任务）所消耗的时间，它是制定定额的主要依据，包括有效工作时间、休息时间和不可避免中断所消耗的时间。

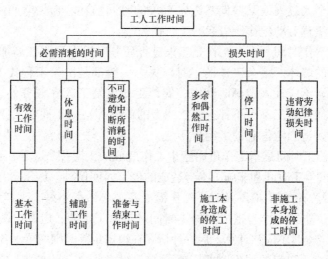

图 2-1 工人工作时间分类图

1)有效工作时间。有效工作时间是指从生产效果来看，与产品生产直接有关的时间消耗。其中，包括基本工作时间、辅助工作时间、准备与结束工作时间的消耗。

①基本工作时间。基本工作时间是指工人在完成能生产一定产品的施工工艺的过程中所消耗的时间。通过这些工艺过程可以使材料改变外形，如钢筋煨弯等；可以改变材料的结构与性质，如混凝土制品的养护、干燥等；可以使预制构配件安装组合成型；也可以改变产品外部及表面的性质，如粉刷、油漆等。基本工作时间所包括的内容依工作性质各不相同。基本工作时间的长短和工作量大小成正比。

②辅助工作时间。辅助工作时间是指为保证基本工作能顺利完成所消耗的时间。在辅助工作时间里，不能使产品的形状、大小、性质或位置发生变化。辅助工作时间的结束，往往就是基本工作时间的开始。辅助工作一般是手工操作。如果在机手并动的情况下，辅助工作是在机械运转过程中进行的，为避免重复则不应再计辅助工作时间的消耗。辅助工作时间的长短与工作量大小有关。

③准备与结束工作时间。准备与结束工作时间是指执行任务前或任务完成后所消耗的工作时间。如工作地点、劳动工具和劳动对象的准备工作时间；工作结束后的整理工作时间等。准备和结束工作时间的长短与其所担负的工作量大小无关，但往往和工作内容有关。准备与结束工作时间的消耗可以分为班内的准备与结束工作时间、任务的准备与结束工作时间。其中，任务的准备与结束工作时间是在一批任务的开始与结束时产生的，如熟悉图纸、准备相应的工具、事后清理场地等，通常不反映在每一个工作班里。

2)休息时间。休息时间是指工人在工作过程中为恢复体力所必需的短暂休息和生理需要的时间消耗。休息时间是为了保证工人精力充沛地进行工作，因此，在定额时间中必须进行计算。休息时间的长短和劳动条件、劳动强度有关，劳动越繁重紧张，劳动条件越差（如高温），休息时间越长。

3)不可避免的中断所消耗的时间。不可避免的中断所消耗的时间是指由于施工工艺特点引起的工作中断所必需的时间。与施工过程工艺特点有关的工作中断时间，应包括在定额时间内，但应尽量缩短此项时间消耗。

(2)损失时间。损失时间与产品生产无关，而与施工组织和技术上的缺点有关，是与工人在施工过程中的个人过失或某些偶然因素有关的时间消耗，损失时间中包括多余和偶然工作、停工时间、违背劳动纪律所引起的工时损失。

1)多余和偶然工作时间。多余工作是工人进行任务以外而又不能增加产品数量的工作。如重砌质量不合格的墙体。多余工作的工时损失，一般都是由于工程技术人员和工人的差错而引起的，因此，不应计入定额时间中。偶然工作也是工人在任务外进行的工作，但能够获得一定产品。如抹灰工不得不补上偶然遗留的墙洞等。由于偶然工作能获得一定产品，因此，拟定定额时要适当考虑它的影响。

2)停工时间。停工时间是指工作班内停止工作造成的工时损失。停工时间按其性质，可分为施工本身造成的停工时间和非施工本身造成的停工时间两种。施工本身造成的停工时间，是由于施工组织不善、材料供应不及时、工作面准备工作做得不好、工作地点组织不良等情况引起的停工时间。非施工本身造成的停工时间，是由于水源、电源中断引起的停工时间。前一种情况在拟定定额时不应该计算，后一种情况在拟定定额时则应给予合理的考虑。

3)违背劳动纪律所引起的损失时间。违背劳动纪律所引起的损失时间是指工人在工作班开始和午休后的迟到、午饭前和工作班结束前的早退、擅自离开工作岗位、工作时间内聊天或办私事等造成的工时损失。由于个别工人违背劳动纪律而影响其他工人无法工作的时间损失也包括在内。

工作时间消耗的确定采用计时观察法计算。

二、确定人工定额消耗量的基本方法

时间定额和产量定额是人工定额的两种表现形式。时间定额是指在一定的技术装备和劳动组织条件下，规定完成合格的单位产品所需消耗工作时间的数量标准，一般用工时或工日为计量单位。产量定额是指在一定的技术装备和劳动组织条件下，规定劳动者在单位时间(工日)内，应完成合格产品的数量标准。由于产品多种多样，产量定额的计量单位也就无法统一，一般有 m、m^2、m^3、kg、t、块、套、组、台等。时间定额与产量定额互为倒数。拟定出时间定额，也就可以计算出产量定额。

在全面分析各种影响因素的基础上，通过计时观察资料，可以获得定额的各种必需消耗时间。将这些时间进行归纳，有的是经过换算，有的是根据不同的工时规范附加，最后把各种定额时间加以综合和类比就可以得出整个工作过程的人工消耗的时间定额。

(一)确定工序作业时间

根据计时观察资料的分析和选择，可以获得各种产品的基本工作时间和辅助工作时间，将这两种时间统称为工序作业时间。它是产品主要的必需消耗的工作时间，是各种因素的集中反映，决定着整个产品的定额时间。

1. 拟定基本工作时间

基本工作时间在必需消耗的工作时间中占的比重最大。在确定基本工作时间时，必须细致、精确。基本工作时间消耗一般应根据计时观察资料来确定。其做法是，首先确定工作过程每一组成部分的工时消耗，然后综合出工作过程的工时消耗。如果组成部分的产品计量单位和工作过程的产品计量单位不符，就需先求出不同计量单位的换算系数，进行产品计量单位的换算，再相加，求得工作过程的工时消耗。

(1)当各组成部分计量单位与最终产品计量单位一致时，单位产品基本工作时间就是施工过程各个组成部分作业时间的总和。

(2)各组成部分计量单位与最终产品产量单位不一致时,各组成部分基本工作时间应分别乘以相应的换算系数。

2. 拟定辅助工作时间

辅助工作时间的确定方法与基本工作时间相同。如果在计时观察时不能取得足够的资料,也可采用工时规范或经验数据来确定。如具有现行的工时规范,可以直接利用工时规范中规定的辅助工作时间的百分比来计算。

(二)确定规范时间

规范时间包括工序作业时间以外的准备与结束工作时间、不可避免的中断时间及休息时间。

1. 确定准备与结束工作时间

准备与结束工作时间是指执行任务前或任务完成后所消耗的工作时间。

2. 确定不可避免的中断时间

在确定不可避免中断时间的定额时,必须注意由工艺特点所引起的不可避免中断才可列入工作过程的时间定额。

3. 拟定休息时间

休息时间应根据工作班作息制度、经验资料、计时观察资料,以及对工作的疲劳程度作全面分析来确定。同时,应考虑尽可能利用不可避免中断时间作为休息时间。

(三)拟定定额时间

确定的基本工作时间、辅助工作时间、准备与结束工作时间、不可避免中断时间与休息时间之和,就是劳动定额的时间定额。根据时间定额可计算出产量定额,二者互为倒数。

【例 2-1】 通过计时观察资料得知:人工挖二类土 1 m^3 的基本工作时间为 6 h,辅助工作时间占工序作业时间的 2%。准备与结束工作时间、不可避免的中断时间、休息时间分别占工作日的 3%、2%、18%。问:该人工挖二类土的时间定额及产量定额是多少?

【解】 基本工作时间=6 h=0.75 工日/m^3

工序作业时间=基本工作时间+辅助工作时间
=基本工作时间/(1-辅助时间占比)
=0.75/(1-2%)
=0.765(工日/m^3)

时间定额=0.765/(1-3%-2%-18%)=0.994(工日/m^3)
产量定额=1/0.994=1.006(m^3/工日)

三、确定材料定额消耗量的基本方法

(一)材料的分类

合理确定材料消耗定额,必须研究和区分材料在施工过程中的类别。

1. 按材料消耗的性质划分

按材料消耗的性质划分,施工中的材料可分为必需消耗的材料和损失的材料两类。

必需消耗的材料是指在合理用料的条件下，生产合格产品所需消耗的材料。它包括：直接用于建筑和安装工程的材料；不可避免的施工废料；不可避免的材料损耗。

必需消耗的材料属于施工正常消耗，是确定材料消耗定额的基本数据。其包括直接用于建筑和安装工程的材料，编制材料净用量定额；不可避免的施工废料和材料损耗，编制材料损耗定额。

2. 按材料消耗与工程实体的关系划分

按材料消耗与工程实体的关系划分，施工中的材料可分为实体材料和非实体材料两类。

(1)实体材料。实体材料是指直接构成工程实体的材料。它包括工程直接性材料和辅助性材料。工程直接性材料主要是指一次性消耗、直接用于工程上构成建筑物或结构本体的材料，如钢筋混凝土柱中的钢筋、水泥、砂、碎石等；辅助性材料主要是指虽也是施工过程中所必需，却并不构成建筑物或结构本体的材料。如土石方爆破工程中所需的炸药、引信、雷管等。实体材料的主要材料用量大，辅助材料用量少。

(2)非实体材料。非实体材料是指在施工中必须使用但又不能构成工程实体的施工措施性材料。非实体材料主要是指周转性材料，如模板、脚手架等。

(二)确定实体材料消耗量的基本方法

确定实体材料的净用量定额和材料损耗定额的计算数据，是通过现场技术测定、实验室试验、现场统计和理论计算等方法获得的。

(1)现场技术测定法又称为观测法，是根据对材料消耗过程的测定与观察，通过完成产品数量和材料消耗量的计算而确定各种材料消耗定额的一种方法。现场技术测定法主要适用于确定材料损耗量，因为该部分数值用统计法或其他方法较难得到。通过现场观察，还可以区别哪些属于可以避免的损耗，哪些属于难以避免的损耗，明确定额中不应列入可以避免的损耗。

(2)实验室试验法主要用于编制材料净用量定额。通过试验，能够对材料的结构、化学成分和物理性能以及按强度等级控制的混凝土、砂浆、沥青、油漆等配比做出科学的结论，给编制材料消耗定额提供有技术根据的、比较精确的计算数据。其缺点在于无法估计到施工现场某些因素对材料消耗量的影响。

(3)现场统计法是以施工现场积累的分部分项工程使用材料数量、完成产品数量、完成工作原材料的剩余数量等统计资料为基础，经过整理分析，获得材料消耗的数据。这种方法由于不能分清材料消耗的性质，因而不能作为确定材料净用量定额和材料损耗定额的依据，只能作为编制定额的辅助性方法使用。

上述三种方法的选择必须符合国家有关标准规范，即材料的产品标准，计量要使用标准容器和称量设备，质量符合施工验收规范要求，以保证获得可靠的定额编制依据。

(4)理论计算法是运用一定的数学公式计算材料消耗定额。

四、确定机械台班定额消耗量的基本方法

1. 确定机械 1 h 纯工作正常生产率

机械纯工作时间是指机械的必需消耗时间。机械 1 h 纯工作正常生产率，是在正常施工组织条件下，具有必需的知识和技能的技术工人操纵机械 1 h 的生产率。

根据机械工作特点的不同,机械1h纯工作正常生产率的确定方法也有所不同。

工作时间内的产品数量和工作时间的消耗,要通过多次现场观察和机械说明书来取得数据。

2. 确定施工机械的正常利用系数

施工机械的正常利用系数是指机械在工作班内对工作时间的利用率。机械的利用系数和机械在工作台班内的工作状况有着密切的关系。因此,要确定机械的正常利用系数,首先要拟定机械工作台班的正常工作状况,保证合理利用工时。

3. 计算施工机械台班产量定额

计算施工机械台班产量定额是编制机械定额工作的最后一步。在确定机械工作正常条件、机械1h纯工作正常生产率和机械正常利用系数之后,采用下列公式计算施工机械台班产量定额:

$$\text{施工机械台班产量定额} = \text{机械1h纯工作正常生产率} \times \text{工作台班纯工作时间} \tag{2-1}$$

或

$$\text{施工机械台班产量定额} = \text{机械1h纯工作正常生产率} \times \text{工作台班延续时间} \times \text{机械正常利用系数} \tag{2-2}$$

$$\text{施工机械时间定额} = \frac{1}{\text{机械台班产量定额指标}} \tag{2-3}$$

【例 2-2】 某工程现场采用出料容量 500 L 的混凝土搅拌机,每一次循环中,装料、搅拌、卸料、中断需要的时间分别为 1 min、3 min、1 min、1 min,机械正常利用系数为 0.9,求该机械的台班产量定额。

【解】 该搅拌机一次循环的正常延续时间 = 1+3+1+1 = 6(min) = 0.1 h

该搅拌机纯工作1h循环次数 = 10 次

该搅拌机纯工作1h正常生产率 = 10×500 = 5 000(L) = 5 m³

该搅拌机台班产量定额 = 5×8×0.9 = 36(m³/台班)

任务实施

根据上述相关知识的内容学习,在日后的实际工作中,进行人工、材料、机械台班消耗量的计算,为建筑工程计量与计价打下基础。

任务三 建筑安装工程人工、材料及机械台班单价

任务描述

人工、材料、机械台班消耗量是定额中的主要指标,它以实物量的形式来表示。目前,为了便于施工图预算的编制,各地区多采用预算定额与单位估价表合并的形式来编制预算

定额手册。在预算定额手册中，不仅列有预算定额规定的人工、材料、机械台班消耗量，而且列有地区统一的人工、材料、机械台班单价，而这三项费用之和就构成了相应分部分项工程的单价。

定额基价即指分部分项工程单价。一般是指单位假定建筑安装产品的不完全价格。作为建筑工程预算定额，它是以完全工程单价的形式表现的，这时又可称为建筑工程单位估价表；作为不完全单价表现形式的定额，常用于安装工程预算定额，因为定额中一般不包括主要材料。

本任务即研究建筑安装工程人工、材料及机械台班单价确定的方法。

相关知识

一、人工日工资单价的组成和确定方法

人工日工资单价是指施工企业平均技术熟练程度的生产工人，在每工作日（国家法定工作时间内）按规定从事施工作业应得的日工资总额。合理确定人工日工资单价是正确计算人工费和工程造价的前提和基础。

1. 人工日工资单价组成内容

人工日工资单价由计时工资或计件工资、奖金、津贴补贴以及特殊情况下支付的工资组成。

(1)计时工资或计件工资。计时工资或计件工资是指按计时工资标准和工作时间或对已做工作按计件单价支付给个人的劳动报酬。

(2)奖金。奖金是指对超额劳动和增收节支支付给个人的劳动报酬。如节约奖、劳动竞赛奖等。

(3)津贴补贴。津贴补贴是指为了补偿职工特殊或额外的劳动消耗和因其他原因支付给个人的津贴，以及为了保证职工工资水平不受物价影响而支付给个人的物价补贴。如流动施工津贴、特殊地区施工津贴、高温(寒)作业临时津贴、高空津贴等。

(4)特殊情况下支付的工资。特殊情况下支付的工资是指根据国家法律、法规和政策规定，因病、工伤、产假、计划生育假、婚丧假、事假、探亲假、定期休假、停工学习、执行国家或社会义务等原因按计时工资标准或计时工资标准的一定比例支付的工资。

2. 影响人工日工资单价的因素

影响人工日工资单价的因素很多，归纳起来有以下几个方面：

(1)社会平均工资水平。建筑安装工人人工日工资单价必然和社会平均工资水平趋同。社会平均工资水平取决于经济发展水平。由于经济的增长，社会平均工资也会增长，从而影响人工日工资单价的提高。

(2)生活消费指数。生活消费指数的提高会影响人工日工资单价的提高，以减少生活水平的下降或维持原来的生活水平。生活消费指数的变动取决于物价的变动，尤其取决于生活消费品物价的变动。

(3)人工日工资单价的组成内容。住房和城乡建设部、财政部《关于印发〈建筑安装工程费用项目组成〉的通知》(建标〔2013〕44号)将职工福利费和劳动保护费从人工日工资单价中删除，这也必然影响人工日工资单价的变化。

(4) 劳动力市场供需变化。劳动力市场如果需求大于供给，人工日工资单价就会提高；供给大于需求，市场竞争激烈，人工日工资单价就会下降。

(5) 政府推行的社会保障和福利政策也会影响人工日工资单价的变动。

二、材料单价的组成和确定方法

在建筑工程中，材料费占总造价的 60%～70%，在金属结构工程中所占比重还要大，是直接工程费的主要组成部分。因此，合理确定材料价格构成，正确计算材料单价，有利于合理确定和有效控制工程造价。

(一) 材料单价的构成和分类

1. 材料单价的构成

材料单价是指材料(包括构件、成品及半成品等)从其来源地(或交货地点、供应者仓库提货地点)到达施工工地仓库(施工地点内存放材料的地点)后出库的综合平均价格。材料单价一般由材料原价(或供应价格)、材料运杂费、运输损耗费、采购及保管费组成。此外在计价时，材料费中还应包括单独列项计算的检验试验费。

$$材料费 = \sum(材料消耗量 \times 材料单价) + 检验试验费 \tag{2-4}$$

2. 材料单价的分类

材料单价按适用范围划分，有地区材料单价和某项工程使用的材料单价。地区材料单价是按地区(城市或建设区域)编制，供该地区所有工程使用；某项工程(一般指大中型重点工程)使用的材料单价，是以一个工程为编制对象，专供该工程项目使用。

地区材料单价与某项工程使用的材料单价的编制原理和方法是一致的，只是在材料来源地、运输数量权数等具体数据上有所不同。

(二) 材料单价的确定方法

材料单价是由材料原价(或供应价格)、材料运杂费、运输损耗费、采购及保管费合计而成的。

1. 材料原价(或供应价格)

材料原价是指国内采购材料的出厂价格，以及国外采购材料抵达买方边境、港口或车站并交纳完各种手续费、税费后所形成的价格。在确定原价时，凡同一种材料因来源地、交货地、供货单位、生产厂家不同，而有几种价格(原价)时，根据不同来源地供货数量比例，采取加权平均的方法确定其综合原价。

2. 材料运杂费

材料运杂费是指国内采购材料自来源地、国外采购材料自到岸港运至工地仓库或指定堆放地点发生的费用，含外埠中转运输过程中所发生的一切费用和过境过桥费用，包括调车和驳船费、装卸费、运输费及附加工作费等。同一品种的材料有若干个来源地，应采用加权平均的方法计算材料运杂费。

3. 运输损耗费

在材料的运输中应考虑一定的场外运输损耗费用，这在运输装卸过程中是不可避免的。运输损耗的计算公式如下：

$$运输损耗 = (材料原价 + 运杂费) \times 相应材料损耗率 \tag{2-5}$$

4. 采购及保管费

采购及保管费是指组织材料采购、检验、供应和保管过程中发生的费用，包含采购费、仓储费、工地管理费和仓储损耗费。

采购及保管费一般按照材料到库价格以费率取定，计算公式如下：

$$采购及保管费 = 材料运到工地仓库价格 \times 采购及保管费率(\%) \tag{2-6}$$

或 $$采购及保管费 = (材料原价 + 运杂费 + 运输损耗费) \times 采购及保管费率(\%) \tag{2-7}$$

综上所述，材料单价的一般计算公式为：

$$材料单价 = \{(供应价格 + 运杂费) \times [1 + 运输损耗率(\%)]\} \times [1 + 采购及保管费率(\%)] \tag{2-8}$$

由于我国幅员广阔，建筑材料产地与使用地点的距离各地差异很大，建筑材料采购、保管、运输方式也不尽相同，因此，材料单价原则上按地区范围编制。

（三）影响材料单价变动的因素

(1) 市场供需变化。材料原价是材料单价中最基本的组成。市场供大于求，价格就会下降；反之，价格就会上升。从而会影响材料单价的涨落。

(2) 材料生产成本的变动直接影响材料单价的波动。

(3) 流通环节的多少和材料供应体制也会影响材料单价。

(4) 运输距离和运输方法的改变会影响材料运输费用的增减，从而会影响材料单价。

(5) 国际市场行情会对进口材料单价产生影响。

三、施工机械台班单价的组成和确定方法

施工机械使用费是根据施工中耗用的机械台班数量和机械台班单价确定的。施工机械台班耗用量按有关定额规定计算；施工机械台班单价是指一台施工机械，在正常运转条件下一个工作台班中所发生的全部费用，每台班按 8 小时工作制计算。正确制定施工机械台班单价是合理确定和控制工程造价的重要方面。

（一）施工机械台班单价的组成

根据 2015 年中华人民共和国住房和城乡建设部发布的《建设工程施工机械台班费用编制规则》，施工机械台班单价由七项费用组成，包括折旧费、检修费、维护费、安拆费及场外运费、人工费、燃料动力费和其他费。

(1) 折旧费。折旧费是指施工机械在规定的耐用总台班内，陆续收回其原值的费用。

(2) 检修费。检修费是指施工机械在规定的耐用总台班内，按规定的检修间隔进行必要的检修，以恢复其正常功能所需的费用。

(3) 维护费。维护费是指施工机械在规定的耐用总台班内，按规定的维护间隔进行各级维护和临时故障排除所需的费用。保障机械正常运转所需替换设备与随机配备工具附具的摊销费用、机械运转及日常维护所需润滑与擦拭的材料费用及机械停滞期间的维护费用等。

(4) 安拆费及场外运费。安拆费指施工机械在现场进行安装与拆卸所需的人工、材料、机械和试运转费用以及机械辅助设施的折旧、搭设、拆除等费用。场外运费指施工机械整

体或分体自停放地点运至施工现场或由一施工地点运至另一施工地点的运输、装卸、辅助材料等费用。

(5)人工费。人工费是指机上司机(司炉)和其他操作人员的人工费。

(6)燃料动力费。燃料动力费是指施工机械在运转作业中所耗用的燃料及水、电等费用。

(7)其他费。其他费是指施工机械按照国家规定应缴纳的车船税、保险费及检测费等。

(二)施工机械台班单价的确定方法

施工机械台班单价应按下式计算：

$$台班单价=折旧费+检修费+维护费+安拆费及场外运费+人工费+燃料动力费+其他费 \quad (2\text{-}9)$$

1. 折旧费

折旧费按下式计算：

$$折旧费=\frac{预算价格\times(1-残值率)}{耐用总台班} \quad (2\text{-}10)$$

2. 检修费

检修费按下式计算：

$$检修费=\frac{一次检修费\times检修次数}{耐用总台班} \quad (2\text{-}11)$$

3. 维护费

维护费按下式计算：

$$维护费=\frac{\sum(各级维护一次费用\times各级维护次数)+临时故障排除费}{耐用总台班}+替换设备和工具附具台班摊销费 \quad (2\text{-}12)$$

4. 安拆费及场外运费

安拆费及场外运费根据施工机械不同分为不需计算、计入台班单价和单独计算三种类型。

(1)不需计算。

1)不需安拆的施工机械，不计算一次安拆费。

2)不需相关机械辅助运输的自行移动机械，不计算场外运费。

3)固定在车间的施工机械，不计算安拆费及场外运费。

(2)计入台班单价。安拆简单、移动需要起重及运输机械的轻型施工机械，其安拆费及场外运费计入台班单价。

(3)单独计算。

1)安拆复杂、移动需要起重及运输机械的重型施工机械，其安拆费及场外运费可单独计算。

2)利用辅助设施移动的施工机械，其辅助设施(包括轨道与枕木等)的折旧、搭设和拆除等费用可单独计算。

安拆费及场外运费应按下式计算：

$$\text{安拆费及场外运费} = \frac{\text{一次安拆费及场外运费} \times \text{年平均安拆次数}}{\text{年工作台班}} \tag{2-13}$$

5. 人工费

人工费按下式计算：

$$\text{人工费} = \text{人工消耗量} \times \left(1 + \frac{\text{年制度工作日} - \text{年工作台班}}{\text{年工作台班}}\right) \times \text{人工单价} \tag{2-14}$$

6. 燃料动力费

燃料动力费应按下式计算：

$$\text{燃料动力费} = \sum(\text{燃料动力消耗量} \times \text{燃料动力单价}) \tag{2-15}$$

7. 其他费

其他费应按下式计算：

$$\text{其他费} = \frac{\text{年车船税} + \text{年保险费} + \text{年检测费}}{\text{年工作台班}} \tag{2-16}$$

任务实施

根据上述相关知识的内容学习，在日后的实际工作中，进行人工、材料、机械台班单价的计算，为建筑工程计量与计价打下基础。

任务四 预算定额

任务描述

工程计价定额是指工程定额中直接用于工程计价的定额或指标，包括预算定额、概算定额和估算指标等。工程计价定额主要用来在建设项目的不同阶段作为确定和计算工程造价的依据。本任务以预算定额为例，介绍工程计价定额的编制。通过本任务的学习，学生应完成以下问题：

某砖混结构工程，砖基础做法为：M5.0 水泥砂浆（32.5 级水泥）砌筑标准砖，工程量为 186 m³。某地区预算定额中砌砖工程的定额项目表见表 2-2。

问题：(1) 分别计算该工程砖基础项目的定额人工费、材料费、机械费；

(2) 计算该工程砖基础项目的定额直接费；

(3) 分别计算该工程砖基础项目的人工、材料和机械台班的消耗量。

表 2-2　砌砖定额项目表

工作内容：1. 砖基础：调运砂浆、铺砂浆、运砖、清理基槽坑、砌砖等。
　　　　　2. 砖墙：调、运、铺砂浆，运转。
　　　　　3. 砌砖：窗台虎头砖、腰线、门窗套，安放木砖、铁件等。　　　　　计量单位：10 m³

编　号					A3—1	A3—2	A3—4	A3—5
项　目					砖基础	混水砖墙		
						1/2 砖	1 砖	1 砖半
基　价/元					2 036.50	2 382.93	2 328.59	2 346.07
其中	人工费				495.18	845.88	675.36	656.46
	材料费				1 513.46	1 514.01	1 626.65	1 661.25
	机械费				27.86	23.04	26.58	28.36
	名称	代码	单位	单价	数量			
人工	综合人工	00001	工日	42.00	11.79	20.14	16.08	15.63
材料	标准砖 240 mm×115 mm×53 mm	040238	千块		5.236	5.641	5.314	5.350
	水	410649	m³		2.50	2.50	2.50	2.50
	混合砂浆 M2.5(32.5)	P9—1	m³	177.47	—	—	2.25	2.40
	水泥砂浆 M5(32.5)	P9—12	m³	106.13	1.95	2.13	—	—
	水泥砂浆 M10(32.5)	P9—14	m³	126.93				
机械	灰浆搅拌机 200 L	J6—16	台班	70.89	0.393	0.325	0.375	0.400

相关知识

一、预算定额的概念与作用

1. 预算定额的概念

预算定额是在正常的施工条件下，完成一定计量单位合格分项工程和结构构件所需消耗的人工、材料、机械台班数量及相应费用标准。预算定额是工程建设中的一项重要的技术经济文件，是编制施工图预算的主要依据，是确定和控制工程造价的基础。

2. 预算定额的作用

(1)预算定额是编制施工图预算、确定建筑安装工程造价的基础。施工图设计一经确定，工程预算造价就取决于预算定额水平和人工、材料及机械台班的价格。预算定额起着控制劳动消耗、材料消耗和机械台班使用的作用，进而起着控制建筑产品价格的作用。

(2)预算定额是编制施工组织设计的依据。施工组织设计的重要任务之一，是确定施工中所需人力、物力的供求量,并做出最佳安排。施工单位在缺乏本企业的施工定额的情况下,根据预算定额,也能够比较精确地计算出施工中各项资源的需要量,为有计划地组织材料采购和预制件加工、劳动力和施工机械的调配提供了可靠的计算依据。

(3)预算定额是工程结算的依据。工程结算是建设单位和施工单位按照工程进度对已完成的分部分项工程实现货币支付的行为。按进度支付工程款,需要根据预算定额将已完分项工程的造价算出。单位工程经验收后,再按竣工工程量、预算定额和施工合同规定进行结算,以保证建设单位建设资金的合理使用和施工单位的经济收入。

(4)预算定额是施工单位进行经济活动分析的依据。预算定额规定的物化劳动和劳动消耗指标,是施工单位在生产经营中允许消耗的最高标准。施工单位必须以预算定额作为评价企业工作的重要标准,作为努力实现的目标。施工单位可根据预算定额对施工中的劳动、材料、机械的消耗情况进行具体的分析,以便找出并克服低功效、高消耗的薄弱环节,提高竞争能力。只有在施工中尽量降低劳动消耗、采用新技术、提高劳动者素质、提高劳动生产率,才能取得较好的经济效益。

(5)预算定额是编制概算定额的基础。概算定额是在预算定额基础上综合扩大编制的。利用预算定额作为编制依据,不但可以节省编制工作的大量人力、物力和时间,收到事半功倍的效果,还可以使概算定额在水平上与预算定额保持一致,以免造成执行中的不一致。

(6)预算定额是合理编制招标控制价、投标报价的基础。在深化改革中,预算定额的指令性作用将日益削弱,而施工单位按照工程个别成本报价的指导性作用仍然存在,因此,预算定额作为编制招标控制价的依据和施工企业报价的基础性作用仍将存在,这也是由预算定额本身的科学性和指导性决定的。

二、预算定额的编制原则、编制依据、编制程序及要求

1. 预算定额的编制原则

为保证预算定额的质量,充分发挥预算定额的作用,实际使用简便,在编制工作中应遵循以下原则:

(1)按社会平均水平确定预算定额的原则。预算定额是确定和控制建筑安装工程造价的主要依据。因此,它必须遵照价值规律的客观要求,即按生产过程中所消耗的社会必要劳动时间确定定额水平。预算定额的平均水平,是在正常的施工条件下,合理的施工组织和工艺条件、平均劳动熟练程度和劳动强度下,完成单位分项工程基本构造要素所需要的劳动时间。

(2)简明适用的原则。简明适用的原则一是指在编制预算定额时,对于那些主要的、常用的、价值量大的项目,分项工程划分宜细;次要的、不常用的、价值量相对较小的项目,分项工程划分则可以粗一些。二是指预算定额要项目齐全。要注意补充那些因采用新技术、新结构、新材料而出现的新的定额项目。如果项目不全,缺项多,就会使计价工作缺少充足而可靠的依据。三是要求合理确定预算定额的计算单位,简化工程量的计算,尽可能地避免同一种材料用不同的计量单位和一量多用,尽量减少定额附注和换算系数。

2. 预算定额的编制依据

(1)现行劳动定额和施工定额。预算定额是在现行劳动定额和施工定额的基础上编制的。预算定额中人工、材料、机械台班消耗水平,需要根据劳动定额或施工定额取定;预

算定额的计量单位的选择,也要以施工定额为参考,从而保证两者的协调性和可比性,减轻预算定额的编制工作量,缩短编制时间。

(2)现行设计规范、施工及验收规范,质量评定标准和安全操作规程。

(3)具有代表性的典型工程施工图及有关标准图。对这些图纸进行仔细分析研究,并计算出工程数量,作为编制定额时选择施工方法、确定定额含量的依据。

(4)新技术、新结构、新材料和先进的施工方法等。这类资料是调整定额水平和增加新的定额项目所必需的依据。

(5)有关科学试验、技术测定和统计、经验资料。这类资料是确定定额水平的重要依据。

(6)现行的预算定额、材料预算价格及有关文件规定等。其包括过去定额编制过程中积累的基础资料,也是编制预算定额的依据和参考。

3. 预算定额的编制程序及要求

预算定额的编制大致可以分为准备工作、收集资料、编制定额、报批和修改定稿五个阶段。各阶段工作相互交叉,可能有些工作还会多次反复。其主要工作如下:

(1)确定编制细则。确定编制细则主要包括:统一编制表格及编制方法;统一计算口径、计量单位和小数点位数的要求;有关统一性规定包括名称统一,用字统一,专业用语统一,符号代码统一,简化字要规范,文字要简练明确。

预算定额与施工定额计量单位往往不同。施工定额的计量单位一般按照工序或施工过程确定;而预算定额的计量单位主要是根据分部分项工程和结构构件的形体特征及其变化确定。由于工作内容综合,故预算定额的计量单位也具有综合的性质。工程量计算规则的规定应确切反映定额项目所包含的工作内容。预算定额的计量单位关系到预算工作的繁简和准确性。因此,要正确地确定各分部分项工程的计量单位,一般依据建筑结构构件形状的特点确定。

(2)确定定额的项目划分和工程量计算规则。计算工程数量,是为了通过计算出典型设计图纸所包括的施工过程的工程量,以便在编制预算定额时,有可能利用施工定额的人工、材料和机械台班消耗指标确定预算定额所含工序的消耗量。

(3)定额人工、材料、机械台班耗用量的计算、复核和测算。

三、预算定额消耗量的编制方法

确定预算定额人工、材料、机械台班消耗指标时,必须先按施工定额的分项逐项计算出消耗指标,再按预算定额的项目加以综合。但是,这种综合不是简单的合并和相加,而需要在综合过程中增加两种定额之间的适当的水平差。预算定额的水平,首先取决于这些消耗量的合理确定。

人工、材料和机械台班消耗量指标,应根据定额编制原则和要求,采用理论与实际相结合、图纸计算与施工现场测算相结合、编制人员与现场工作人员相结合等方法进行计算和确定,使定额既符合政策要求,又与客观情况一致,便于贯彻执行。

1. 预算定额中人工工日消耗量的计算

人工的工日数可以有两种确定方法。一种是以劳动定额为基础确定;另一种是以现场观察测定资料为基础计算,其主要用于遇到劳动定额缺项时,采用现场工作日写实等测时方法测定和计算定额的人工耗用量。

预算定额中人工工日消耗量是指在正常施工条件下，生产单位合格产品所必需消耗的人工工日数量，是由分项工程所综合的各个工序劳动定额包括的基本用工和其他用工两部分组成的。

(1)基本用工。基本用工是指完成一定计量单位的分项工程或结构构件的各项工作过程的施工任务所必需消耗的技术工种用工。基本用工按技术工种相应劳动定额工时定额计算，以不同工种列出定额工日。基本用工包括：

1)完成定额计量单位的主要用工。它按综合取定的工程量和相应劳动定额进行计算。

计算公式如下：

$$基本用工 = \sum (综合取定的工程量 \times 劳动定额) \tag{2-17}$$

例如，工程实际中的砖基础，有1砖厚、$1\frac{1}{2}$砖厚、2砖厚等之分，用工各不相同，在预算定额中由于不区分厚度，需要按照统计的比例，加权平均得出综合的人工消耗。

2)按劳动定额规定应增(减)计算的用工量。如在砖墙项目中，分项工程的工作内容包括附墙烟囱孔、垃圾道、壁橱等零星组合部分的内容，其人工消耗量相应增加附加人工消耗。由于预算定额是在施工定额子目的基础上综合扩大的，包括的工作内容较多，施工的工效视具体部位而不一样，所以，需要另外增加人工消耗，而这种人工消耗也可以列入基本用工内。

(2)其他用工。其他用工是辅助基本用工消耗的工日，包括超运距用工、辅助用工和人工幅度差用工。

1)超运距用工。超运距是指劳动定额中已包括的材料、半成品的场内水平搬运距离与预算定额所考虑的现场材料、半成品堆放地点到操作地点的水平运输距离之差。其计算公式如下：

$$超运距 = 预算定额取定运距 - 劳动定额已包括的运距 \tag{2-18}$$

$$超运距用工 = \sum (超运距材料数量 \times 时间定额) \tag{2-19}$$

当实际工程现场运距超过预算定额取定运距时，可另行计算现场二次搬运费。

2)辅助用工。辅助用工是指技术工种劳动定额内不包括而在预算定额内又必须考虑的用工。如机械土方工程配合用工、材料加工(筛砂、洗石、淋化石膏)、电焊点火用工等。其计算公式如下：

$$辅助用工 = \sum (材料加工数量 \times 相应的加工劳动定额) \tag{2-20}$$

3)人工幅度差用工。人工幅度差用工即预算定额与劳动定额的差额，主要是指在劳动定额中未包括而在正常施工情况下不可避免但又很难准确计量的用工和各种工时损失。内容包括：

①各工种间的工序搭接及交叉作业相互配合或影响所发生的停歇用工；
②施工机械在单位工程之间转移及临时水电线路移动所造成的停工；
③质量检查和隐蔽工程验收工作的影响；
④班组操作地点转移用工；
⑤工序交接时对前一道工序不可避免的修整用工；
⑥施工中不可避免的其他零星用工。

人工幅度差计算公式如下：

$$人工幅度差=(基本用工+辅助用工+超运距用工)×人工幅度差系数 \quad (2-21)$$

人工幅度差系数一般为 10%～15%。在预算定额中，人工幅度差的用工量列入其他用工量中。

2. 预算定额中材料消耗量的计算

材料消耗量的计算方法主要有：

(1)凡有标准规格的材料，按规范要求计算定额计量单位的耗用量，如砖、防水卷材、块料面层等。

(2)凡设计图纸标注尺寸及下料要求的，按设计图纸尺寸计算材料净用量，如门窗制作用材料、方料、板料等。

(3)换算法。各种胶结、涂料等材料的配合比用料，可以根据要求条件换算，得出材料用量。

(4)测定法。测定法包括实验室试验法和现场观察法，各种强度等级的混凝土及砌筑砂浆配合比的耗用原材料数量的计算，须按照规范要求试配，经过试压合格并经过必要的调整后得出水泥、砂子、石子、水的用量。对新材料、新结构又不能用其他方法计算定额消耗用量时，须用现场测定方法来确定，根据不同条件可以采用写实记录法和观察法，得出定额的消耗量。

材料损耗量是指在正常条件下不可避免的材料损耗，如现场内材料运输及施工操作过程中的损耗等。其关系式如下：

$$损耗率=损耗量/净用量×100\% \quad (2-22)$$
$$损耗量=净用量×损耗率(\%) \quad (2-23)$$
$$消耗量=净用量+损耗量 \quad (2-24)$$
$$或消耗量=净用量×[1+损耗率(\%)] \quad (2-25)$$

3. 预算定额中机械台班消耗量的计算

预算定额中的机械台班消耗量是指在正常施工条件下，生产单位合格产品(分部分项工程或结构构件)必须消耗的某种型号施工机械的台班数量。

(1)根据施工定额确定机械台班消耗量。根据施工定额确定机械台班消耗量是指是用施工定额中机械台班产量加机械幅度差计算预算定额的机械台班消耗量。

机械台班幅度差是指在施工定额中所规定的范围内没有包括，而在实际施工中又不可避免产生的影响机械或使机械停歇的时间。其内容包括：

1)施工机械转移工作面及配套机械相互影响损失的时间。
2)在正常施工条件下，机械在施工中不可避免的工序间歇。
3)工程开工或收尾时工作量不饱满所损失的时间。
4)检查工程质量影响机械操作的时间。
5)临时停机、停电影响机械操作的时间。
6)机械维修引起的停歇时间。

大型机械幅度差系数为：土方机械 25%，打桩机械 33%，吊装机械 30%。砂浆、混凝土搅拌机由于按小组配用，以小组产量计算机械台班产量，不另增加机械幅度差。其他分部工程中如钢筋加工、木材、水磨石等各项专用机械的幅度差为 10%。

综上所述，预算定额中机械台班消耗量按下式计算：

预算定额中机械台班消耗量＝施工定额机械台班消耗量×(1＋机械幅度差系数)

(2)以现场测定资料为基础确定机械台班消耗量。以现场测定资料为基础确定机械台班消耗量是指如遇到施工定额缺项者，则需要依据单位时间完成的产量测定。

四、房屋建筑与装饰工程消耗量定额简介

2015年3月4日中华人民共和国住房和城乡建设部以建标〔2015〕34号文件发布了关于印发《房屋建筑与装饰工程消耗量定额》《通用安装工程消耗量定额》《市政工程消耗量定额》《建设工程施工机械台班费用编制规则》《建设工程施工仪器仪表台班费用编制规则》的通知。以上定额及规则自2015年9月1日起施行。

《房屋建筑与装饰工程消耗量定额》(TY01－31－2015)(以下简称"本定额")包括：土石方工程，地基处理及边坡支护工程，桩基工程，砌筑工程，混凝土及钢筋混凝土工程，金属结构工程，木结构工程，门窗工程，屋面及防水工程，保温、隔热、防腐工程，楼地面装饰工程，墙、柱面装饰与隔断、幕墙工程，天棚工程，油漆、涂料、裱糊工程，其他装饰工程，拆除工程，措施项目共十七章。

本定额是完成规定计量单位分部分项工程、措施项目所需的人工、材料、施工机械台班的消耗量标准，是各地区、部门工程造价管理机构编制建设工程定额确定消耗量、编制国有投资工程投资估算、设计概算、最高投标限价(标底)的依据。

本定额适用于工业与民用建筑的新建、扩建和改建房屋建筑与装饰工程。设计室外地(路)面、室外给水排水等工程的项目，按《市政工程消耗量定额》(ZYA1－31－2015)的相应项目执行。

本定额由目录、总说明、各分章内容和附录等组成。

(1)定额总说明。定额总说明概述房屋建筑与装饰工程消耗量定额的编制目的、指导思想、编制原则、编制依据、定额的适用范围和作用，以及有关问题的说明和使用方法。

(2)各分章内容。各分章内容又包括三个部分：分章说明、工程量计算规则和定额项目表。

1)分章说明。分章说明是指本定额的重要内容。它介绍了分部工程定额中包括的主要分项工程和使用定额的一些基本规定，并阐述了该分部工程中各项工程的工程量计算规则和方法。现摘录本定额第一章土石方工程的部分分章说明如下：

"七、下列土石方工程，执行相应项目时乘以规定的系数：

1. 土方项目按干土编制。人工挖、运湿土时，相应项目人工乘以系数1.18；机械挖、运湿土时，相应项目人工、机械乘以系数1.15。采取降水措施后，人工挖、运土相应项目人工乘以系数1.09，机械挖、运土不再乘以系数。

2. 人工挖一般土方、沟槽、基坑深度超过6 m时，6 m＜深度≤7 m，按深度≤6 m相应项目人工乘以系数1.25；7 m＜深度≤8 m，按深度≤6 m相应项目人工乘以系数1.25^2；以此类推。

3. 挡土板内人工挖基坑时，相应项目人工乘以系数1.43。

4. 桩间挖土不扣除桩体和空孔所占体积，相应项目人工、机械乘以系数1.50。

5. 满堂基础垫层底以下局部加深的槽坑，按槽坑相应规则计算工程量，相应项目人工、机械乘以系数1.25。

6. 推土机推土，当土层平均厚度≤0.30 m时，相应项目人工、机械乘以系数1.25。

7. 挖掘机在垫板上作业时,相应项目人工、机械乘以系数1.25。挖掘机下铺设垫板、汽车运输道路上铺设材料时,其费用另行计算。

8. 场区(含地下室顶板以上)回填,相应项目人工、机械乘以系数0.90。"

2)工程量计算规则。工程量计算规则是指定额编制极其重要的前提与基础,必须认真学习、细心体会、逐步掌握、熟练运用。现摘录本定额第一章土石方工程的部分工程量计算规则如下:

"六、沟槽土石方,按设计图示沟槽长度乘以沟槽断面面积,以体积计算。

1. 条形基础的沟槽长度,按设计规定计算;设计无规定时,按下列规定计算:

(1)外墙沟槽,按外墙中心线长度计算。突出墙面的墙垛,按墙垛突出墙面的中心线长度,并入相应工程量内计算。

(2)内墙沟槽、框架间墙沟槽,按基础(含垫层)之间垫层(或基础底)的净长度计算。

2. 管道的沟槽长度,按设计规定计算;设计无规定时,以设计图示管道中心线长度(不扣除下口直径或边长≤1.5 m的井池)计算。下口直径或边长＞1.5 m的井池的土石方,另按基坑的相应规定计算。

3. 沟槽的断面面积,应包括工作面宽度、放坡宽度或石方允许超挖量的面积。"

3)定额项目表。定额项目表是指消耗量定额的核心内容,表2-3为人工土方消耗量定额项目表的示例。

表2-3 人工土方消耗量定额项目表

工作内容:挖土、倒土、抛土;装土、100 m以内运土、卸土,修整边底。　　　　　　计量单位:10 m³

定额编号		1—1	1—2	1—3	1—4	1—5	1—6	1—7	1—8
项目		人工挖土方				人工挖沟槽			
		挖深(m以内)			≤6 m每增加1 m	挖深(m以内)			≤6 m每增加1 m
		≤2 m	≤4 m	≤6 m		≤2 m	≤4 m	≤6m	
名称	单位	消耗量							
人工	合计工日	工日	3.218	4.159	5.071	0.178	4.038	5.191	5.970	0.217
	普工	工日	3.218	4.159	5.071	0.178	4.038	5.191	5.970	0.217

(3)定额附录。本定额附录为模板一次使用量表。

五、预算定额基价编制

预算定额基价就是预算定额分项工程或结构构件的单价,包括人工费、材料费和机械台班使用费,也称为工料单价或直接工程费单价。

预算定额基价一般是通过编制单位估价表、地区单位估价表及设备安装价目表所确定的单价,用于编制施工图预算。

预算定额基价的编制方法,简单地说就是工、料、机的消耗量和工、料、机单价的结合过程。其中,人工费是由预算定额中每一分项工程用工数,乘以地区人工工日单价计算得出;材料费是由预算定额中每一分项工程的各种材料消耗量,乘以地区相应材料预算价格之和得出;机械费是由预算定额中每一分项工程的各种机械台班消耗量,乘以地区相应施工机械台班预算价格之和算出。

$$\text{分项工程预算定额基价} = \text{人工费} + \text{材料费} + \text{机械使用费} \tag{2-26}$$

$$人工费 = \sum (现行预算定额中人工工日用量 \times 人工日工资单价) \quad (2-27)$$

$$材料费 = \sum (现行预算定额中各种材料耗用量 \times 材料单价) \quad (2-28)$$

$$机械使用费 = \sum (现行预算定额中机械台班用量 \times 机械台班单价) \quad (2-29)$$

预算定额基价是根据现行定额和当地的价格水平编制的,具有相对的稳定性。为了适应市场价格的变动,在编制预算时,必须根据工程造价管理部门发布的调价文件,对固定的工程预算单价进行修正。修正后的工程单价乘以根据图纸计算出来的工程量,就可以获得符合实际市场情况的工程的直接工程费。

六、预算定额应用

(一)预算定额的直接套用

预算定额的套用包括直接使用定额项目中的各种人工、材料、机械台班用量及基价、人工费、材料费、机械费。

当施工图设计要求与定额的项目内容完全一致时,可以直接套用预算定额,大多数的分项工程可以直接套用预算定额。当施工图的设计要求与定额项目规定的内容不一致时,如定额规定不允许换算和调整的,也应直接套用定额。

套用预算定额时应注意以下几点:

(1)应根据施工图、设计说明、标准图做法说明,选择预算定额项目。

(2)对每个项目分项工程的内容、技术特征、施工方法应进行仔细核对,确定与之相对应的预算定额项目。

(3)每个分项工程的名称、工作内容、计量单位应与预算定额项目一致。

(二)预算定额换算

当分项工程的设计内容与定额项目的内容不完全一致时,不能直接套用定额,而定额规定又允许换算的,则可以采用定额规定的范围、内容和方法进行换算,从而使定额子目与分项工作内容保持一致。经过换算的定额项目,应在其定额编号后加注"换"字,以表示区别。定额换算包括乘系数换算、强度换算、砂浆配合比换算和其他换算。

1. 乘系数换算

此类换算是根据定额的分部说明或附注规定,对定额基价或其中的人工费、材料费、机械费乘以规定的换算系数,从而得出新的定额基价。

$$换算后的定额基价 = 定额基价 \times 调整系数$$
$$= 定额基价 + \sum 调整部分金额 \times (调整系数 - 1) \quad (2-30)$$

【例 2-3】 某框架结构工程,混水 1 砖墙做法为:M2.5 混合砂浆(32.5 级水泥)砌筑标准砖,工程量为 $1\,186\ m^3$。某地区预算定额中砌砖工程的定额项目表见表 2-2。

问题:(1)计算该工程混水 1 砖墙项目的定额人工费;

(2)计算该工程混水 1 砖墙项目的定额直接费。

【解】 该工程混水 1 砖墙项目"混水 1 砖墙,M2.5 混合砂浆(32.5 级水泥)标准砖"与定额 A3—4 的工作内容一致,但是墙体是在框架结构间砌筑,根据该地区定额说明,应套用定额项目 A3—4 以后，人工再乘系数 1.10。

换算后的定额基价＝定额基价＋$\sum$ 调整部分金额×(调整系数－1)
$$=3328.59+675.36\times(1.1-1)=2396.13(元)$$

(1)定额人工费＝$675.36\times1.1\times1186/10=88107.47(元)$

(2)定额直接费＝$2396.13\times1186/10=284181.02(元)$

2. 强度换算

当预算定额中混凝土或砂浆的强度等级与施工图设计要求不同时，定额规定可以进行强度换算。

换算步骤如下：

(1)查找两种不同强度等级的混凝土或砂浆的预算单价。

(2)计算两种不同强度等级材料的单价差。

(3)查找定额中该分项工程的定额基价及定额消耗量。

(4)进行调整，计算该分项工程换算后的定额基价。

其换算公式为：

换算后的定额基价＝换算前的定额基价＋(换入单价－换出单价)×定额材料消耗量

【例 2-4】 某工程 C25 砾 40(42.5)现拌混凝土圈梁工程量为 56.32 m³，C25 砾 40(42.5)现拌混凝土单价为 329.38 元/m³，某地区预算定额中现浇混凝土梁的定额项目表见表 2-4。

表 2-4 混凝土梁定额项目表

工作内容：混凝土搅拌、浇捣、养护等全部操作过程。　　　　　　　　　　计量单位：10 m³

编号				A4—36	A4—38	A4—42
项目				现拌混凝土		
				单梁、连续、基础梁	异形梁	圈梁、过梁弧形拱形梁
基价/元				2 310.2	4 548.7	4 818.8
其中	人工费			1 138.2	2 188.2	1 915.2
	材料费			1 072.2	2 052.6	2 777.8
	机械费			99.8	307.9	125.8
	名称	代码	单位	单价	数量	
人工	综合人工	00001	工日	70.00	14.64	15.36	25.23
材料	现浇混凝土 C30 砾 40(42.5)	P2—51	m³	355.51	10.15	10.15	10.15
	水	410649	m³	4.38	10.19	9.32	13.17
机械	单卧轴式混凝土搅拌机 350 L	J6—11	台班	179.96	0.63	0.63	0.63
	混凝土振动器插入式	J6—55	台班	12.23	1.25	1.25	1.25

问题：(1)确定 C25 砾 40(42.5)现拌混凝土圈梁的定额基价；

(2)计算该工程 C25 砾 40(42.5)现拌混凝土圈梁项目的定额直接费。

【解】 根据实际工作内容套用定额子目 A4—42 后换算混凝土强度等级。

(1)C25 砾 40(42.5)现拌混凝土圈梁的定额基价。

换算后的定额基价＝换算前的定额基价＋(换入单价－换出单价)×定额材料消耗量
$$= 4\,818.8+(329.38-355.51)\times10.15=4\,553.58(元)$$

(2)C25 砾 40(42.5)现拌混凝土圈梁项目的定额直接费。

定额直接费＝4 553.58×56.32/10＝25 645.76(元)

3. 砂浆配合比换算

砂浆配合比不同时的换算与混凝土强度等级不同时的换算计算方法基本相同。

换算后的定额基价＝换算前的定额基价＋(换入单价－换出单价)×定额材料消耗量

【例 2-5】 某工程砖外墙抹水泥砂浆,做法为:底层 15 mm 厚 1：2.5 水泥砂浆,面层 5 mm 厚 1：2 水泥砂浆,工程量为 1 126 m²,1：2.5 水泥砂浆单价为 363.71 元/m³,某地区预算定额中水泥砂浆墙面定额项目表见表 2-5。

表 2-5　水泥砂浆墙面定额项目表

工作内容：1. 清理、修补、湿润基层表面、堵墙眼、调运砂浆、清扫落地灰。
　　　　　2. 分层抹灰找平、刷浆、洒水湿润、罩面压光(包括门窗洞口侧壁抹灰)。

计量单位：100 m²

编号					B10—262	B10—244	B10—263	B10—245
项目					墙面、墙裙抹水泥砂浆			
					内砖墙	外砖墙	混凝土内墙	混凝土外墙
基价/元					1 133.87	1 249.18	1 367.12	1 579.29
其中	人工费				678.50	789.50	834.00	904.00
	材料费				433.39	432.74	510.44	646.93
	机械费				21.98	28.36	22.68	28.36
	名称	代码	单位	单价	数量			
人工	综合人工	00001	工日	42.00	11.66	15.79	12.62	18.08
材料	水泥砂浆 1：3	P10—5	m³	172.42	1.54	1.385	1.154	1.385
	水泥砂浆 1：2	P10—3	m³	215.42	0.693	0.924	0.693	0.924
	建筑胶素水泥浆	10—10	m³	733.80	—	—	0.105	
	水	410649	m³	4.38	0.71	0.78	0.73	0.800
机械	灰浆搅拌机 200 L	J6—16	台班	70.89	0.31	0.38	0.33	0.40

问题：(1)确定该工程砖外墙抹水泥砂浆的定额基价；

(2)计算该工程砖外墙抹水泥砂浆的定额直接费。

【解】 根据实际工作内容套用定额子目 B10—244 后换算砂浆配合比。

(1)砖外墙抹水泥砂浆的定额基价。

换算后的定额基价＝换算前的定额基价＋(换入单价－换出单价)×定额材料消耗量
$$=1\,249.18+(363.71-215.42)\times0.924=1\,386.20(元)$$

(2)砖外墙抹水泥砂浆的定额直接费。

定额直接费＝1 386.20×1 126/100＝15 608.61(元)

4. 其他换算

除了以上三种外,还有由于材料的品种、规格发生变化而引起的定额换算,由于砌筑、浇筑或抹灰等厚度发生变化而引起的定额换算等,都可以参照以上方法执行。

【例 2-6】 某工程砖内墙抹水泥砂浆,做法为:底层 13 mm 厚 1∶3 水泥砂浆,面层 7 mm 厚 1∶2 水泥砂浆,工程量为 3 125 m²,某地区预算定额中水泥砂浆墙面定额项目表见表 2-5。

问题:(1)确定该工程砖内墙抹水泥砂浆的定额基价;

(2)计算该工程砖内墙抹水泥砂浆的定额直接费。

【解】 砖内墙面抹水泥砂浆实际工程做法与定额工作内容相比,底层面层砂浆配合比相同,总厚度相同,但底层和面层厚度不同,故此,套用定额子目 B10—262 后换算砂浆定额消耗量。

(1)砖外墙抹水泥砂浆的定额基价。

换算后的定额基价＝换算前的定额基价＋∑砂浆单价×(实际消耗量－定额消耗量)
　　　　　　　　＝1 133.87＋172.42×(1.54/15×13－1.547)＋215.42×(0.693/5×
　　　　　　　　　7－0.693)
　　　　　　　　＝1 158.18(元)

(2)砖外墙抹水泥砂浆的定额直接费。

定额直接费＝1 158.18×3 215/100＝37 235.49(元)

任务实施

根据上述相关知识的内容学习,求解任务如下:

(1)该工程砖基础项目施工图设计要求与定额 A3—1 的工作内容完全一致,故可直接套用该定额子目。

定额人工费＝495.18×186/10＝9 210.35(元)

定额材料费＝1 513.46×186/10＝28 150.36(元)

定额机械费＝27.86×186/10＝518.20(元)

(2)定额直接费＝2 036.50×186/10＝37 878.90(元)

(3)人工消耗量＝11.79×186/10＝219.29(工日)

材料消耗量:标准砖＝5.236×186/10＝97.39(m³)

水＝2.50×186/10＝46.50(m³)

水泥砂浆 M5＝1.95×186/10＝36.27(m³)

机械台班消耗量:灰浆搅拌机 200L＝0.393×186/10＝7.31(台班)

项目小结

工程定额是完成规定计量单位的合格建筑安装产品所消耗资源的数量标准。按定额反映的生产要素消耗内容分类,可以把工程定额划分为劳动消耗定额、材料消耗定额和机械消耗定额三种。预算定额是在正常的施工条件下,完成一定计量单位合格分项工程和结构构件所需消耗的人工、材料、机械台班数量及相应费用标准。

思考与练习

1. 什么是定额?
2. 简述建筑工程预算定额的概念及作用。
3. 简述本地区定额的组成内容。
4. 什么是施工定额?简述其组成和作用。
5. 什么是劳动消耗定额?其表现形式有哪些?
6. 结合本地区预算定额,试计算120 m^3 M7.5水泥砂浆砖基础的分项工程费及人工费、机械费和各种主要材料用量。
7. ××办公楼是三类工程基础,采用钢筋混凝土无梁式带形基础120.5 m^3,混凝土强度等级C25,现场自拌,试问该分项工程的分项工程费、人工消耗量、主要材料需用数量和机械台班消耗量各是多少?(按本地区的计价定额)

项目三 建筑面积计算

学习目标

通过本项目的学习，了解建筑面积的概念、组成和计算范围；掌握建筑面积的计算规则。

能力目标

能正确应用建筑面积计算规则，计算单层和多层建筑的建筑面积。

任务一 建筑面积概述

任务描述

在我国的工程项目建设中，建筑面积是一项重要的技术经济指标。本任务主要介绍建筑面积的概念和意义，要求学生了解计算建筑面积的重要性。

相关知识

一、建筑面积的概念

建筑面积也称为建筑展开面积，是指建筑物各层面积的总和。建筑面积包括使用面积、辅助面积和结构面积。

1. 使用面积

使用面积是指建筑物各层平面布置中可直接为生产或生活使用的净面积总和。居室净面积在民用建筑中，也称为居住面积。如建筑物中的客厅、书房等。

2. 辅助面积

辅助面积是指建筑物各层平面布置中为辅助生产或生活所占净面积的总和。使用面积与辅助面积的总和称为有效面积。如建筑物中的楼梯、走道、卫生间等。

3. 结构面积

结构面积是指建筑物各层平面布置中的墙体、柱等结构所占面积的总和。

二、建筑面积的意义

建筑面积是一项重要的技术经济指标。在国民经济一定时期内，完成建筑面积的多少，也标志着一个国家的工农业生产发展状况、人民生活居住条件的改善和文化生活福利设施发展的程度，计算建筑面积的意义如下：

(1)建筑面积是计算结构工程量或用于确定某些费用指标的基础。如计算出建筑面积之后，利用这个基数，就可以计算地面抹灰、室内填土、地面垫层、平整场地、脚手架工程等项目的预算价值。为了简化预算的编制和某些费用的计算，对有些取费指标的取定，如中小型机械费、生产工具使用费、检验试验费、成品保护增加费等也是以建筑面积为基数确定的。

(2)建筑面积作为结构工程量的计算基础，不仅重要，而且也是一项需要认真对待和细心计算的工作，任何粗心大意都会造成计算上的错误。这种错误不但会造成结构工程量计算上的偏差，也会直接影响概预算造价的准确性，造成人力、物力和国家建设资金的浪费及大量建筑材料的积压。

(3)建筑面积与使用面积、辅助面积、结构面积之间存在着一定的比例关系。设计人员在进行建筑或结构设计时，都应在计算建筑面积的基础上再分别计算出结构面积、有效面积及诸如平面系数、土地利用系数等技术经济指标。有了建筑面积，才有可能计算单位建筑面积的技术经济指标。

(4)建筑面积的计算对于建筑施工企业实行内部经济承包责任制、投标报价、编制施工组织设计、配备施工力量、成本核算及物资供应等，都具有重要的意义。

三、建筑面积的计算要求

由于建筑面积是衡量各种技术指标的重要依据，这些指标又起着衡量和评价建设规模、投资效益、工程成本等方面重要尺度的作用。为了规范工业和民用建筑工程的面积计算，中华人民共和国住房和城乡建设部颁发了《建筑工程建筑面积计算规范》(GB/T 50353—2013)，规定了建筑面积的计算方法。

《建筑工程建筑面积计算规范》主要规定了三个方面的内容：
(1)全部计算建筑面积的范围和规定；
(2)计算部分建筑面积的范围和规定；
(3)不计算建筑面积的范围和规定。

规范主要内容有总则、术语、计算建筑面积的规定。为便于准确理解和应用本规范，对建筑面积计算规范的有关条文进行了说明；规范由住房和城乡建设部负责管理，住房和城乡建设部标准定额研究所负责具体技术内容的解释。

任务实施

根据上述相关知识的内容学习，对建筑面积计算有初步的认识。

任务二 建筑面积计算

任务描述

为规范工业与民用建筑工程建设全过程的建筑面积计算，统一计算方法，中华人民共和国住房和城乡建设部于 2013 年 12 月 19 日发布了《建筑工程建筑面积计算规范》(GB/T 50353—2013)，该规范于 2014 年 7 月 1 日起正式实施。本任务即以此规范为依据，介绍建筑面积计算的方法，在完成本任务的学习后，要求学生完成以下问题：

图 3-1 所示为某带回廊的二层平面示意图，已知二层层高为 2.90 m，求该回廊的建筑面积。

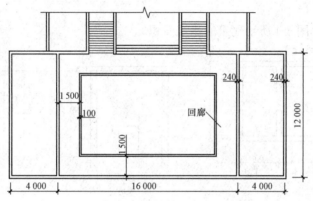

图 3-1 带回廊的二层平面示意图

相关知识

一、计算建筑面积的范围

(1)建筑物的建筑面积应按自然层外墙结构外围水平面积之和计算。结构层高在 2.20 m 及以上的，应计算全面积；结构层高在 2.20 m 以下的，应计算 1/2 面积(图 3-2)。

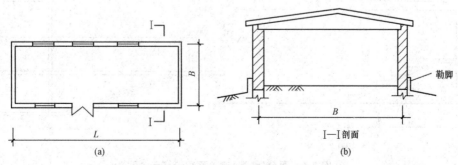

图 3-2 建筑面积计算示意图

(2)建筑物内设有局部楼层时,对于局部楼层的二层及以上楼层,有围护结构的应按其围护结构外围水平面积计算,无围护结构的应按其结构底板水平面积计算,且结构层高在2.20 m及以上的,应计算全面积;结构层高在2.20 m以下的,应计算1/2面积。

(3)形成建筑空间的坡屋顶,结构净高在2.10 m及以上的部位应计算全面积;结构净高在1.20 m及以上至2.10 m以下的部位应计算1/2面积;结构净高在1.20 m以下的部位不应计算建筑面积,如图3-3所示。

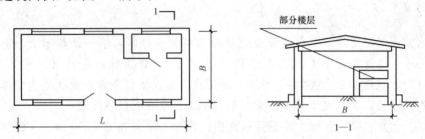

图3-3 局部带楼层建筑建筑面积计算示意图

【例3-1】 计算图3-4所示建筑的建筑面积。

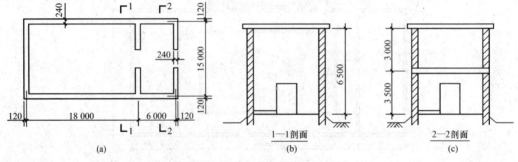

图3-4 某建筑建筑面积计算示意图

【解】 建筑面积=(18+6+0.24)×(15+0.24)+(6+0.24)×(15+0.24)=464.52(m²)

(4)场馆看台下的建筑空间,结构净高在2.10 m及以上的部位应计算全面积;结构净高在1.20 m及以上至2.10 m以下的部位应计算1/2面积;结构净高在1.20 m以下的部位不应计算建筑面积(图3-5)。室内单独设置的有围护设施的悬挑看台,应按看台结构底板水平投影面积计算建筑面积。有顶盖无围护结构的场馆看台应按其顶盖水平投影面积的1/2计算面积。

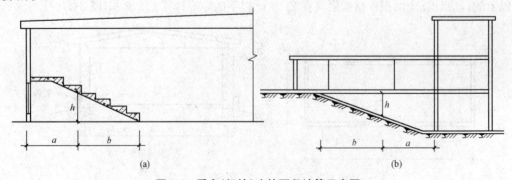

图3-5 看台(场馆)建筑面积计算示意图
(a)体育场斜坡建筑加以利用;(b)坡地加以利用

(5)地下室、半地下室应按其结构外围水平面积计算。结构层高在 2.20 m 及以上者应计算全面积;结构层高不足 2.20 m 者应计算 1/2 面积,如图 3-6 所示。

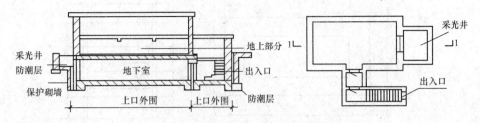

图 3-6 地下室建筑面积计算示意图

【例 3-2】 计算图 3-7 所示地下建筑的建筑面积。

【解】 建筑面积 = $80 \times 24 + (5 \times 2.4 + 5.4 \times 2.4) \times 2 = 1\,969.92(m^2)$

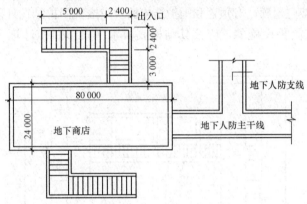

图 3-7 某地下高度建筑面积计算示意图

(6)出入口外墙外侧坡道有顶盖的部位,应按其外墙结构外围水平面积的 1/2 计算面积。

(7)建筑物架空层及坡地建筑物吊脚架空层,应按其顶板水平投影计算建筑面积。结构层高在 2.20 m 及以上的部位应计算全面积;层高不足 2.20 m 的部位应计算 1/2 面积,如图 3-8 所示。

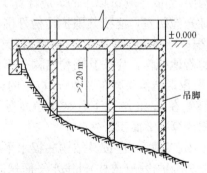

图 3-8 坡地建筑建筑面积计算示意图

(8)建筑物的门厅、大厅按一层计算建筑面积。门厅、大厅内设置的走廊应按其结构底板水平投影面积计算。结构层高在 2.20 m 及以上者应计算全面积;结构层高不足 2.20 m

者应计算1/2面积，如图3-9所示。

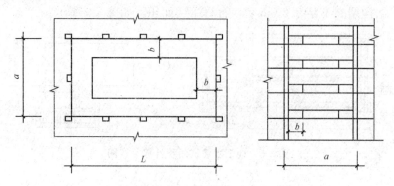

图3-9 内设走廊的建筑物建筑面积计算示意图

(9)建筑物间的架空走廊，有顶盖和围护结构的，应按其围护结构外围水平面积计算全面积；无围护结构、有围护设施的，应按其结构底板水平投影面积计算1/2面积，如图3-10所示。

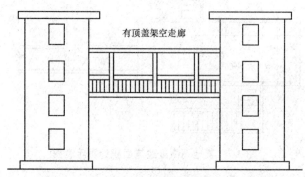

图3-10 建筑物架空走廊建筑面积计算示意图

(10)立体书库、立体仓库、立体车库，有围护结构的，应按其围护结构外围水平面积计算建筑面积；无围护结构、有围护设施的，应按其结构底板水平投影面积计算建筑面积。无结构层的应按一层计算，有结构层的应按其结构层面积分别计算。结构层高在2.20 m及以上的，应计算全面积；结构层高在2.20 m以下的，应计算1/2面积。

(11)有围护结构的舞台灯光控制室，应按其围护结构外围水平面积计算。结构层高在2.20 m及以上者应计算全面积；结构层高不足2.20 m者应计算1/2面积。

(12)附属在建筑物外墙的落地橱窗，应按其围护结构外围水平面积计算。结构层高在2.20 m及以上的，应计算全面积；结构层高在2.20 m以下的，应计算1/2面积。

(13)窗台与室内楼地面高差在0.45 m以下且结构净高在2.10 m及以上的凸(飘)窗，应按其围护结构外围水平面积计算1/2面积。

(14)有围护设施的室外走廊(挑廊)，应按其结构底板水平投影面积计算1/2面积；有围护设施(或柱)的檐廊，应按其围护设施(或柱)外围水平面积计算1/2面积。

(15)门斗应按其围护结构外围水平面积计算建筑面积。结构层高在2.20 m及以上的，应计算全面积；结构层高在2.20 m以下的，应计算1/2面积。

(16)门廊应按其顶板水平投影面积的1/2计算建筑面积；有柱雨篷应按其结构板水平投影面积的1/2计算建筑面积；无柱雨篷的结构外边线至外墙结构外边线的宽度在2.10 m

及以上的,应按雨篷结构板的水平投影面积的 1/2 计算建筑面积。

(17)设在建筑物顶部的、有围护结构的楼梯间、水箱间、电梯机房等,结构层高在 2.20 m 及以上的应计算全面积;结构层高在 2.20 m 以下的,应计算 1/2 面积,如图 3-11 所示。

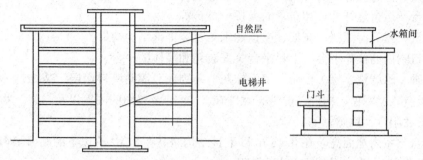

图 3-11　建筑物屋顶水箱间等建筑面积计算示意图

(18)围护结构不垂直于水平面的楼层,应按其底板面的外墙外围水平面积计算。结构净高在 2.10 m 及以上的部位,应计算全面积;结构净高在 1.20 m 及以上至 2.10 m 以下的部位,应计算 1/2 面积;结构净高在 1.20 m 以下的部位,不应计算建筑面积。

(19)建筑物的室内楼梯、电梯井、提物井、管道井、通风排气竖井、烟道,应并入建筑物的自然层计算建筑面积。有顶盖的采光井应按一层计算面积,结构净高在 2.10 m 及以上的,应计算全面积,结构净高在 2.10 m 以下的,应计算 1/2 面积。

(20)室外楼梯应并入所依附建筑物自然层,并应按其水平投影面积的 1/2 计算建筑面积。

(21)在主体结构内的阳台,应按其结构外围水平面积计算全面积;在主体结构外的阳台,应按其结构底板水平投影面积的 1/2 计算面积。

(22)有顶盖无围护结构的车棚、货棚、站台、加油站、收费站等,应按其顶盖水平投影面积的 1/2 计算,如图 3-12 所示。

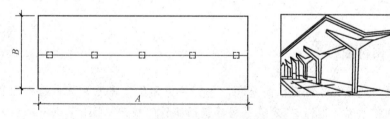

图 3-12　车棚、站台等建筑面积计算示意图

(23)以幕墙作为围护结构的建筑物,应按幕墙外边线计算建筑面积。

(24)建筑物的外墙外保温层,应按其保温材料的水平截面面积计算,并计入自然层建筑面积。

(25)与室内相通的变形缝,应按其自然层合并在建筑物建筑面积内计算。对于高低联跨的建筑物,当高低跨内部连通时,其变形缝应计算在低跨面积内。

(26)对于建筑物内的设备层、管道层、避难层等有结构层的楼层,结构层高在 2.20 m 及以上的,应计算全面积;结构层高在 2.20 m 以下的,应计算 1/2 面积。

二、不计算建筑面积的项目

(1) 与建筑物内不相连通的建筑部件。
(2) 骑楼、过街楼底层的开放公共空间和建筑物通道。
(3) 舞台及后台悬挂幕布和布景的天桥、挑台等。
(4) 露台、露天游泳池、花架、屋顶的水箱及装饰性结构构件。
(5) 建筑物内的操作平台、上料平台、安装箱和罐体的平台。
(6) 勒脚、附墙柱、垛、台阶、墙面抹灰、装饰面、镶贴块料面层、装饰性幕墙、空调机外机搁板（箱）、飘窗、构件、配件、宽度在 2.10 m 及以内的雨篷以及与建筑物内部不相连通的装饰性阳台、挑廊。
(7) 窗台与室内地面高差在 0.45 m 以下且结构净高在 2.10 m 以下的凸（飘）窗，窗台与室内地面高差在 0.45 m 及以上的凸（飘）窗。
(8) 室外爬梯、室外专用消防钢楼梯。
(9) 无围护结构的观光电梯。
(10) 建筑物以外的地下人防通道，独立的烟囱、烟道、地沟、油（水）罐、气柜、水塔、贮油（水）池、贮仓、栈桥等构筑物。

任务实施

根据上述相关知识的内容学习可知，建筑物的门厅、大厅按一层计算建筑面积。当门厅、大厅内设有回廊时，应按其结构底板水平面积计算。层高在 2.20 m 及以上者，应计算全面积；层高不足 2.20 m 者，应计算 1/2 面积。

由图 3-1 可知，该回廊层高在 2.20 m 以上，则其建筑面积为
$$S=(14.5-0.24)\times 1.6\times 2+(10-0.24-1.6\times 2)\times 1.6\times 2=66.62(\text{m}^2)$$

项目小结

建筑面积是指建筑物各层面积的总和，包括使用面积、辅助面积和结构面积。建筑面积是一项重要的技术经济指标。《建筑工程建筑面积计算规范》（GB/T 50353—2013）主要规定了三个方面的内容：全部计算建筑面积的范围和规定；计算部分建筑面积的范围和规定；不计算建筑面积的范围和规定。

思考与练习

1. 简述建筑面积的组成。
2. 某五层建筑物各层的建筑面积均相同，底层外墙尺寸如图 3-13 所示，墙厚均为 240 mm，试计算其建筑面积。

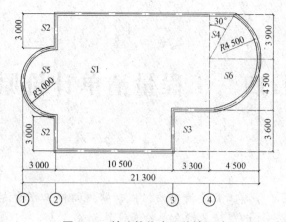

图 3-13 某建筑物底层外墙尺寸

项目四　工程量清单计价原理

学习目标

通过本项目的学习，了解工程量清单的组成；掌握招标工程量清单、招标控制价、投标报价的编制方法。掌握工程量清单综合单价的计算方法。

能力目标

能进行工程量清单综合单价的计算，能进行招标工程量清单、招标控制价、投标报价的编制。

任务一　工程量清单认识

任务描述

工程量清单是载明建设工程分部分项工程项目、措施项目和其他项目的名称和相应数量以及规费和税金项目等内容的明细清单。其中，由招标人根据国家标准、招标文件、设计文件，以及施工现场实际情况编制的工程量清单称为招标工程量清单，而作为投标文件组成部分的已标明价格并经承包人确认的工程量清单称为已标价工程量清单。招标工程量清单应由具有编制能力的招标人或受其委托，具有相应资质的工程造价咨询人或招标代理人编制。采用工程量清单方式招标，招标工程量清单必须作为招标文件的组成部分，其准确性和完整性由招标人负责。招标工程量清单应以单位（项）工程为单位编制，由分部分项工程量清单、措施项目清单、其他项目清单、规费项目、税金项目清单组成。本任务即介绍工程量清单的基本组成。

相关知识

一、分部分项工程项目清单

分部分项工程是"分部工程"和"分项工程"的总称。"分部工程"是单位工程的组成部分，是按结构部位、路段长度及施工特点或施工任务将单位工程划分为若干分部的工程。例如，砌筑工程分为砖砌体、砌块砌体、石砌体、垫层分部工程。"分项工程"是分部工程的组成部分，是按不同施工方法、材料、工序及路段长度等分部工程划分为若干个分项或项目的工程。例如，砖砌体分为砖基础、砖砌挖孔桩护壁、实心砖墙、多孔砖墙、空心砖墙、空斗墙、空花墙、填充墙、实心砖柱、多孔砖柱、砖检查井、零星砌砖、砖散水地坪、砖地沟、明沟等分项工程。

分部分项工程项目清单必须载明项目编码、项目名称、项目特征、计量单位和工程量。分部分项工程项目清单必须根据各专业工程计量规范规定的项目编码、项目名称、项目特征、计量单位和工程量计算规则进行编制。其格式见表 4-1，在分部分项工程量清单的编制过程中，由招标人负责前六项内容填列，金额部分在编制招标控制价或投标报价时填列。

表 4-1　分部分项工程和单价措施项目清单与计价表

工程名称：　　　　　　　　　　　标段：　　　　　　　　　　　第　页共　页

序号	项目编码	项目名称	项目特征	计量单位	工程量	金额/元		
						综合单价	合价	其中：暂估价
合计								

1. 项目编码

项目编码是分部分项工程和措施项目清单名称的阿拉伯数字标识。分部分项工程量清单项目编码以五级编码设置，用 12 位阿拉伯数字表示。一、二、三、四级编码为全国统一，即 1~9 位应按计价规范附录的规定设置；第五级即 10~12 位为清单项目编码，应根据拟建工程的工程量清单项目名称设置，不得有重号，这三位清单项目编码由招标人针对招标工程项目具体编制，并应自 001 起顺序编制。

各级编码代表的含义如下：

(1)第一级表示专业工程代码(分 2 位)。
(2)第二级表示附录分类顺序码(分 2 位)。
(3)第三级表示分部工程顺序码(分 2 位)。
(4)第四级表示分项工程项目名称顺序码(分 3 位)。
(5)第五级表示工程量清单项目名称顺序码(分 3 位)。

项目编码结构如图 4-1 所示(以房屋建筑与装饰工程为例)。

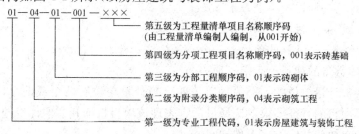

图 4-1　工程量清单项目编码结构

当同一标段(或合同段)的一份工程量清单中含有多个单位工程且工程量清单是以单位

工程为编制对象时,在编制工程量清单时应特别注意对项目编码 10~12 位的设置不得有重码的规定。例如,一个标段(或合同段)的工程量清单中含有三个单位工程,每一单位工程中都有项目特征相同的实心砖墙砌体。在工程量清单中又需反映三个不同单位工程的实心砖墙砌体工程量时,则第一个单位工程的实心砖墙的项目编码应为 010401003001,第二个单位工程的实心砖墙的项目编码应为 010401003002,第三个单位工程的实心砖墙的项目编码应为 010401003003,并分别列出各单位工程的实心砖墙的工程量。

2. 项目名称

分部分项工程量清单的项目名称应按各专业工程计量规范附录的项目名称结合拟建工程的实际确定。附录表中的"项目名称"为分项工程项目名称,是形成分部分项工程量清单项目名称的基础。即在编制分部分项工程量清单时,以附录中的分项工程项目名称为基础,考虑该项目的规格、型号、材质等特征要求,结合拟建工程的实际情况,使其工程量清单项目名称具体化、精细化,以反映影响工程造价的主要因素。例如,"门窗工程"中的"特殊门",应区分"冷藏门""冷冻闸门""保温门""变电室门""隔声门""人防门""金库门"等。清单项目名称应表达详细、准确,各专业工程计量规范中的分项工程项目名称如有缺项,招标人可作补充,并报当地工程造价管理机构(省级)备案。

3. 项目特征

项目特征是构成分部分项工程项目、措施项目自身价值的本质特征。项目特征是对项目的准确描述,是确定一个清单项目综合单价不可缺少的重要依据,是区分清单项目的依据,是履行合同义务的基础。分部分项工程量清单的项目特征应按各专业工程计量规范附录中规定的项目特征,结合技术规范、标准图集、施工图纸,按照工程结构、使用材质及规格或安装位置等,予以详细而准确的表述和说明。凡项目特征中未描述到的其他独有特征,由清单编制人视项目具体情况确定,以准确描述清单项目为准。

各专业工程计量规范附录中还有关于各清单项目"工作内容"的描述。工作内容是指完成清单项目可能发生的具体工作和操作程序。应注意的是,在编制分部分项工程量清单时,工作内容通常无须描述,因为在计价规范中,工程量清单项目与工程量计算规则、工作内容有一一对应关系。当采用计价规范这一标准时,工作内容均有规定。

4. 计量单位

计量单位应采用基本单位,除各专业另有特殊规定外均按以下单位计量:
(1)以质量计算的项目——吨或千克(t 或 kg);
(2)以体积计算的项目——立方米(m^3);
(3)以面积计算的项目——平方米(m^2);
(4)以长度计算的项目——米(m);
(5)以自然计量单位计算的项目——个、套、块、樘、组、台……
(6)没有具体数量的项目——宗、项……

各专业有特殊计量单位的,需另加以说明。当计量单位有两个或两个以上时,应根据所编工程量清单项目的特征要求,选择最适宜表现该项目特征并方便计量的单位。

计量单位的有效位数应遵守下列规定:
(1)以 t 为单位,应保留小数点后三位数字,第四位小数四舍五入。
(2)以 m、m^2、m^3、kg 为单位,应保留小数点后两位数字,第三位小数四舍五入。

(3)以"个""件""根""组""系统"等为单位,应取整数。

5. 工程数量的计算

工程数量主要通过工程量计算规则计算得到。工程量计算规则是指对清单项目工程量的计算规定。除另有说明外,所有清单项目的工程量应以实体工程量为准,并以完成后的净值计算;投标人投标报价时,应在单价中考虑施工中的各种损耗和需要增加的工程量。

根据工程量清单计价与计量规范的规定,工程量计算规则可以分为房屋建筑与装饰工程、仿古建筑工程、通用安装工程、市政工程、园林绿化工程、矿山工程、构筑物工程、城市轨道交通工程、爆破工程九大类。

以房屋建筑与装饰工程为例,其计量规范中规定的实体项目包括土石方工程,地基处理与边坡支护工程,桩基工程,砌筑工程,混凝土及钢筋混凝土工程,金属结构工程,木结构工程,门窗工程,屋面及防水工程,保温、隔热、防腐工程,楼地面装饰工程,墙、柱面装饰与隔断、幕墙工程,天棚工程,油漆、涂料、裱糊工程,其他装饰工程,拆除工程等,分别制定了它们的项目设置和工程量计算规则。

随着工程建设中新材料、新技术、新工艺等的不断涌现,计量规范附录所列的工程量清单项目不可能包含所有项目。在编制工程量清单时,当出现计量规范附录中未包括的清单项目时,编制人应作补充。在编制补充项目时应注意以下三个方面:

(1)补充项目的编码应按计量规范的规定确定。具体做法如下:补充项目的编码由计量规范的代码与B和三位阿拉伯数字组成,并应从001起顺序编制,如房屋建筑与装饰工程如需补充项目,则其编码应从01B001起顺序编制,同一招标工程的项目不得重码。

(2)在工程量清单中应附补充项目的项目名称、项目特征、计量单位、工程量计算规则和工作内容。

(3)将编制的补充项目报送至省级或行业工程造价管理机构备案。

二、措施项目清单

(一)措施项目列项

措施项目是指为完成工程项目施工,发生于该工程施工准备和施工过程中的技术、生活、安全、环境保护等方面的项目。

措施项目清单应根据相关工程现行国家计量规范的规定编制,并应根据拟建工程的实际情况列项。例如,《房屋建筑与装饰工程工程量计算规范》(GB 50854—2013)中规定的措施项目包括脚手架工程,混凝土模板及支架(撑),垂直运输,超高施工增加,大型机械设备进出场及安拆,施工排水、降水,安全文明施工及其他措施项目。

(二)措施项目清单的标准格式

1. 措施项目清单的类别

措施项目费用的发生与使用时间、施工方法或者两个以上的工序相关,如安全文明施工、夜间施工,非夜间施工照明,二次搬运,冬、雨期施工,地上、地下设施,建筑物的临时保护设施,已完工程及设备保护等。有些措施项目则是可以计算工程量的项目,如脚手架工程,混凝土模板及支架(撑),垂直运输,超高施工增加,大型机械设备进出场及安拆，施工排水、降水等。这类措施项目按照分部分项工程量清单的方式采用综合单价计价，更有利于措施费的确定和调整。措施项目中可以计算工程量的项目清单宜采用分部分项工程量清单的方式编制，列出项目编码、项目名称、项目特征、计量单位和工程量计算规则（表 4-1）；不能计算工程量的项目清单，以"项"为计量单位进行编制（表 4-2）。

表 4-2 总价措施项目清单与计价表

工程名称：　　　　　　　　　　　标段：　　　　　　　　　　第 页共 页

序号	项目编码	项目名称	计算基础	费率/%	金额/元	调整费率/%	调整后金额/元	备注
		安全文明施工费						
		夜间施工增加费						
		二次搬运费						
		冬、雨期施工增加费						
		已完工程及设备保护费						
		…						
		合　计						

注：1. "计算基础"中安全文明施工费可为"定额基价""定额人工费"或"定额人工费＋定额机械费"，其他项目可为"定额人工费"或"定额人工费＋定额机械费"。
　　2. 按施工方案计算的措施费，若无"计算基础"和"费率"的数值，也可只填"金额"数值，但应在备注栏中说明施工方案的出处或计算方法。

编制人（造价人员）：　　　　　　　　　　　复核人（造价工程师）：

2. 措施项目清单的编制

措施项目清单的编制需考虑多种因素，除工程本身的因素外，还涉及水文、气象、环境、安全等因素。措施项目清单应根据拟建工程的实际情况列项。若出现清单计价规范中未列的项目，可根据工程实际情况补充。

措施项目清单的编制依据主要有：
(1)施工现场情况、地勘水文资料、工程特点。
(2)常规施工方案。
(3)与建设工程有关的标准、规范、技术资料。
(4)拟定的招标文件。
(5)建设工程设计文件及相关资料。

三、其他项目清单

其他项目清单是指除分部分项工程量清单、措施项目清单所包含的内容以外，因招标人的特殊要求而发生的与拟建工程有关的其他费用项目和相应数量的清单。工程建设标准的高低、工程的复杂程度、工程的工期长短、工程的组成内容、发包人对工程管理要求等都直接影响其他项目清单的具体内容。其他项目清单包括暂列金额、暂估价（包括材料暂估单价、工程设备暂估单价、专业工程暂估价）、计日工、总承包服务费。其他项目清单宜按照表 4-3 的格式编制，出现未包含在表格中内容的项目，可根据工程实际情况补充。

表 4-3 其他项目清单与计价表

序号	项目名称	金额/元	结算金额/元	备注
1	暂列金额			明细详见表 4-4
2	暂估价			
2.1	材料(工程设备)暂估价/结算价			明细详见表 4-5
2.2	专业工程暂估价/结算价			明细详见表 4-6
3	计日工			明细详见表 4-7
4	总承包服务费			明细详见表 4-8
5	索赔与现场签证			
	合计			

注：材料(工程设备)暂估单价计入清单项目综合单价中，此处不汇总。

1. 暂列金额

暂列金额是指招标人在工程量清单中暂定并包括在合同价款中的一笔款项。暂列金额用于工程合同签订时尚未确定或者不可预见的所需材料、工程设备、服务的采购，施工中可能发生的工程变更、合同约定调整因素出现时的合同价款调整，以及发生的索赔、现场签证确认等的费用。不管采用何种合同形式，其理想的标准是一份合同的价格就是其最终的竣工结算价格，或者至少两者应尽可能接近。我国规定对政府投资工程实行概算管理。经项目审批部门批复的设计概算是工程投资控制的刚性指标，即使商业性开发项目也有成本的预先控制问题，否则，无法相对准确预测投资的收益和科学合理地进行投资控制。但工程建设自身的特性决定了工程的设计需要根据工程进展不断地进行优化和调整，业主需求可能会随工程建设进展而出现变化，工程建设过程还会存在一些不能预见、不能确定的因素。消化这些因素必然会影响合同价格的调整，暂列金额正是因这类不可避免的价格调整而设立，以便达到合理确定和有效控制工程造价的目标。设立暂列金额并不能保证合同结算价格不会再出现超过合同价格的情况，是否超出合同价格完全取决于工程量清单编制人对暂列金额预测的准确性，以及工程建设过程是否出现了其他事先未预测到的事件。

暂列金额应根据工程特点，按有关计价规定估算。暂列金额可按照表 4-4 的格式列示。

表 4-4 暂列金额明细表

工程名称： 标段： 第 页共 页

序号	项目名称	计量单位	暂定金额/元	备注
1				
2				
3				
4				
5				
	合计			

注：此表由招标人填写，如不能详列，也可只列暂定金额总额，投标人应将上述暂列金额计入投标总价中。

2. 暂估价

暂估价是指招标人在工程量清单中提供的用于支付必然发生但暂时不能确定价格的材料、工程设备的单价以及专业工程的金额，包括材料暂估单价、工程设备暂估单价和专业工程暂估价；暂估价类似于FIDIC合同条款中的Prime Cost Items，在招标阶段预见肯定要发生，只是因为标准不明确或者需要由专业承包人完成，暂时无法确定价格。暂估价数量和拟用项目应当结合工程量清单中的"暂估价表"予以补充说明。为方便合同管理，需要纳入分部分项工程量清单项目综合单价中的暂估价应只是材料、工程设备暂估单价，以方便投标人组价。

专业工程的暂估价一般应是综合暂估价，同样包括人工费、材料费、施工机具使用费、企业管理费和利润，不包括规费和税金。总承包招标时，专业工程设计深度往往是不够的，一般需要交由专业设计人设计。在国际社会，出于对提高可建造性的考虑，一般由专业承包人负责设计，以发挥其专业技能和专业施工经验的优势。将这类专业工程交由专业分包人完成是国际工程的良好实践，目前，这种动作方式在我国工程建设领域中也已经被普遍使用。公开透明地合理确定这类暂估价的实际开支金额的最佳途径就是通过施工总承包人与工程建设项目招标人共同组织的招标。

暂估价中的材料、工程设备暂估单价应根据工程造价信息或参照市场价格估算，列出明细表；专业工程暂估价应分不同专业，按有关计价规定估算，列出明细表。暂估价可按照表4-5、表4-6的格式列示。

表4-5 材料（工程设备）暂估单价及调整表

工程名称： 标段： 第 页共 页

序号	材料（工程设备）名称、规格、型号	计量单位	数量		暂估/元		确认/元		差额±/元		备注
			暂估	确认	单价	合价	单价	合价	单价	合价	
	合计										

注：此表由招标人填写"暂估单价"，并在备注栏说明暂估价的材料、工程设备拟用在哪些清单项目上，投标人应将上述材料、工程设备暂估价计入工程量清单综合单价报价中。

表 4-6　专业工程暂估价及结算价表

工程名称：　　　　　　　　　　　标段：　　　　　　　　　　　第　页共　页

序号	工程名称	工程内容	暂估金额/元	结算金额/元	差额±/元	备注
	合　计					

注：此表"暂估金额"由招标人填写，投标人应将"暂估金额"计入投标总价中。结算时按合同约定结算金额填写。

3. 计日工

计日工是指在施工过程中，承包人完成发包人提出的工程合同范围以外的零星项目或工作，按合同中约定的单价计价的一种方式。计日工是为了解决现场发生的零星工作的计价而设立的。国际上常见的标准合同条款中，大多数都设立了计日工（Daywork）计价机制。计日工对完成零星工作所消耗的人工工时、材料数量、施工机械台班进行计量，并按照计日工表中填报的适用项目的单价进行计价支付。计日工适用的所谓零星项目或工作一般是指合同约定之外的或者因变更而产生的、工程量清单中没有相应项目的额外工作，尤其是那些难以事先商定价格的额外工作。

计日工应列出项目名称、计量单位和暂估数量。计日工可按照表4-7的格式列示。

表 4-7 计日工表

工程名称：　　　　　　　　　　　　标段：　　　　　　　　　　　　第　页共　页

编号	项目名称	单位	暂定数量	实际数量	综合单价/元	合价/元	
						暂定	实际
一	人工						
1							
2							
…							
	人工小计						
二	材料						
1							
2							
…							
	材料小计						
三	施工机械						
1							
2							
…							
	施工机械小计						
四、企业管理费和利润							
	总计						

注：此表项目名称、暂定数量由招标人填写，编制招标控制价时，单价由招标人按有关计价规定确定；投标时，单价由投标人自主报价，按暂定数量计算合价计入投标总价中。结算时，按发承包双方确认的实际数量计算合价。

4. 总承包服务费

总承包服务费是指总承包人为配合协调发包人进行的专业工程发包，对发包人自行采购的材料、工程设备等进行保管以及施工现场管理、竣工资料汇总整理等服务所需的费用。招标人应预计该项费用并按投标人的投标报价向投标人支付该项费用。

总承包服务费应列出服务项目及其内容等。总承包服务费按照表 4-8 的格式列示。

表 4-8 总承包服务费计价表

工程名称：　　　　　　　　　　　　标段：　　　　　　　　　　　　第　页共　页

序号	项目名称	项目价值/元	服务内容	计算基础	费率/%	金额/元
1	发包人发包专业工程					
2	发包人提供材料					
…						
	合　计					

注：此表项目名称、服务内容由招标人填写，编制招标控制价时，费率及金额由招标人按有关计价规定确定；投标时，费率及金额由投标人自主报价，计入投标总价中。

四、规费、税金项目清单

规费项目清单应按照下列内容列项:社会保险费(包括养老保险费、失业保险费、医疗保险费、工伤保险费、生育保险费);住房公积金;工程排污费;出现计价规范中未列的项目,应根据省级政府或省级有关权力部门的规定列项。

税金项目清单应包括下列内容:增值税,城市维护建设税,教育费附加,地方教育附加;出现计价规范未列的项目,应根据税务部门的规定列项。

规费、税金项目计价表见表4-9。

表4-9 规费、税金项目计价表

工程名称:　　　　　　　　　　　标段:　　　　　　　　　　　　第 页共 页

序号	项目名称	计算基础	计算基数	计算费率/%	金额/元
1	规费	定额人工费			
1.1	社会保险费	定额人工费			
(1)	养老保险费	定额人工费			
(2)	失业保险费	定额人工费			
(3)	医疗保险费	定额人工费			
(4)	工伤保险费	定额人工费			
(5)	生育保险费	定额人工费			
1.2	住房公积金	定额人工费			
1.3	工程排污费	按工程所在地环境保护部门收取标准,按实计入			
...					
2	税金	分部分项工程费+措施项目费+其他项目费+规费-按规定不计税的工程设备金额			
	合 计				

编制人(造价人员):　　　　　　　　　　　　　　复核人(造价工程师):

任务实施

根据上述相关知识的内容学习,对工程量清单的基本组成有初步的认识。

任务二　招标工程量清单与招标控制价的编制

📋 任务描述

为使建设工程发包与承包计价活动规范有序地进行，无论是招标发包还是直接发包，都必须注重前期工作。尤其是对于招标发包，关键的是应从施工招标开始，在拟订招标文件的同时，科学合理地编制工程量清单、招标控制价以及评标标准和办法，只有这样，才能对投标报价、合同价的约定以至后期的工程结算这一工程发承包计价全过程起到良好的控制作用。本任务概要介绍了招标工程量清单与招标控制价的编制方法。

📋 相关知识

一、招标工程量清单的编制

招标工程量清单是招标人依据国家标准、招标文件、设计文件以及施工现场实际情况编制的，随招标文件发布供投标报价的工程量清单，包括对其的说明和表格。编制招标工程量清单，应充分体现"量价分离"的"风险分担"原则。招标阶段，由招标人或其委托的工程造价咨询人根据工程项目设计文件，编制出招标工程项目的工程量清单，并将其作为招标文件的组成部分。招标工程量清单的准确性和完整性由招标人负责。投标人应结合企业自身实际、参考市场有关价格信息完成清单项目工程的组合报价，并对其承担风险。

（一）招标工程量清单编制的依据及准备工作

1. 招标工程量清单编制的依据

(1)"13 计价规范"以及各专业工程计量规范等。
(2)国家或省级、行业建设主管部门颁发的计价定额和办法。
(3)建设工程设计文件及相关资料。
(4)与建设工程有关的标准、规范、技术资料。
(5)拟定的招标文件。
(6)施工现场情况、地勘水文资料、工程特点及常规施工方案。
(7)其他相关资料。

2. 招标工程量清单编制的准备工作

招标工程量清单编制的相关工作在收集资料包括编制依据的基础上，需进行如下工作：
(1)初步研究。对各种资料进行认真研究，为工程量清单的编制做准备。初步研究主要包括：

1)熟悉"13 计价规范"和各专业工程计量规范、当地计价规定及相关文件；熟悉设计文件，掌握工程全貌，便于清单项目列项的完整、工程量的准确计算及清单项目的准确描述，对设计文件中出现的问题应及时提出。

2)熟悉招标文件、招标图纸,确定工程量清单编审的范围及需要设定的暂估价;收集相关市场价格信息,为暂估价的确定提供依据。

3)对"13计价规范"缺项的新材料、新技术、新工艺,收集足够的基础资料,为补充项目的制定提供依据。

(2)现场踏勘。为了选用合理的施工组织设计和施工技术方案,需进行现场踏勘,以充分了解施工现场情况及工程特点,主要对以下两方面进行调查:

1)自然地理条件:工程所在地的地理位置、地形、地貌、用地范围等;气象、水文情况,包括气温、湿度、降雨量等;地质情况,包括地质构造及特征、承载能力等;地震、洪水及其他自然灾害情况。

2)施工条件:工程现场周围的道路、进出场条件、交通限制情况;工程现场施工临时设施、大型施工机具、材料堆放场地安排情况;工程现场邻近建筑物与招标工程的间距、结构形式、基础埋深、新旧程度、高度;市政给水排水管线位置、管径、压力、废水、污水处理方式,市政、消防供水管道管径、压力、位置等;现场供电方式、方位、距离、电压等;工程现场通信线路的连接和铺设;当地政府有关部门对施工现场管理的一般要求、特殊要求及规定等。

(3)拟订常规施工组织设计。施工组织设计是指导拟建工程项目的施工准备和施工的技术经济文件。根据项目的具体情况编制施工组织设计,拟订工程的施工方案、施工顺序、施工方法等,便于工程量清单的编制及准确计算,特别是工程量清单中的措施项目。施工组织设计编制的主要依据为:招标文件中的相关要求,设计文件中的图纸及相关说明,现场踏勘资料,有关定额,现行有关技术标准、施工规范或规则等。作为招标人,仅需拟订常规的施工组织设计即可。在拟订常规的施工组织设计时需注意以下问题:

1)估算整体工程量。根据概算指标或类似工程进行估算,且仅对主要项目加以估算即可,如土石方、混凝土等。

2)拟订施工总方案。拟订施工总方案只需对重大问题和关键工艺做原则性的规定,不需考虑施工步骤,主要包括施工方法、施工机械设备的选择、科学的施工组织、合理的施工进度、现场的平面布置及各种技术措施。制订总方案需要满足以下原则:从实际出发,符合现场的实际情况,在切实可行的范围内尽量求其先进和快速;满足工期的要求;确保工程质量和施工安全;尽量降低施工成本,使方案更加经济合理。

3)确定施工顺序。合理确定施工顺序需要考虑以下几点:各分部分项工程之间的关系;施工方法和施工机械的要求;当地的气候条件和水文要求;施工顺序对工期的影响。

4)编制施工进度计划。施工进度计划要满足合同对工期的要求,在不增加资源的前提下尽量提前。编制施工进度计划时要处理好工程中各分部、分项、单位工程之间的关系,避免出现施工顺序的颠倒或工种相互冲突。

5)计算人、材、机资源需要量。人工工日数量应根据估算的工程量、选用的定额、拟订的施工总方案、施工方法及要求的工期来确定,并考虑节假日、气候等的影响。材料需要量主要根据估算的工程量和选用的材料消耗定额进行计算。机械台班数量则根据施工方案确定选择机械设备方案及机械种类的匹配要求,再根据估算的工程量和机械时间定额进行计算。

6)施工平面的布置。施工平面的布置是根据施工方案、施工进度要求,对施工现场的道路交通、材料仓库、临时设施等做出合理的规划布置，其主要包括：建设项目施工总平面图上的一切地上、地下已有和拟建的建筑物、构筑物以及其他设施的位置和尺寸；所有为施工服务的临时设施的布置位置，如施工用地范围、施工用道路、材料仓库，取土与弃土位置，水源、电源位置，安全、消防设施位置，永久性测量放线标桩位置等。

(二) 招标工程量清单的编制内容

1. 分部分项工程量清单的编制

分部分项工程量清单所反映的是拟建工程分项实体工程项目名称和相应数量的明细清单，招标人负责包括项目编码、项目名称、项目特征描述、计量单位和工程量计算在内的五项内容。

(1) 项目编码。分部分项工程量清单的项目编码，应根据拟建工程的工程量清单项目名称设置，同一招标工程的项目编码不得有重码。

(2) 项目名称。分部分项工程量清单的项目名称应按专业工程计量规范附录的项目名称结合拟建工程的实际确定。

在分部分项工程量清单中所列出的项目，应是在单位工程的施工过程中以其本身构成该单位工程实体的分项工程，但应注意以下几点问题：

1) 当在拟建工程的施工图纸中有体现，并且在专业工程计量规范附录中也有相对应的项目时，则根据附录中的规定直接列项，计算工程量，确定其项目编码。

2) 当在拟建工程的施工图纸中有体现，但在专业工程计量规范附录中没有相对应的项目，并且在附录项目的"项目特征"或"工程内容"中也没有提示时，则必须编制针对这些分项工程的补充项目，在清单中单独列项并在清单的编制说明中注明。

(3) 项目特征描述。因工程量清单的项目特征是确定一个清单项目综合单价不可缺少的重要依据，故在编制工程量清单时，必须对项目特征进行准确和全面的描述。但有些项目特征用文字往往又难以准确和全面的描述。为达到规范、简洁、准确、全面地描述项目特征的要求，在描述工程量清单项目特征时应按以下原则进行：

1) 项目特征描述的内容应按附录中的规定，结合拟建工程的实际，满足确定综合单价的需要。

2) 若采用标准图集或施工图纸能够全部或部分满足项目特征描述的要求，项目特征描述可直接采用详见××图集或××图号的方式。对不能满足项目特征描述要求的部分，仍应用文字描述。

(4) 计量单位。分部分项工程量清单的计量单位与有效位数应遵守《房屋建筑与装饰工程工程量计算规范》(GB 50854—2013)的规定。在附录中有两个或两个以上计量单位的，应结合拟建工程项目的实际选择其中一个确定。

(5) 工程量计算。分部分项工程量清单中所列工程量应按专业工程计量规范规定的工程量计算规则计算。另外，对补充项的工程量计算规则必须符合下述原则：一是其计算规则要具有可计算性，二是其计算结果要具有唯一性。

工程量的计算是一项繁杂而细致的工作，为了计算的快速准确并尽量避免漏算或重算，必须依据一定的计算原则及方法。

1) 计算口径一致。根据施工图列出的工程量清单项目，必须与专业工程计量规范中相应清单项目的口径相一致。

2)按工程量计算规则计算。工程量计算规则是综合确定各项消耗指标的基本依据,也是具体工程测算和分析资料的基准。

3)按图纸计算。工程量按每一分项工程,根据设计图纸进行计算,计算时采用的原始数据必须以施工图纸所表示的尺寸或施工图纸能读出的尺寸为准进行计算,不得任意增减。

4)按一定顺序计算。计算分部分项工程量时,可以按照定额编目顺序或按照施工图专业顺序依次进行计算。对于计算同一张图纸的分项工程量时,一般可采用以下几种顺序:按顺时针或逆时针顺序计算;按先横后纵顺序计算;按轴线编号顺序计算;按施工先后顺序计算;按定额分部分项顺序计算。

2. 措施项目清单的编制

措施项目清单是指为完成工程项目施工,发生于该工程施工准备和施工过程中的技术、生活、安全、环境保护等方面的项目清单,措施项目分为单价措施项目和总价措施项目两种。

措施项目清单的编制需考虑多种因素,除工程本身的因素外,还涉及水文、气象、环境、安全等因素。措施项目清单应根据拟建工程的实际情况列项,若出现13清单计价规范中未列的项目,可根据工程实际情况补充。项目清单的设置要考虑拟建工程的施工组织设计,施工技术方案,相关的施工规范与施工验收规范,招标文件中提出的某些必须通过一定的技术措施才能实现的要求,设计文件中一些不足以写进技术方案的但是要通过一定的技术措施才能实现的内容。

一些可以精确计算工程量的措施项目可采用与分部分项工程量清单编制相同的方式,编制"分部分项工程和单价措施项目清单与计价表"(表4-1)。而有一些措施项目费用的发生与使用时间、施工方法或者两个以上的工序相关并大都与实际完成的实体工程量的大小关系不大,如安全文明施工,冬、雨期施工,已完工程设备保护等,应编制"总价措施项目清单与计价表"(表4-2)。

3. 其他项目清单的编制

其他项目清单是应招标人的特殊要求而发生的与拟建工程有关的其他费用项目和相应数量的清单。工程建设标准的高低、工程的复杂程度、工程的工期长短、工程的组成内容、发包人对工程管理的要求等都直接影响到其具体内容。当出现未包含在表格中的内容的项目时,可根据实际情况补充。其中:

(1)暂列金额是指招标人暂定并包括在合同中的一笔款项,包括用于工程合同签订时尚未确定或者不可预见的所需材料、工程设备、服务的采购,施工中可能发生的工程变更,合同约定调整因素出现时的合同价款调整以及发生的索赔、现场签证确认等的费用。此项费用由招标人填写其项目名称、计量单位、暂定金额等,若不能详列,也可只列暂定金额总额。由于暂列金额由招标人支配,实际发生后才得以支付,因此,在确定暂列金额时应根据施工图纸的深度、暂估价设定的水平、合同价款约定调整的因素以及工程实际情况合理确定。一般可按分部分项工程量清单的10%~15%确定,不同专业预留的暂列金额应分别列项。

(2)暂估价是指招标人在招标文件中提供的用于支付必然发生但暂时不能确定价格的材料、工程设备的单价以及专业工程的金额。一般而言,为方便合同管理和计价,需要纳入分部分项工程量项目综合单价中的暂估价,应只限于材料、工程设备单价,以便投标与组价。以"项"为计量单位给出的专业工程暂估价一般应是综合暂估价，即应当包括除规费、税金以外的管理费、利润等。

(3)计日工是为了解决现场发生的零星工作或项目的计价而设立的。计日工为额外工作的计价提供一个方便快捷的途径。计日工对完成零星工作所消耗的人工工时、材料数量、机械台班进行计量，并按照计日工表中填报的适用项目的单价进行计价支付。编制计日工表格时，一定要给出暂定数量，并且需要根据经验，尽可能估算出一个比较贴近实际的数量，且尽可能把项目列全，以消除因此而产生的争议。

(4)总承包服务费是为了解决招标人在法律法规允许的条件下，进行专业工程发包以及自行采购供应材料、设备时，要求总承包人对发包的专业工程提供协调和配合服务，对供应的材料、设备提供收、发和保管服务以及对施工现场进行统一管理，对竣工资料进行统一汇总整理等发生并向承包人支付的费用。招标人应当按照投标人的投标报价支付该项费用。

4. 规费税金项目清单的编制

规费税金项目清单应按照规定的内容列项，当出现规范中没有的项目时，应根据省级政府或有关部门的规定列项。税金项目清单除规定的内容外，如国家税法发生变化或增加税种，应对税金项目清单进行补充。规费、税金的计算基础和费率均应按国家或地方相关部门的规定执行。

5. 工程量清单总说明的编制

编制工程量清单总说明包括以下内容：

(1)工程概况。工程概况中要对建设规模、工程特征、计划工期、施工现场实际情况、自然地理条件、环境保护要求等做出描述。其中，建设规模是指建筑面积；工程特征应说明基础及结构类型、建筑层数、高度、门窗类型及各部位装饰、装修做法；计划工期是指按工期定额计算的施工天数；施工现场实际情况是指施工场地的地表状况；自然地理条件是指建筑场地所处地理位置的气候及交通运输条件；环境保护要求是针对施工噪声及材料运输可能对周围环境造成的影响和污染所提出的防护要求。

(2)工程招标及分包范围。招标范围是指单位工程的招标范围，如建筑工程招标范围为"全部建筑工程"，装饰装修工程招标范围为"全部装饰装修工程"，工程分包是指特殊工程项目的分包，如招标人自行采购安装"铝合金闸窗"等。

(3)工程量清单编制依据。工程量清单编制依据包括建设工程工程量清单计价规范、设计文件、招标文件、施工现场情况、工程特点及常规施工方案等。

(4)工程质量、材料、施工等的特殊要求。工程质量要求是指招标人要求拟建工程的质量应达到合格或优良标准；对材料的要求是指招标人根据工程的重要性、使用功能及装饰装修标准提出，诸如对水泥的品牌、钢材的生产厂家、花岗石的产出地及品牌等的要求；施工要求一般是指建设项目中对单项工程的施工顺序等的要求。

(5)其他需要说明的事项。

6. 招标工程量清单汇总

在分部分项工程量清单、措施项目清单、其他项目清单、规费和税金项目清单编制完成以后，经审查复核，与工程量清单封面及总说明汇总并装订，由相关责任人签字和盖章，形成完整的招标工程量清单文件。

二、招标控制价的编制

《招标投标法实施条例》规定，招标人可以自行决定是否编制标底，一个招标项目只能有一个标底，标底必须保密。同时规定，招标人设有最高投标限价的，应当在招标文件中明确最高投标限价或者最高投标限价的计算方法，招标人不得规定最低投标限价。

(一)招标控制价的编制规定与依据

招标控制价是指根据国家或省级建设行政主管部门颁发的有关计价依据和办法，依据拟订的招标文件和招标工程量清单，结合工程具体情况发布的招标工程的最高投标限价。根据住房和城乡建设部颁布的《建筑工程施工发包与承包计价管理办法》(住建部令第16号)的规定，国有资金投资的、建筑工程招标的，应当设有最高投标限价；非国有资金投资的建筑工程招标的，可以设有最高投标限价或者招标标底。

1. 招标控制价的优点及存在的问题

招标控制价是推行工程量清单计价过程中对传统标底概念的性质进行界定后所设置的专业术语，它使招标时评标定价的管理方式发生了很大的变化。

(1)采用招标控制价招标的优点：

1)可有效控制投资，防止恶性哄抬报价带来的投资风险。

2)提高了透明度，避免了暗箱操作、寻租等违法活动的产生。

3)可使各投标人自主报价、公平竞争，符合市场规律。投标人自主报价，不受标底的左右。

4)既设置了控制上限又尽量地减少了业主依赖评标基准价的影响。

(2)采用招标控制价招标也可能出现如下问题：

1)若"最高限价"大大高于市场平均价，就预示中标后利润很丰厚，只要投标不超过公布的限额都是有效投标，从而可能诱导投标人串标围标。

2)若公布的最高限价远远低于市场平均价，就会影响招标效率。即可能出现只有1～2人投标或无人投标情况，因为按此限额投标将无利可图，超出此限额投标又成为无效投标，结果使招标人不得不修改招标控制价进行二次招标。

2. 编制招标控制价的规定

(1)国有资金投资的工程建设项目应实行工程量清单招标，招标人应编制招标控制价，并应当拒绝高于招标控制价的投标报价，即投标人的投标报价若超过公布的招标控制价，则其投标作为废标处理。

(2)招标控制价应由具有编制能力的招标人或受其委托、具有相应资质的工程造价咨询人编制。工程造价咨询人不得同时接受招标人和投标人对同一工程的招标控制价和投标报价的编制。

(3)招标控制价应在招标文件中公布，对所编制的招标控制价不得进行上浮或下调。在公布招标控制价时，除公布招标控制价的总价外，还应公布各单位工程的分部分项工程费、措施项目费、其他项目费、规费和税金。

(4)招标控制价超过批准的概算时，招标人应将其报原概算审批部门审核。这是由于我国对国有资金投资项目的投资控制实行的是设计概算审批制度，国有资金投资的工程原则上不能超过批准的设计概算。

(5)投标人经复核认为招标人公布的招标控制价未按照"13计价规范"的规定进行编制的,应在招标控制价公布后5天内向招标投标监督机构和工程造价管理机构投诉。工程造价管理机构受理投诉后,应立即对招标控制价进行复查,组织投诉人、被投诉人或其委托的招标控制价编制人等单位人员对投诉问题逐一核对。当招标控制价复查结论与原公布的招标控制价误差大于±3%时,应责成招标人改正。当重新公布招标控制价时,若重新公布之日起至原投标截止日期不足15天的应延长投标截止日期。

3. 招标控制价的编制依据

招标控制价的编制依据是指在编制招标控制价时需要进行工程量计量、价格确认、工程计价的有关参数、率值的确定等工作时所需的基础性资料,其主要包括以下几点:

(1)现行国家标准"13计价规范"与专业工程计量规范。
(2)国家或省级、行业建设主管部门颁发的计价定额和计价办法。
(3)建设工程设计文件及相关资料。
(4)拟定的招标文件及招标工程量清单。
(5)与建设项目相关的标准、规范、技术资料。
(6)施工现场情况、工程特点及常规施工方案。
(7)工程造价管理机构发布的工程造价信息;工程造价信息没有发布的,参照市场价。
(8)其他的相关资料。

(二)招标控制价的编制内容

招标控制价的编制内容包括分部分项工程费、措施项目费、其他项目费、规费和税金,各个部分有不同的计价要求。

1. 分部分项工程费的编制要求

(1)分部分项工程费应根据招标文件中的分部分项工程量清单及有关要求,按"13计价规范"有关规定确定综合单价计价。
(2)工程量依据招标文件中提供的分部分项工程量清单确定。
(3)招标文件提供了暂估单价的材料,应按暂估的单价计入综合单价。
(4)为使招标控制价与投标报价所包含的内容一致,综合单价中应包括招标文件中要求投标人所承担的风险内容及其范围(幅度)产生的风险费用。

2. 措施项目费的编制要求

(1)措施项目费中的安全文明施工费应当按照国家或省级、行业建设主管部门的规定标准计价,该部分不得作为竞争性费用。
(2)措施项目应按招标文件中提供的措施项目清单确定,措施项目分为以"量"计算和以"项"计算两种。对于可精确计量的措施项目以"量"计算,即按其工程量用与分部分项工程工程量清单单价相同的方式确定综合单价;对于不可精确计量的措施项目,则以"项"为单位,采用费率法按有关规定综合取定,采用费率法时需确定某项费用的计费基数及其费率,结果应是包括除规费、税金以外的全部费用。计算公式为:

$$以"项"计算的措施项目清单费 = 措施项目计费基数 \times 费率$$

3. 其他项目费的编制要求

(1)暂列金额。暂列金额可根据工程的复杂程度、设计深度、工程环境条件(包括地质、水文、气候条件等)进行估算，一般可以分部分项工程费的10%～15%为参考。

(2)暂估价。暂估价中的材料单价应按照工程造价管理机构发布的工程造价信息中的材料单价计算，工程造价信息未发布的材料单价，其单价参考市场价格估算；暂估价中的专业工程暂估价应分为不同的专业，按有关计价规定估算。

(3)计日工。在编制招标控制价时，对计日工中的人工单价和施工机械台班单价应按省级、行业建设主管部门或其授权的工程造价管理机构公布的单价计算；材料应按工程造价管理机构发布的工程造价信息中的材料单价计算，工程造价信息未发布单价的材料，其价格应按市场调查确定的单价计算。

(4)总承包服务费。总承包服务费应按照省级或行业建设主管部门的规定计算，在计算时可参考以下标准：

1)招标人仅要求对分包的专业工程进行总承包管理和协调时，按分包的专业工程估算造价的1.5%计算。

2)招标人要求对分包的专业工程进行总承包管理和协调，并同时要求提供配合服务时，根据招标文件中列出的配合服务内容和提出的要求，按分包的专业工程估算造价的3%～5%计算。

3)招标人自行供应材料的，按招标人供应材料价值的1%计算。

4. 规费和税金的编制要求

规费和税金必须按国家或省级、行业建设主管部门的规定计算。税金计算公式如下：

税金=(分部分项工程量清单费+措施项目清单费+其他项目清单费+规费)×综合税率

(三)招标控制价的计价与组价

1. 招标控制价计价程序

建设工程的招标控制价反映的是单位工程费用，各单位工程费用是由分部分项工程费、措施项目费、其他项目费、规费和税金组成。建设单位工程招标控制价计价程序见表4-10。

表4-10 建设单位工程招标控制价计价程序

工程名称： 标段：

序号	内容	计算方法	金额/元
1	分部分项工程费	按计价规定计算	
1.1			
1.2			
1.3			
...			
2	措施项目费	按计价规定计算	

续表

序号	内容	计算方法	金额/元
2.1	其中：安全文明施工费	按规定标准计算	
3	其他项目费		
3.1	其中：暂列金额	按计价规定估算	
3.2	其中：专业工程暂估价	按计价规定估算	
3.3	其中：计日工	按计价规定估算	
3.4	其中：总承包服务费	按计价规定估算	
4	规费	按规定标准计算	
5	税金(扣除不列入计税范围的工程设备金额)	(1+2+3+4)×规定税率	

注：招标控制价合计＝1+2+3+4+5。

2. 综合单价的组价

综合单价是指完成一个规定清单项目所需的人工费、材料和工程设备费、施工机具使用费和企业管理费、利润以及一定范围内的风险费用。招标控制价的分部分项工程费应由各单位工程的招标工程量清单乘以其相应综合单价汇总而成。综合单价的组价，首先依据提供的工程量清单和施工图纸，按照工程所在地区颁发的计价定额的规定，确定所组价的定额项目名称，并计算出相应的工程量；其次，依据工程造价政策规定或工程造价信息确定其人工、材料、机械台班单价；同时，在考虑风险因素确定管理费率和利润率的基础上，按规定程序计算出所组价定额项目的合价，然后将若干项所组价的定额项目合价相加除以工程量清单项目工程量，便得到工程量清单项目综合单价，对于未计价材料费(包括暂估单价的材料费)应计入综合单价中。

$$定额项目合价 = 定额项目工程量 \times \Big[\sum(定额人工消耗量 \times 人工单价) +$$
$$\sum(定额材料消耗量 \times 材料单价) +$$
$$\sum(定额机械台班消耗量 \times 机械台班单价) +$$
$$价差(基价或人工、材料、机械费用) + 管理费和利润\Big]$$

$$工程量清单综合单价 = \frac{\sum 定额项目合价 + 未计价材料费}{工程量清单项目工程量}$$

招标工程发布的分部分项工程量清单对应的综合单价，应按照招标人发布的分部分项工程量清单的项目名称、工程量、项目特征描述，依据工程所在地区颁发的计价定额和人工、材料、机械台班价格信息等进行组价确定，并应编制工程量清单综合单价分析表。

(四)编制招标控制价时应注意的问题

(1)采用的材料价格应是工程造价管理机构通过工程造价信息发布的材料价格，工程造价信息未发布材料单价的材料，其材料价格应通过市场调查确定。另外，未采用工程造价管理机构发布的工程造价信息时，需在招标文件或答疑补充文件中对招标控制价采用的与造价信息不一致的市场价格予以说明，采用的市场价格则应通过调查、分析确定，并有可靠的信息来源。

(2)施工机械设备的选型直接关系到综合单价水平，应根据工程项目特点和施工条件，本着经济实用、先进高效的原则确定。

(3)应该正确、全面地使用行业和地方的计价定额与相关文件。

(4)不可竞争的措施项目和规费、税金等费用的计算均属于强制性的条款，编制招标控制价时应按国家有关规定计算。

(5)由于不同工程项目、不同施工单位会有不同的施工组织方法，所发生的措施费也会有所不同，因此，对于竞争性的措施费用的确定，招标人应首先编制常规的施工组织设计或施工方案，然后经专家论证确认后再合理确定措施项目与费用。

任务实施

根据上述相关知识的内容学习，对招标工程量清单与招标控制价的编制方法有一定的认识，在日后的实践活动中，进行具体建筑工程工程量清单与招标控制价的编制。

任务三　投标报价的编制

任务描述

工程造价形成的主要阶段是在招投标阶段，在工程招标投标过程中，投标企业在投标报价时必须考虑工程本身的技术特点和招标文件的有关规定及要求，考虑企业自身施工能力、管理水平和市场竞争能力，同时还必须考虑其他方面的许多因素，诸如工程结构、施工环境、地质构造、工程进度、建设规模、资源安排计划等因素。在综合分析这些因素影响程度的基础上，对投标报价作出灵活机动的调整，使报价能够比较准确地与工程实际及市场条件相吻合。只有这样才能把投标定价的自主权真正交给招标和投标单位，投标单位才会对自己的报价承担相应的风险与责任，从而建立起真正的风险制约和竞争机制，并最终通过市场来配置资源，决定工程造价。本任务概要介绍投标报价的编制方法。

相关知识

编制投标报价时，应首先根据招标人提供的工程量清单编制分部分项工程和措施项目计价表，其他项目计价表，规费、税金项目计价表，计算完毕之后，汇总得到单位工程投标报价汇总表，再层层汇总，分别得出单项工程投标报价汇总表和工程项目投标总价汇总表，投标总价的组成如图4-2所示。在编制过程中，投标人应按招标人提供的工程量清单填报价格。填写的项目编码、项目名称、项目特征、计量单位、工程量必须与招标人提供的一致。

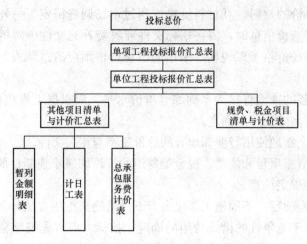

图 4-2 建设项目施工投标总价组成

一、分部分项工程和措施项目计价表的编制

1. 分部分项工程和单价措施项目清单与计价表的编制

承包人投标价中的分部分项工程费和以单价计算的措施项目费,应按招标文件中分部分项工程和单价措施项目清单与计价表的特征描述确定综合单价计算。因此,确定综合单价是分部分项工程和单价措施项目清单与计价表编制过程中最主要的内容。综合单价包括完成一个规定清单项目所需的人工费、材料和工程设备费、施工机具使用费、企业管理费、利润,并考虑风险费用的分摊。其计算公式为:

综合单价=人工费+材料和工程设备费+施工机具使用费+企业管理费+利润

(1)确定综合单价时的注意事项。

1)以项目特征描述为依据。项目特征是确定综合单价的重要依据之一,投标人投标报价时应依据招标文件中清单项目的特征描述确定综合单价。在招标投标过程中,当出现招标工程量清单特征描述与设计图纸不符的情况时,投标人应以招标工程量清单的项目特征描述为准,确定投标报价的综合单价。当施工中施工图纸或设计变更与招标工程量清单项目特征描述不一致时,发承包双方应按实际施工的项目特征,依据合同约定重新确定综合单价。

2)材料、工程设备暂估价的处理。招标文件中的其他项目清单提供了暂估单价的材料和工程设备,应按其暂估的单价计入清单项目的综合单价中。

3)考虑合理的风险。招标文件中要求投标人承担的风险费用,投标人应考虑计入综合单价。在施工过程中,当出现的风险内容及其范围(幅度)在招标文件规定的范围(幅度)内时,综合单价不得变动,合同价款不做调整。根据国际惯例并结合我国工程建设的特点,发承包双方对工程施工阶段的风险宜采用如下分摊原则:

①对于主要由市场价格波动导致的价格风险,如工程造价中的建筑材料、燃料等价格风险,发承包双方应当在招标文件中或在合同中对此类风险的范围和幅度予以明确约定,进行合理分摊。根据工程特点和工期要求,一般采取的方式是:承包人承担5%以内的材料、工程设备价格风险,10%以内的施工机具使用费风险。

②对于法律、法规、规章或有关政策出台导致工程税金、规费、人工费发生变化，并由省级、行业建设行政主管部门或其授权的工程造价管理机构根据上述变化发布的政策性调整，以及由政府定价或政府指导价管理的原材料等价格进行了调整，承包人不应承担此类风险，应按照有关调整规定执行。

③对于承包人根据自身技术水平、管理、经营状况能够自主控制的风险，如承包人的管理费、利润的风险，承包人应结合市场情况，根据企业自身的实际合理确定、自主报价，该部分风险由承包人全部承担。

(2)综合单价确定的步骤和方法。

1)确定计算基础。计算基础主要包括消耗量指标和生产要素单价。应根据本企业的企业实际消耗量水平，并结合拟订的施工方案确定完成清单项目需要消耗的各种人工、材料、机械台班的数量。计算时应采用企业定额，在没有企业定额或企业定额缺项时，可参照与本企业实际水平相近的国家、地区、行业定额，并通过调整来确定清单项目的人、材、机单位用量。各种人工、材料、机械台班的单价，则应根据询价的结果和市场行情综合确定。

2)分析每一清单项目的工程内容。在招标文件提供的工程量清单中，招标人已对项目特征进行了准确、详细的描述，投标人根据这一描述，再结合施工现场情况和拟订的施工方案确定完成各清单项目实际应发生的工程内容。必要时可参照《建设工程工程量清单计价规范》(GB 50500—2013)中提供的工程内容，有些特殊的工程也可能会出现规范列表之外的工程内容。

3)计算工程内容的工程数量与清单单位含量。每一项工程内容都应根据所选定额的工程量计算规则计算其工程数量，当定额的工程量计算规则与清单的工程量计算规则相一致时，可直接以工程量清单中的工程量作为工程内容的工程数量。

当采用清单单位含量计算人工费、材料费、施工机具使用费时，还需要计算每一计量单位的清单项目所分摊的工程内容的工程数量，即清单单位含量。

$$清单单位含量 = \frac{某工程内容的定额工程量}{清单工程量}$$

4)分部分项工程人工、材料、机械费用的计算。它以完成每一计量单位的清单项目所需的人工、材料、机械用量为基础计算，即

$$\begin{matrix}每一计量单位清单项目\\某种资源的使用量\end{matrix} = \begin{matrix}该种资源的\\定额单位用量\end{matrix} \times \begin{matrix}相应定额条目的\\清单单位含量\end{matrix}$$

再根据预先确定的各种生产要素的单位价格，计算出每一计量单位清单项目的分部分项工程的人工费、材料费与施工机具使用费。

$$人工费 = \begin{matrix}完成单位清单项目\\所需人工的工日数量\end{matrix} \times 人工工日单价$$

$$材料费 = \sum \left(\begin{matrix}完成单位清单项目所需\\各种材料、半成品的数量\end{matrix} \times 各种材料、半成品单价 \right)$$

$$施工机具使用费 = \sum \left(\begin{matrix}完成单位清单项目所需\\各种机械的台班数量\end{matrix} \times 各种机械的台班单价 \right) + 仪器仪表使用费$$

当招标人提供的其他项目清单中列示了材料暂估价时，应根据招标人提供的价格计算材料费，并在分部分项工程量清单与计价表中表现出来。

5)计算综合单价。企业管理费和利润的计算按人工费、材料费、施工机具使用费之和按照一定的费率取费计算。

$$企业管理费＝(人工费＋材料费＋施工机具使用费)×企业管理费费率(\%)$$
$$利润＝(人工费＋材料费＋施工机具使用费＋企业管理费)×利润率(\%)$$

将上述五项费用汇总，并考虑合理的风险费用后，即可得到清单综合单价。根据计算出的综合单价，可编制分部分项工程和单价措施项目清单与计价表(表4-1)。

(3)工程量清单综合单价分析表的编制。为表明综合单价的合理性，投标人应对其进行单价分析，以作为评标时的判断依据。工程量清单综合单价分析表的编制应反映上述综合单价的编制过程，并按照规定的格式进行，见表4-11。

表 4-11 工程量清单综合单价分析表

工程名称： 标段： 第 页共 页

项目编码				项目名称			计量单位		工程量	
清单综合单价组成明细										
定额编号	定额项目名称	定额单位	数量	单价				合价			
				人工费	材料费	机械费	管理费和利润	人工费	材料费	机械费	管理费和利润
人工单价				小 计							
元/工日				未计价材料费							
清单项目综合单价											
材料费明细		主要材料名称、规格、型号				单位	数量	单价/元	合价/元	暂估单价/元	暂估合价/元
		其他材料费						—		—	
		材料费小计						—		—	

2. 总价措施项目清单与计价表的编制

对于不能精确计量的措施项目，应编制总价措施项目清单与计价表。投标人对措施项目中的总价项目投标报价应遵循以下原则：

(1)措施项目的内容应依据招标人提供的措施项目清单和投标人投标时拟订的施工组织设计或施工方案确定。

(2)措施项目费由投标人自主确定，但其中的安全文明施工费必须按照国家或省级、行业建设主管部门的规定计价，不得作为竞争性费用。招标人不得要求投标人对该项费用进行优惠，投标人也不得将该项费用参与市场竞争。

投标报价时总价措施项目清单与计价表的编制见表4-2。

二、其他项目清单与计价表的编制

其他项目费主要包括暂列金额、暂估价、计日工以及总承包服务费(表4-3)。
投标人对其他项目费进行投标报价时应遵循以下原则：
(1)暂列金额应按照招标人提供的其他项目清单中列出的金额填写，不得变动(表4-4)。

(2)暂估价不得变动和更改。暂估价中的材料、工程设备暂估价必须按照招标人提供的暂估单价计入清单项目的综合单价(表4-5);专业工程暂估价必须按照招标人提供的其他项目清单中列出的金额填写(表4-6)。材料、工程设备暂估单价和专业工程暂估价均由招标人提供,为暂估价格。在工程实施过程中,对于不同类型的材料与专业工程须采用不同的计价方法。

(3)计日工应按照招标人提供的其他项目清单列出的项目和估算的数量,自主确定各项综合单价并计算费用(表4-7)。

(4)总承包服务费应根据招标人在招标文件中列出的分包专业工程内容和供应材料、设备情况,按照招标人提出的协调、配合与服务要求和施工现场管理需要自主确定(表4-8)。

三、规费、税金项目清单与计价表的编制

规费和税金应按国家或省级、行业建设主管部门的规定计算,不得作为竞争性费用。这是由于规费和税金的计取标准是依据有关法律、法规和政策规定制定的,具有强制性。因此,投标人在投标报价时必须按照国家或省级、行业建设主管部门的有关规定计算规费和税金。规费、税金项目清单与计价表的编制(表4-9)。

四、投标价的计价程序

投标人的投标总价应当与组成工程量清单的分部分项工程费、措施项目费、其他项目费和规费、税金的合计金额相一致,即投标人在进行工程量清单招标的投标报价时,不能进行投标总价优惠(或降价、让利),投标人对投标报价的任何优惠(或降价、让利)均应反映在相应清单项目的综合单价中。

施工企业工程投标报价计价程序,见表4-12。

表4-12 施工企业工程投标报价计价程序

工程名称: 标段:

序号	内容	计算方法	金额/元
1	分部分项工程费	自主报价	
1.1			
1.2			
1.3			
1.4			
2	措施项目费	自主报价	
2.1	其中:安全文明施工费	按规定标准计算	
3	其他项目费		
3.1	其中:暂列金额	按招标文件提供金额计列	
3.2	其中:专业工程暂估价	按招标文件提供金额计列	
3.3	其中:计日工	自主报价	
3.4	其中:总承包服务费	自主报价	
4	规费	按规定标准计算	
5	税金(扣除不列入计税范围的工程设备金额)	(1+2+3+4)×规定税率	

注:投标报价合计=1+2+3+4+5。

📝 **任务实施**

根据上述相关知识的内容学习,对投标报价的编制方法有一定的认识,在日后的实践活动中,进行具体建筑工程投标报价的编制。

任务四　综合单价的应用

📋 **任务描述**

本任务是对计算综合单价的具体应用,要求学生完成如下问题:
某项目施工图如图 4-3 所示,土质类别为坚土,取土、弃土运距均为 5 m。

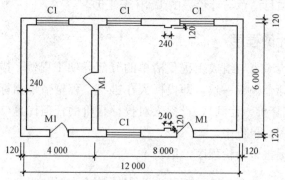

图 4-3　某项目施工图

某地区定额资料见表 4-13。

表 4-13　定额资料

消耗量标准编号	项目名称	单位	单价(基价表)/元			单价(市场价)/元		
			人工费	材料费	机械费	人工费	材料费	机械费
A1—3	平整场地	100 m²	220.50	0	0	239.40	0	0
说明:单价(基价表)中人工工资单价为:42元/工日。								

通过本任务的学习,要求列出上述项目土石方工程的清单项目名称,描述其项目特征,计算清单工程量,计算清单项目组价工程量,计算清单项目综合单价。

📖 **相关知识**

计算工程量清单综合单价应采用如下步骤:
(1)熟悉施工图纸;
(2)根据清单项目特征列出组价定额项目名称;
(3)计算组价定额项目工程量;

(4)套用消耗量定额计算人工费、材料费、机械费;
(5)计算企业管理费;
(6)计算利润;
(7)计算组价定额费用并汇总;
(8)计算清单项目综合单价。

任务实施

根据上述相关知识的学习内容,求解任务如下:

(1)列出清单项目名称,描述其项目特征,计算清单工程量;根据清单项目特征列出组价定额项目名称,计算组价定额项目工程量,见表4-14。

表4-14 分部分项工程量计算表

序号	项目编码	项目名称及项目特征	单位	数量	工程量计算规则/计算式
1	010101001001	平整场地 1. 土壤类别:坚土 2. 弃土运距:5 m 3. 取土运距:5 m	m²	76.38	按设计图示尺寸以建筑物首层建筑面积计算 12.24×6.24=76.38(m²)
	A1—3	平整场地	100 m²	166.30	按建筑物外墙外边线每边各加2 m,以平方米计算 (12.24+2×2)×(6.24+2×2)=166.30(m²)
	组价说明: 组价定额列项总体原则:所列定额项目所包含的工作内容必须与清单项目特征规定的工作内容一致。 定额子目A1—3包含的工作内容,与清单项目特征的要求一致。故此,组价时直接套用定额子目A—13。					

(2)计算清单项目综合单价所包含的费用计算。
按建筑工程取费标准取费:
人工费:239.40元/100 m²【市场单价】×166.30 m²【工程量】=398.12元
材料费:0
机械费:0
企业管理费:220.50元/100 m²【市场单价】/42元/工日【人工消耗量】×60元/工日【取费人工单价】×166.30 m²【工程量】×5.11%【费率】=26.77元
利润:(220.50元/100 m²/42元/工日【人工消耗量】×60元/工日【取费人工单价】×166.30 m²【工程量】+26.77元【企业管理费】)×3.11%【费率】=17.12元
合计:398.12+26.77+17.12=442.01(元)
(3)综合单价计算
综合单价=442.01元【清单项目费用合计】/76.38 m²【清单工程量】=5.79元/m²

项目小结

分部分项工程项目清单必须载明项目编码、项目名称、项目特征、计量单位和工程量。

分部分项工程项目清单必须根据各专业工程计量规范规定的项目编码、项目名称、项目特征、计量单位和工程量计算规则进行编制。措施项目清单应根据相关工程现行国家计量规范的规定编制，并应根据拟建工程的实际情况列项。其他项目清单包括暂列金额、暂估价（包括材料暂估单价、工程设备暂估单价、专业工程暂估价）、计日工、总承包服务费。规费项目清单应按照下列内容列项：社会保险费（包括养老保险费、失业保险费、医疗保险费、工伤保险费、生育保险费）；住房公积金；工程排污费。税金项目清单应包括下列内容：增值税，城市维护建设税，教育费附加，地方教育附加。招标工程量清单是招标人依据国家标准、招标文件、设计文件以及施工现场实际情况编制的，随招标文件发布供投标报价的工程量清单，包括对其的说明和表格。招标控制价是指根据国家或省级建设行政主管部门颁发的有关计价依据和办法，依据拟订的招标文件和招标工程量清单，结合工程具体情况发布的招标工程的最高投标限价。编制投标报价时，应首先根据招标人提供的工程量清单编制分部分项工程和措施项目计价表，其他项目计价表，规费、税金项目计价表，计算完毕之后，汇总得到单位工程投标报价汇总表，再层层汇总，分别得出单项工程投标报价汇总表和工程项目投标总价汇总表。

思考与练习

1. 简述工程量清单的概念及所包括的内容。
2. 简述工程量清单编制的原则及意义。
3. 简述工程量清单计价的作用。
4. 什么是工程量清单的"五统一"？简述项目清单编码的组成。
5. 项目特征描述的意义是什么？
6. 工程量清单由谁编制？应如何编制？
7. 什么是招标控制价？什么是投标报价？其费用的具体组成内容有哪些？
8. 综合单价的组成内容是什么？
9. 某项目基础采用 C30 钢筋混凝土独立基础，预拌非泵送混凝土，工程量为 120 m^3，试编制基础的分部分项工程量清单，并结合地区定额报价。
10. 某工程墙体采用 KP1(240 mm×115 mm×90 mm)多孔砖一砖墙体，M7.5 混合砂浆砌筑，工程量为 25 m^3，试编制工程量清单，并结合地区定额计算报价。

项目五 房屋建筑工程工程量计算

学习目标

通过本项目的学习,掌握计算房屋建筑各分部分项工程工程量的计算方法。

能力目标

能进行房屋建筑各分部分项工程工程量清单计量。

任务一 土石方工程

任务描述

某项目施工图如图 5-1 所示,墙厚为 240 mm,土质类别为坚土,取土、弃土运距均为 5 m 内。标高 −0.450 m 以下实物埋设体积为 18.03 m³。

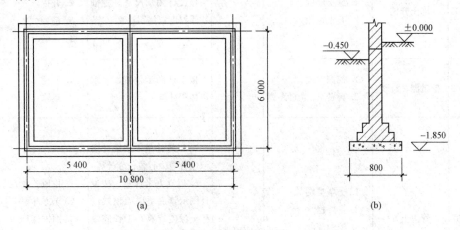

图 5-1 某项目施工图
(a)基础平面图;(b)基础剖面图

通过本任务的学习,要求列出上述项目土石方工程的清单项目名称,描述其项目特征,计算清单工程量,并编制土石方工程工程量清单。

一、工程量清单项目设置及计算规则

1. 土方工程(编码:010101)

土方工程工程量清单项目设置及工程量计算规则见表5-1。

表5-1 土方工程(编码:010101)

项目编码	项目名称	项目特征	计量单位	工程量计算规则	工作内容
010101001	平整场地	1. 土壤类别 2. 弃土运距 3. 取土运距	m²	按设计图示尺寸以建筑物首层建筑面积计算	1. 土方挖填 2. 场地找平 3. 运输
010101002	挖一般土方	1. 土壤类别 2. 挖土深度 3. 弃土运距	m³	按设计图示尺寸以体积计算	1. 排地表水 2. 土方开挖 3. 围护(挡土板)及拆除 4. 基底钎探 5. 运输
010101003	挖沟槽土方			按设计图示尺寸以基础垫层底面积乘以挖土深度计算	
010101004	挖基坑土方				
010101005	冻土开挖	1. 冻土厚度 2. 弃土运距		按设计图示尺寸开挖面积乘厚度以体积计算	1. 爆破 2. 开挖 3. 清理 4. 运输
010101006	挖淤泥、流砂	1. 挖掘深度 2. 弃淤泥、流砂距离		按设计图示位置、界限以体积计算	1. 开挖 2. 运输
010101007	管沟土方	1. 土壤类别 2. 管外径 3. 挖沟深度 4. 回填要求	1. m 2. m³	1. 以米计量,按设计图示以管道中心线长度计算 2. 以立方米计量,按设计图示管底垫层面积乘以挖土深度计算;无管底垫层按管外径的水平投影面积乘以挖土深度计算。不扣除各类井的长度,井的土方并入	1. 排地表水 2. 土方开挖 3. 围护(挡土板)、支撑 4. 运输 5. 回填

2. 石方工程(编码:010102)

石方工程工程量清单项目设置及工程量计算规则见表5-2。

表 5-2 石方工程(编码：010102)

项目编码	项目名称	项目特征	计量单位	工程量计算规则	工作内容
010102001	挖一般石方	1. 岩石类别 2. 开凿深度 3. 弃碴运距	m³	按设计图示尺寸以体积计算	1. 排地表水 2. 凿石 3. 运输
010102002	挖沟槽石方		m³	按设计图示尺寸沟槽底面积乘以挖石深度以体积计算	
010102003	挖基坑石方		m³	按设计图示尺寸基坑底面积乘以挖石深度以体积计算	
010102004	挖管沟石方	1. 岩石类别 2. 管外径 3. 挖沟深度	1. m 2. m³	1. 以米计量，按设计图示以管道中心线长度计算 2. 以立方米计量，按设计图示截面面积乘以长度计算	1. 排地表水 2. 凿石 3. 回填 4. 运输

3. 回填(编码：010103)

回填工程量清单项目设置及工程量计算规则见表 5-3。

表 5-3 回填(编码：010103)

项目编码	项目名称	项目特征	计量单位	工程量计算规则	工作内容
010103001	回填方	1. 密实度要求 2. 填方材料品种 3. 填方粒径要求 4. 填方来源、运距	m³	按设计图示尺寸以体积计算 1. 场地回填：回填面积乘平均回填厚度 2. 室内回填：主墙间面积乘回填厚度，不扣除间隔墙 3. 基础回填：按挖方清单项目工程量减去自然地坪以下埋设的基础体积(包括基础垫层及其他构筑物)	1. 运输 2. 回填 3. 压实
010103002	余方弃置	1. 废弃料品种 2. 运距	m³	按挖方清单项目工程量减利用回填方体积(正数)计算	余方点装料运输至弃置点

二、工程量计算规则相关说明

1. 土方工程

(1)挖土方平均厚度应按自然地面测量标高至设计地坪标高间的平均厚度确定。基础土方开挖深度应按基础垫层底表面标高至交付施工场地标高确定。无交付施工场地标高时，应按自然地面标高确定。

(2)建筑物场地厚度≤±300 mm 的挖、填、运、找平，应按表 5-1 中平整场地项目编码列项。厚度＞±300 mm 的竖向布置挖土或山坡切土应按表 5-1 中挖一般土方项目编码列项。

(3)沟槽、基坑、一般土方的划分为：底宽≤7 m 且底长＞3 倍底宽为沟槽；底长≤3 倍底宽且底面积≤150 m² 为基坑；超出上述范围则为一般土方。

(4)挖土方如需截桩头时，应按桩基工程相关项目列项。

(5)桩间挖土不扣除桩的体积，并在项目特征中加以描述。

(6)弃、取土运距可以不描述，但应注明由投标人根据施工现场实际情况自行考虑，决定报价。

(7)土壤的分类应按表 5-4 确定，如土壤类别不能准确划分时，招标人可注明为综合，由投标人根据地勘报告决定报价。

(8)土方体积应按挖掘前的天然密实体积计算。非天然密实土方应按表 5-5 折算。

(9)挖沟槽、基坑、一般土方因工作面和放坡增加的工程量(管沟工作面增加的工程量)是否并入各土方工程量中，应按各省、自治区、直辖市或行业建设主管部门的规定实施，如并入各土方工程量中，办理工程结算时，按经发包人认可的施工组织设计规定计算，编制工程量清单时，可按表 5-6～表 5-8 规定计算。

(10)挖方出现流砂、淤泥时，如设计未明确，在编制工程量清单时，其工程数量可为暂估量，结算时应根据实际情况由发包人与承包人双方现场签证确认工程量。

(11)管沟土方项目适用于管道(给水排水、工业、电力、通信)、光(电)缆沟[包括：人(手)孔、接口坑]及连接井(检查井)等。

表 5-4 土壤分类表

土壤分类	土壤名称	开挖方法
一、二类土	粉土、砂土(粉砂、细砂、中砂、粗砂、砾砂)、粉质黏土、弱中盐渍土、软土(淤泥质土、泥炭、泥炭质土)、软塑红黏土、冲填土	用锹、少许用镐、条锄开挖。机械能全部直接铲挖满载者
三类土	黏土、碎石土(圆砾、角砾)混合土、可塑红黏土、硬塑红黏土、强盐渍土、素填土、压实填土	主要用镐、条锄、少许用锹开挖。机械需部分刨松方能铲挖满载者或可直接铲挖但不能满载者
四类土	碎石土(卵石、碎石、漂石、块石)、坚硬红黏土、超盐渍土、杂填土	全部用镐、条锄挖掘，少许用撬棍挖掘。机械须普遍刨松方能铲挖满载者

表 5-5 土方体积折算系数表

天然密实度体积	虚方体积	夯实后体积	松填体积
0.77	1.00	0.67	0.83
1.00	1.30	0.87	1.08
1.15	1.50	1.00	1.25
0.92	1.20	0.80	1.00

注：1. 虚方指未经碾压、堆积时间≤1 年的土壤。
　　2. 设计密实度超过规定的，填方体积按工程设计要求执行；无设计要求按各省、自治区、直辖市或行业建设行政主管部门规定的系数执行。

表 5-6 放坡系数表

土类别	放坡起点/m	人工挖土	机械挖土		
			在坑内作业	在坑上作业	顺沟槽在坑上作业
一、二类土	1.20	1:0.5	1:0.33	1:0.75	1:0.5
三类土	1.50	1:0.33	1:0.25	1:0.67	1:0.33
四类土	2.00	1:0.25	1:0.10	1:0.33	1:0.25

注：1. 沟槽、基坑中土类别不同时，分别按其放坡起点、放坡系数，依不同土类别厚度加权平均计算。
　　2. 计算放坡时，在交接处的重复工程量不予扣除，原槽、坑作基础垫层时，放坡自垫层上表面开始计算。

表 5-7 基础施工所需工作面宽度计算表

基础材料	每边各增加工作面宽度/mm
砖基础	200
浆砌毛石、条石基础	150
混凝土基础垫层支模板	300
混凝土基础支模板	300
基础垂直面做防水层	1 000（防水层面）

表 5-8 管沟施工每侧所需工作面宽度计算表

管沟材料 \ 管道结构宽/mm	≤500	≤1 000	≤2 500	>2 500
混凝土及钢筋混凝土管道/mm	400	500	600	700
其他材质管道/mm	300	400	500	600

注：1. 本表按《全国统一建筑工程预算工程量计算规则》(GJDGZ－101－95)整理。
　　2. 管道结构：有管座的按基础外缘，无管座的按管道外径。

2. 石方工程

(1)挖石应按自然地面测量标高至设计地坪标高的平均厚度确定。基础石方开挖深度应按基础垫层底表面标高至交付施工现场地标高确定，无交付施工场地标高时，应按自然地面标高确定。

(2)厚度>±300 mm 的竖向布置挖石或山坡凿石应按表 5-2 中挖一般石方项目编码列项。

(3)沟槽、基坑、一般石方的划分为：底宽≤7 m 且底长>3 倍底宽为沟槽；底长≤3 倍底宽且底面积≤150 m² 为基坑；超出上述范围则为一般石方。

(4)弃碴运距可以不描述，但应注明由投标人根据施工现场实际情况自行考虑，决定报价。

(5)岩石的分类应按表5-9确定。

(6)石方体积应按挖掘前的天然密实体积计算。石方体积折算系数应按表5-10折算。

(7)管沟石方项目适用于管道(给水排水、工业、电力、通信)、光(电)缆沟[包括：人(手)孔、接口坑]及连接井(检查井)等。

表5-9 岩石分类表

岩石分类		代表性岩石	开挖方法
极软岩		1. 全风化的各种岩石 2. 各种半成岩	部分用手凿工具、部分用爆破法开挖
软质岩	软岩	1. 强风化的坚硬岩或较硬岩 2. 中等风化—强风化的较软岩 3. 未风化—微风化的页岩、泥岩、泥质砂岩等	用风镐和爆破法开挖
	较软岩	1. 中等风化—强风化的坚硬岩或较硬岩 2. 未风化—微风化的凝灰岩、千枚岩、泥灰岩、砂质泥岩等	用爆破法开挖
硬质岩	较硬岩	1. 微风化的坚硬岩 2. 未风化—微风化的大理岩、板岩、石灰岩、白云岩、钙质砂岩等	用爆破法开挖
	坚硬岩	未风化—微风化的花岗岩、闪长岩、辉绿岩、玄武岩、安山岩、片麻岩、石英岩、石英砂岩、硅质砾岩、硅质石灰岩等	用爆破法开挖

表5-10 石方体积折算系数表

石方类别	天然密实度体积	虚方体积	松填体积	码方
石方	1.0	1.54	1.31	
块石	1.0	1.75	1.43	1.67
砂夹石	1.0	1.07	0.94	

3. 回填

(1)填方密实度要求，在无特殊要求情况下，项目特征可描述为满足设计和规范的要求。

(2)填方材料品种可以不描述，但应注明由投标人根据设计要求验方后方可填入，并符合相关工程的质量规范要求。

(3)填方粒径要求，在无特殊要求情况下，项目特征可以不描述。

(4)如需买土回填应在项目特征填方来源中描述，并注明买土方数量。

三、工程量清单计量

土石方工程工程量清单计量基本步骤：熟悉施工图纸；熟悉工程量清单计价规范；列出清单项目名称、编码和计量单位；描述清单项目特征；计算工程量。

> 任务实施

根据上述相关知识的内容学习，任务实施过程见表 5-11。

表 5-11 土石方工程量清单

序号	项目编码	项目名称	项目特征	单位	数量	工程量计算规则/计算式
1	010101001001	平整场地	1. 土壤类别：坚土 2. 弃土运距：5 m 3. 取土运距：5 m	m²	68.89	按设计图示尺寸以建筑物首层建筑面积计算 (10.8＋0.24)【长】×(6＋0.24)【宽】＝68.89 m²
2	010101003001	挖沟槽土方	1. 土壤类别：坚土 2. 挖土深度：2 m内 3. 弃土运距：5 m内	m³	43.46	按设计图示尺寸以基础垫层底面积乘以挖土深度计算 [(10.8×2＋6×2)【外墙中心线长】＋(6－0.8)【内墙净长线】]×0.8【垫层宽】×(1.85－0.45)【挖土深度】＝43.46 m³
3	010103001001	回填方	1. 填土要求：夯填 2. 填方来源、运距：就近取土	m³	25.43	按挖方清单项目工程量减去自然地坪以下埋设的基础体积 43.46【挖方清单量】－18.03【自然地坪以下实物埋设量】＝25.43 m³

任务二　地基处理与边坡支护工程

> 任务描述

某项目施工图如图 5-2 和图 5-3 所示，自然地面以下为可塑黏土，深度为 10 m，以下为硬塑黏土层，采用水泥粉煤灰碎石桩进行地基处理，桩径为 400 mm，桩体强度等级为 C20，桩端进入硬塑黏土层不小于 1.5 m，设计有效桩长为 10 m，自然地面标高为－0.3 m，设计桩顶标高为－1.8 m，水泥粉煤灰碎石桩采用振动沉管灌注桩施工，独立基础底采用厚度为 200 mm 的天然级配砂石作为褥垫层。

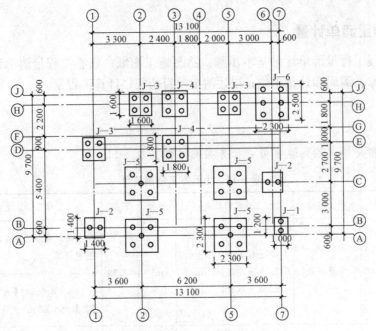

图 5-2 某项目水泥粉煤灰碎石桩平面图

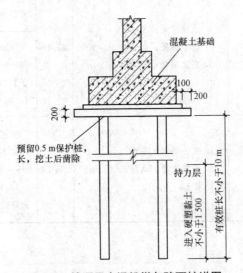

图 5-3 某项目水泥粉煤灰碎石桩详图

通过本任务的学习,要求列出上述项目地基处理与边坡支护工程的清单项目名称,描述其项目特征,计算清单工程量,并编制地基处理与边坡支护工程工程量清单。

相关知识

一、工程量清单项目设置及计算规则

1. 地基处理(编码:010201)

地基处理工程量清单项目设置及工程量计算规则见表 5-12。

表 5-12　地基处理(编码：010201)

项目编码	项目名称	项目特征	计量单位	工程量计算规则	工作内容
010201001	换填垫层	1. 材料种类及配比 2. 压实系数 3. 掺加剂品种	m³	按设计图示尺寸以体积计算	1. 分层铺填 2. 碾压、振密或夯实 3. 材料运输
010201002	铺设土工合成材料	1. 部位 2. 品种 3. 规格	m²	按设计图示尺寸以面积计算	1. 挖填锚固沟 2. 铺设 3. 固定 4. 运输
010201003	预压地基	1. 排水竖井种类、断面尺寸、排列方式、间距、深度 2. 预压方法 3. 预压荷载、时间 4. 砂垫层厚度	m²	按设计图示处理范围以面积计算	1. 设置排水竖井、盲沟、滤水管 2. 铺设砂垫层、密封膜 3. 堆载、卸载或抽气设备安拆、抽真空 4. 材料运输
010201004	强夯地基	1. 夯击能量 2. 夯击遍数 3. 夯击点布置形式、间距 4. 地耐力要求 5. 夯填材料种类			1. 铺设夯填材料 2. 强夯 3. 夯填材料运输
010201005	振冲密实 (不填料)	1. 地层情况 2. 振密深度 3. 孔距			1. 振冲加密 2. 泥浆运输
010201006	振冲桩 (填料)	1. 地层情况 2. 空桩长度、桩长 3. 桩径 4. 填充材料种类	1. m 2. m³	1. 以米计量，按设计图示尺寸以桩长计算 2. 以立方米计量，按设计桩截面面积乘以桩长以体积计算	1. 振冲成孔、填料、振实 2. 材料运输 3. 泥浆运输
010201007	砂石桩	1. 地层情况 2. 空桩长度、桩长 3. 桩径 4. 成孔方法 5. 材料种类、级配		1. 以米计量，按设计图示尺寸以桩长(包括桩尖)计算 2. 以立方米计量，按设计桩截面面积乘以桩长(包括桩尖)以体积计算	1. 成孔 2. 填充、振实 3. 材料运输
010201008	水泥粉煤灰碎石桩	1. 地层情况 2. 空桩长度、桩长 3. 桩径 4. 成孔方法 5. 混合料强度等级	m	按设计图示尺寸以桩长(包括桩尖)计算	1. 成孔 2. 混合料制作、灌注、养护 3. 材料运输

续表

项目编码	项目名称	项目特征	计量单位	工程量计算规则	工作内容
010201009	深层搅拌桩	1. 地层情况 2. 空桩长度、桩长 3. 桩截面尺寸 4. 水泥强度等级、掺量	m	按设计图示尺寸以桩长计算	1. 预搅下钻、水泥浆制作、喷浆搅拌提升成桩 2. 材料运输
010201010	粉喷桩	1. 地层情况 2. 空桩长度、桩长 3. 桩径 4. 粉体种类、掺量 5. 水泥强度等级、石灰粉要求	m	按设计图示尺寸以桩长计算	1. 预搅下钻、喷粉搅拌提升成桩 2. 材料运输
010201011	夯实水泥土桩	1. 地层情况 2. 空桩长度、桩长 3. 桩径 4. 成孔方法 5. 水泥强度等级 6. 混合料配比	m	按设计图示尺寸以桩长(包括桩尖)计算	1. 成孔、夯底 2. 水泥土拌和、填料、夯实 3. 材料运输
010201012	高压喷射注浆桩	1. 地层情况 2. 空桩长度、桩长 3. 桩截面 4. 注浆类型、方法 5. 水泥强度等级	m	按设计图示尺寸以桩长计算	1. 成孔 2. 水泥浆制作、高压喷射注浆 3. 材料运输
010201013	石灰桩	1. 地层情况 2. 空桩长度、桩长 3. 桩径 4. 成孔方法 5. 掺合料种类、配合比	m	按设计图示尺寸以桩长(包括桩尖)计算	1. 成孔 2. 混合料制作、运输、夯填
010201014	灰土(土)挤密桩	1. 地层情况 2. 空桩长度、桩长 3. 桩径 4. 成孔方法 5. 灰土级配	m	按设计图示尺寸以桩长(包括桩尖)计算	1. 成孔 2. 灰土拌和、运输、填充、夯实
010201015	柱锤冲扩桩	1. 地层情况 2. 空桩长度、桩长 3. 桩径 4. 成孔方法 5. 桩体材料种类、配合比	m	按设计图示尺寸以桩长计算	1. 安、拔套管 2. 冲孔、填料、夯实 3. 桩体材料制作、运输

续表

项目编码	项目名称	项目特征	计量单位	工程量计算规则	工作内容
010201016	注浆地基	1. 地层情况 2. 空钻深度、注浆深度 3. 注浆间距 4. 浆液种类及配比 5. 注浆方法 6. 水泥强度等级	1. m 2. m³	1. 以米计量，按设计图示尺寸以钻孔深度计算 2. 以立方米计量，按设计图示尺寸以加固体积计算	1. 成孔 2. 注浆导管制作、安装 3. 浆液制作、压浆 4. 材料运输
010201017	褥垫层	1. 厚度 2. 材料品种及比例	1. m² 2. m³	1. 以平方米计量，按设计图示尺寸以铺设面积计算 2. 以立方米计量，按设计图示尺寸以体积计算	材料拌和、运输、铺设、压实

2. 基坑与边坡支护(编码：010202)

基坑与边坡支护工程工程量清单项目设置及工程量计算规则见表5-13。

表5-13 基坑与边坡支护(编码：010202)

项目编码	项目名称	项目特征	计量单位	工程量计算规则	工作内容
010202001	地下连续墙	1. 地层情况 2. 导墙类型、截面 3. 墙体厚度 4. 成槽深度 5. 混凝土种类、强度等级 6. 接头形式	m³	按设计图示墙中心线长乘以厚度乘以槽深以体积计算	1. 导墙挖填、制作、安装、拆除 2. 挖土成槽、固壁、清底置换 3. 混凝土制作、运输、灌注、养护 4. 接头处理 5. 土方、废泥浆外运 6. 打桩场地硬化及泥浆池、泥浆沟
010202002	咬合灌注桩	1. 地层情况 2. 桩长 3. 桩径 4. 混凝土种类、强度等级 5. 部位	1. m 2. 根	1. 以米计量，按设计图示尺寸以桩长计算 2. 以根计量，按设计图示数量计算	1. 成孔、固壁 2. 混凝土制作、运输、灌注、养护 3. 套管压拔 4. 土方、废泥浆外运 5. 打桩场地硬化及泥浆池、泥浆沟
010202003	圆木桩	1. 地层情况 2. 桩长 3. 材质 4. 尾径 5. 桩倾斜度		1. 以米计量，按设计图示尺寸以桩长(包括桩尖)计算 2. 以根计量，按设计图示数量计算	1. 工作平台搭拆 2. 桩机移位 3. 桩靴安装 4. 沉桩

续表

项目编码	项目名称	项目特征	计量单位	工程量计算规则	工作内容
010202004	预制钢筋混凝土板桩	1. 地层情况 2. 送桩深度、桩长 3. 桩截面 4. 沉桩方法 5. 连接方式 6. 混凝土强度等级	1. m 2. 根	1. 以米计量,按设计图示尺寸以桩长(包括桩尖)计算 2. 以根计量,按设计图示数量计算	1. 工作平台搭拆 2. 桩机移位 3. 沉桩 4. 板桩连接
010202005	型钢桩	1. 地层情况或部位 2. 送桩深度、桩长 3. 规格型号 4. 桩倾斜度 5. 防护材料种类 6. 是否拔出	1. t 2. 根	1. 以吨计量,按设计图示尺寸以质量计算 2. 以根计量,按设计图示数量计算	1. 工作平台搭拆 2. 桩机移位 3. 打(拔)桩 4. 接桩 5. 刷防护材料
010202006	钢板桩	1. 地层情况 2. 桩长 3. 板桩厚度	1. t 2. m²	1. 以吨计量,按设计图示尺寸以质量计算 2. 以平方米计量,按设计图示墙中心线长乘以桩长以面积计算	1. 工作平台搭拆 2. 桩机移位 3. 打拔钢板桩
010202007	锚杆(锚索)	1. 地层情况 2. 锚杆(索)类型、部位 3. 钻孔深度 4. 钻孔直径 5. 杆体材料品种、规格、数量 6. 预应力 7. 浆液种类、强度等级	1. m 2. 根	1. 以米计量,按设计图示尺寸以钻孔深度计算 2. 以根计量,按设计图示数量计算	1. 钻孔、浆液制作、运输、压浆 2. 锚杆(锚索)制作、安装 3. 张拉锚固 4. 锚杆(锚索)施工平台搭设、拆除
010202008	土钉	1. 地层情况 2. 钻孔深度 3. 钻孔直径 4. 置入方法 5. 杆体材料品种、规格、数量 6. 浆液种类、强度等级			1. 钻孔、浆液制作、运输、压浆 2. 土钉制作、安装 3. 土钉施工平台搭设、拆除
010202009	喷射混凝土、水泥砂浆	1. 部位 2. 厚度 3. 材料种类 4. 混凝土(砂浆)类别、强度等级	m²	按设计图示尺寸以面积计算	1. 修整边坡 2. 混凝土(砂浆)制作、运输、喷射、养护 3. 钻排水孔、安装排水管 4. 喷施工平台搭设、拆除

续表

项目编码	项目名称	项目特征	计量单位	工程量计算规则	工作内容
010202010	钢筋混凝土支撑	1. 部位 2. 混凝土种类 3. 混凝土强度等级	m³	按设计图示尺寸以体积计算	1. 模板(支架或支撑)制作、安装、拆除、堆放、运输及清理模内杂物、刷隔离剂等 2. 混凝土制作、运输、浇筑、振捣、养护
010202011	钢支撑	1. 部位 2. 钢材品种、规格 3. 探伤要求	t	按设计图示尺寸以质量计算。不扣除孔眼质量,焊条、铆钉、螺栓等不另增加质量	1. 支撑、铁件制作(摊销、租赁) 2. 支撑、铁件安装 3. 探伤 4. 刷漆 5. 拆除 6. 运输

二、工程量计算规则相关说明

1. 地基处理

(1)地层情况按表5-4和表5-9的规定,并根据岩土工程勘察报告按单位工程各地层所占比例(包括范围值)进行描述。对无法准确描述的地层情况,可注明由投标人根据岩土工程勘察报告自行决定报价。

(2)项目特征中的桩长应包括桩尖,空桩长度=孔深-桩长,孔深为自然地面至设计桩底的深度。

(3)高压喷射注浆类型包括旋喷、摆喷、定喷,高压喷射注浆方法包括单管法、双重管法、三重管法。

(4)如采用泥浆护壁成孔,工作内容包括土方、废泥浆外运,如采用沉管灌注成孔,工作内容包括桩尖制作、安装。

2. 基坑与边坡支护

(1)地层情况按表5-4和表5-9的规定,并根据岩土工程勘察报告按单位工程各地层所占比例(包括范围值)进行描述。对无法准确描述的地层情况,可注明由投标人根据岩土工程勘察报告自行决定报价。

(2)土钉置入方法包括钻孔置入、打入或射入等。

(3)混凝土种类:指清水混凝土、彩色混凝土等,如在同一地区既使用预拌(商品)混凝土,又允许现场搅拌混凝土时,也应注明(下同)。

(4)地下连续墙和喷射混凝土(砂浆)的钢筋网、咬合灌注桩的钢筋笼及钢筋混凝土支撑的钢筋制作、安装,按《房屋建筑与装饰工程工程量计算规范》(GB 50854—2013)附录E中相关项目列项。本分部未列的基坑与边坡支护的排桩按《房屋建筑与装饰工程工程量计算规范》(GB 50854—2013)附录C中相关项目列项。水泥土墙、坑内加固按《房屋建筑与装饰工程工程量计算规范》(GB 50854—2013)表B.1中相关项目列项。砖、石挡土墙,护坡按《房屋建筑与装饰工程工程量计算规范》(GB 50854—2013)附录 D 中相关项目列项。混凝土挡土墙按《房屋建筑与装饰工程工程量计算规范》(GB 50854—2013)附录 E 中相关项目列项。

三、工程量清单计量

地基处理与边坡支护工程量清单计量基本步骤：熟悉施工图纸；熟悉工程量清单计价规范；列出清单项目名称、编码和计量单位；描述清单项目项目特征；计算工程量。

任务实施

根据上述相关知识的内容学习，任务实施过程见表 5-14。

表 5-14 地基处理与边坡支护工程量清单

序号	项目编码	项目名称	项目特征	单位	数量	工程量计算规则/计算式
1	010201008001	水泥粉煤灰碎石桩	1. 可塑黏土深 10 m，以下为硬塑黏土 2. 空桩长 1 m，实桩长 10.5 m，总桩长 11.5 m 3. 桩径：400 mm 4. 成孔方法：振动沉管灌注桩 5. 混合料强度等级：C20	m	598	按设计图示尺寸以桩长计算 11.5×52【根】=598 m
2	010201017001	褥垫层	1. 厚度：200 mm 2. 材料品种及比例：天然级配砂石	m²	79.84	按设计图示尺寸以铺设面积计算 J—1：1.8×1.6×1=2.88(m²) J—2：2.0×2.0×2=8.00(m²) J—3：2.2×2.2×3=14.52(m²) J—4：2.4×2.4×2=11.52(m²) J—5：2.9×2.9×4=33.64(m²) J—6：2.9×3.2×1=9.28(m²) 以上合计=79.84(m²)

任务三 桩基工程

任务描述

如图 5-4 所示，某厂房预制混凝土方桩 95 根，设计断面尺寸 $A×B$ 为 300 mm×300 mm，桩长为 12 m，混凝土强度等级为 C30，送桩深度为 1.5 m，预制混凝土桩的运输距离为 5 km。

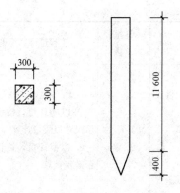

图 5-4 某厂房预制混凝土方桩

通过本任务的学习,要求列出上述项目桩基工程的清单项目名称,描述其项目特征,计算清单工程量,并编制桩基工程工程量清单。

相关知识

一、工程量清单项目设置及计算规则

1. 打桩(编码:010301)

打桩工程量清单项目设置及工程量计算规则见表 5-15。

表 5-15　打桩(编码:010301)

项目编码	项目名称	项目特征	计量单位	工程量计算规则	工作内容
010301001	预制钢筋混凝土方桩	1. 地层情况 2. 送桩深度、桩长 3. 桩截面 4. 桩倾斜度 5. 沉桩方法 6. 接桩方式 7. 混凝土强度等级	1. m 2. m³ 3. 根	1. 以米计量,按设计图示尺寸以桩长(包括桩尖)计算 2. 以立方米计量,按设计图示截面面积乘以桩长(包括桩尖)以实体积计算 3. 以根计量,按设计图示数量计算	1. 工作平台搭拆 2. 桩机竖拆、移位 3. 沉桩 4. 接桩 5. 送桩
010301002	预制钢筋混凝土管桩	1. 地层情况 2. 送桩深度、桩长 3. 桩外径、壁厚 4. 桩倾斜度 5. 沉桩方法 6. 桩尖类型 7. 混凝土强度等级 8. 填充材料种类 9. 防护材料种类			1. 工作平台搭拆 2. 桩机竖拆、移位 3. 沉桩 4. 接桩 5. 送桩 6. 桩尖制作安装 7. 填充材料、刷防护材料

续表

项目编码	项目名称	项目特征	计量单位	工程量计算规则	工作内容
010301003	钢管桩	1. 地层情况 2. 送桩深度、桩长 3. 材质 4. 管径、壁厚 5. 桩倾斜度 6. 沉桩方法 7. 填充材料种类 8. 防护材料种类	1. t 2. 根	1. 以吨计量,按设计图示尺寸以质量计算 2. 以根计量,按设计图示数量计算	1. 工作平台搭拆 2. 桩机竖拆、移位 3. 沉桩 4. 接桩 5. 送桩 6. 切割钢管、精割盖帽 7. 管内取土 8. 填充材料、刷防护材料
010301004	截(凿)桩头	1. 桩类型 2. 桩头截面、高度 3. 混凝土强度等级 4. 有无钢筋	1. m³ 2. 根	1. 以立方米计量,按设计桩截面面积乘以桩头长度以体积计算 2. 以根计量,按设计图示数量计算	1. 截(切割)桩头 2. 凿平 3. 废料外运

2. 灌注桩(编码：010302)

灌注桩工程量清单项目设置及工程量计算规则见表 5-16。

表 5-16　灌注桩(编码：010302)

项目编码	项目名称	项目特征	计量单位	工程量计算规则	工作内容
010302001	泥浆护壁成孔灌注桩	1. 地层情况 2. 空桩长度、桩长 3. 桩径 4. 成孔方法 5. 护筒类型、长度 6. 混凝土种类、强度等级	1. m 2. m³ 3. 根	1. 以米计量,按设计图示尺寸以桩长(包括桩尖)计算 2. 以立方米计量,按不同截面在桩上范围内以体积计算 3. 以根计量,按设计图示数量计算	1. 护筒埋设 2. 成孔、固壁 3. 混凝土制作、运输、灌注、养护 4. 土方、废泥浆外运 5. 打桩场地硬化及泥浆池、泥浆沟
010302002	沉管灌注桩	1. 地层情况 2. 空桩长度、桩长 3. 复打长度 4. 桩径 5. 沉管方法 6. 桩尖类型 7. 混凝土种类、强度等级			1. 打(沉)拔钢管 2. 桩尖制作、安装 3. 混凝土制作、运输、灌注、养护
010302003	干作业成孔灌注桩	1. 地层情况 2. 空桩长度、桩长 3. 桩径 4. 扩孔直径、高度 5. 成孔方法 6. 混凝土种类、强度等级			1. 成孔、扩孔 2. 混凝土制作、运输、灌注、振捣、养护
010302004	挖孔桩土(石)方	1. 地层情况 2. 挖孔深度 3. 弃土(石)运距	m³	按设计图示尺寸(含护壁)截面面积乘以挖孔深度以立方米计算	1. 排地表水 2. 挖土、凿石 3. 基底钎探 4. 运输

续表

项目编码	项目名称	项目特征	计量单位	工程量计算规则	工作内容
010302005	人工挖孔灌注桩	1. 桩芯长度 2. 桩芯直径、扩底直径、扩底高度 3. 护壁厚度、高度 4. 护壁混凝土种类、强度等级 5. 桩芯混凝土种类、强度等级	1. m³ 2. 根	1. 以立方米计量，按桩芯混凝土体积计算 2. 以根计量，按设计图示数量计算	1. 护壁制作 2. 混凝土制作、运输、灌注、振捣、养护
010302006	钻孔压浆桩	1. 地层情况 2. 空钻长度、桩长 3. 钻孔直径 4. 水泥强度等级	1. m 2. 根	1. 以米计量，按设计图示尺寸以桩长计算 2. 以根计量，按设计图示数量计算	钻孔、下注浆管、投放集料、浆液制作、运输、压浆
010302007	灌注桩后压浆	1. 注浆导管材料、规格 2. 注浆导管长度 3. 单孔注浆量 4. 水泥强度等级	孔	按设计图示以注浆孔数计算	1. 注浆导管制作、安装 2. 浆液制作、运输、压浆

二、工程量计算规则相关说明

1. 打桩

(1)地层情况按表5-4和表5-9的规定，并根据岩土工程勘察报告按单位工程各地层所占比例(包括范围值)进行描述。对无法准确描述的地层情况，可注明由投标人根据岩土工程勘察报告自行决定报价。

(2)项目特征中的桩截面、混凝土强度等级、桩类型等可直接用标准图代号或设计桩型进行描述。

(3)预制钢筋混凝土方桩、预制钢筋混凝土管桩项目以成品桩编制，应包括成品桩购置费，如果用现场预制，应包括现场预制桩的所有费用。

(4)打试验桩和打斜桩应按相应项目单独列项，并应在项目特征中注明试验桩或斜桩(斜率)。

(5)截(凿)桩头项目适用于《房屋建筑与装饰工程工程量计算规范》(GB 50854—2013)附录B、附录C所列桩的桩头截(凿)。

(6)预制钢筋混凝土管桩桩顶与承台的连接构造按《房屋建筑与装饰工程工程量计算规范》(GB 50854—2013)附录E相关项目列项。

2. 灌注桩

(1)地层情况按表5-4和表5-9的规定，并根据岩土工程勘察报告按单位工程各地层所占比例(包括范围值)进行描述。对无法准确描述的地层情况，可注明由投标人根据岩土工程勘察报告自行决定报价。

(2)项目特征中的桩长应包括桩尖，空桩长度＝孔深－桩长，孔深为自然地面至设计桩底的深度。

(3)项目特征中的桩截面(桩径)、混凝土强度等级、桩类型等可直接用标准图代号或设计桩型进行描述。

(4)泥浆护壁成孔灌注桩是指在泥浆护壁条件下成孔,采用水下灌注混凝土的桩。其成孔方法包括冲击钻成孔、冲抓锥成孔、回旋钻成孔、潜水钻成孔、泥浆护壁的旋挖成孔等。

(5)沉管灌注桩的沉管方法包括锤击沉管法、振动沉管法、振动冲击沉管法、内夯沉管法等。

(6)干作业成孔灌注桩是指不用泥浆护壁和套管护壁的情况下,用钻机成孔后,下钢筋笼,灌注混凝土的桩,适用于地下水位以上的土层使用。其成孔方法包括螺旋钻成孔、螺旋钻成孔扩底、干作业的旋挖成孔等。

(7)混凝土种类:指清水混凝土、彩色混凝土、水下混凝土等,如在同一地区既使用预拌(商品)混凝土,又允许现场搅拌混凝土时,也应注明。

(8)混凝土灌注桩的钢筋笼制作、安装,按《房屋建筑与装饰工程工程量计算规范》(GB 50854—2013)附录E中相关项目编码列项。

三、工程量清单计量

桩基工程的工程量清单计量基本步骤:熟悉施工图纸;熟悉工程量清单计价规范;列出清单项目名称、编码和计量单位;描述清单项目项目特征;计算工程量。

任务实施

根据上述相关知识的内容学习,任务实施过程见表5-17。

表5-17 桩基工程工程量清单

序号	项目编码	项目名称	项目特征	单位	数量	工程量计算规则/计算式
1	010301001001	预制钢筋混凝土方桩	1. 桩截面面积:300 mm×300 mm 2. 送桩深度:1.5 m 3. 桩长:12 m 4. 混凝土强度等级:C30	根	95	按设计图示数量以根计算 95根

任务四 砌筑工程

任务描述

某项目施工图如图5-5所示,设计室外地面标高为-0.150 m,设计室内地面标高为±0.000,基础垫层为3:7灰土,水泥砂浆M7.5砌筑毛石基础,M5水泥砂浆砌筑

MU7.5页岩标准砖基础。

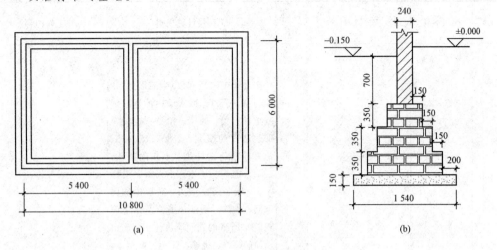

图 5-5 基础平面和剖面图

(a)基础平面图；(b)基础剖面图

通过本任务的学习，要求列出上述项目砌筑工程的清单项目名称，描述其项目特征，计算清单工程量，并编制砌筑工程工程量清单。

相关知识

一、工程量清单项目设置及计算规则

1. 砖砌体(编码：010401)

砖砌体工程量清单项目设置及工程量计算规则见表 5-18。

表 5-18 砖砌体(编码：010401)

项目编码	项目名称	项目特征	计量单位	工程量计算规则	工作内容
010401001	砖基础	1. 砖品种、规格、强度等级 2. 基础类型 3. 砂浆强度等级 4. 防潮层材料种类	m^3	按设计图示尺寸以体积计算。包括附墙垛基础宽出部分体积，扣除地梁(圈梁)、构造柱所占体积，不扣除基础大放脚T形接头处的重叠部分及嵌入基础内的钢筋、铁件、管道、基础砂浆防潮层和单个面积≤0.3 m^2的孔洞所占体积，靠墙暖气沟的挑檐不增加。 基础长度：外墙按外墙中心线，内墙按内墙净长线计算	1. 砂浆制作、运输 2. 砌砖 3. 防潮层铺设 4. 材料运输
010401002	砖砌挖孔桩护壁	1. 砖品种、规格、强度等级 2. 砂浆强度等级		按设计图示尺寸以立方米计算	1. 砂浆制作、运输 2. 砌砖 3. 材料运输

续表

项目编码	项目名称	项目特征	计量单位	工程量计算规则	工作内容
010401003	实心砖墙	1. 砖品种、规格、强度等级 2. 墙体类型 3. 砂浆强度等级、配合比	m³	按设计图示尺寸以体积计算。扣除门窗、洞口、嵌入墙内的钢筋混凝土柱、梁、圈梁、挑梁、过梁及凹进墙内的壁龛、管槽、暖气槽、消火栓箱所占体积。不扣除梁头、板头、檩头、垫木、木楞头、沿椽木、木砖、门窗走头、砖墙内加固钢筋、木筋、铁件、钢管及单个面积≤0.3 m²的孔洞所占体积。凸出墙面的腰线、挑檐、压顶、窗台线、虎头砖、门窗套的体积也不增加。凸出墙面的砖垛并入墙体体积内计算。 1. 墙长度：外墙按中心线，内墙按净长计算； 2. 墙高度： (1)外墙：斜(坡)屋面无檐口天棚者算至屋面板底(图5-6)；有屋架且室内外均有天棚者(图5-7)算至屋架下弦底另加200 mm；无天棚者(图5-8)算至屋架下弦底另加300 mm，出檐宽度超过600 mm时按实砌高度计算；与钢筋混凝土楼板隔层者算至板顶。平屋面算至钢筋混凝土板底。 (2)内墙：位于屋架下弦者，算至屋架下弦底；无屋架者算至天棚底另加100 mm；有钢筋混凝土楼板隔层者算至楼板顶；有框架梁时算至梁底。 (3)女儿墙：从屋面板上表面算至女儿墙顶面(如有混凝土压顶时算至压顶下表面)。 (4)内、外山墙：按其平均高度计算。 3. 框架间墙：不分内外墙按墙体净尺寸以体积计算 4. 围墙：高度算至压顶上表面(如有混凝土压顶时算至压顶下表面)，围墙柱并入围墙体积内	1. 砂浆制作、运输 2. 砌砖 3. 刮缝 4. 砖压顶砌筑 5. 材料运输
010401004	多孔砖墙				
010401005	空心砖墙				

续表

项目编码	项目名称	项目特征	计量单位	工程量计算规则	工作内容
010401006	空斗墙	1. 砖品种、规格、强度等级 2. 墙体类型 3. 砂浆强度等级、配合比	m^3	按设计图示尺寸以空斗墙外形体积计算。墙角、内外墙交接处、门窗洞口立边、窗台砖、屋檐处的实砌部分体积并入空斗墙体积内	1. 砂浆制作、运输 2. 砌砖 3. 装填充料 4. 刮缝 5. 材料运输
010401007	空花墙			按设计图示尺寸以空花部分外形体积计算,不扣除空洞部分体积	
010401008	填充墙	1. 砖品种、规格、强度等级 2. 墙体类型 3. 填充材料种类及厚度 4. 砂浆强度等级、配合比		按设计图示尺寸以填充墙外形体积计算	
010401009	实心砖柱	1. 砖品种、规格、强度等级 2. 柱类型 3. 砂浆强度等级、配合比		按设计图示尺寸以体积计算。扣除混凝土及钢筋混凝土梁垫、梁头、板头所占体积	1. 砂浆制作、运输 2. 砌砖 3. 刮缝 4. 材料运输
010401010	多孔砖柱				
010401011	砖检查井	1. 井截面、深度 2. 砖品种、规格、强度等级 3. 垫层材料种类、厚度 4. 底板厚度 5. 井盖安装 6. 混凝土强度等级 7. 砂浆强度等级 8. 防潮层材料种类	座	按设计图示数量计算	1. 砂浆制作、运输 2. 铺设垫层 3. 底板混凝土制作、运输、浇筑、振捣、养护 4. 砌砖 5. 刮缝 6. 井池底、壁抹灰 7. 抹防潮层 8. 材料运输
010401012	零星砌砖	1. 零星砌砖名称、部位 2. 砖品种、规格、强度等级 3. 砂浆强度等级、配合比	1. m^3 2. m^2 3. m 4. 个	1. 以立方米计量,按设计图示尺寸截面面积乘以长度计算 2. 以平方米计量,按设计图示尺寸水平投影面积计算 3. 以米计量,按设计图示尺寸长度计算 4. 以个计量,按设计图示数量计算	1. 砂浆制作、运输 2. 砌砖 3. 刮缝 4. 材料运输

续表

项目编码	项目名称	项目特征	计量单位	工程量计算规则	工作内容
010401013	砖散水、地坪	1. 砖品种、规格、强度等级 2. 垫层材料种类、厚度 3. 散水、地坪厚度 4. 面层种类、厚度 5. 砂浆强度等级	m²	按设计图示尺寸以面积计算	1. 土方挖、运、填 2. 地基找平、夯实 3. 铺设垫层 4. 砌砖散水、地坪 5. 抹砂浆面层
010401014	砖地沟、明沟	1. 砖品种、规格、强度等级 2. 沟截面尺寸 3. 垫层材料种类、厚度 4. 混凝土强度等级 5. 砂浆强度等级	m	以米计量,按设计图示以中心线长度计算	1. 土方挖、运、填 2. 铺设垫层 3. 底板混凝土制作、运输、浇筑、振捣、养护 4. 砌砖 5. 刮缝、抹灰 6. 材料运输

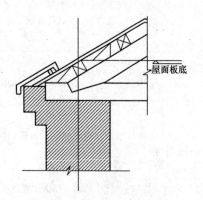

图 5-6 斜(坡)屋面无檐口
天棚者墙身高度计算

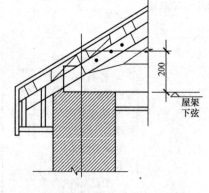

图 5-7 有屋架,且室内外均有
天棚者墙身高度计算

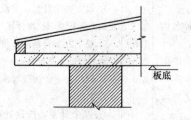

图 5-8 无天棚者墙身高度计算

2. 砌块砌体(编码：010402)

砌块砌体工程量清单项目设置及工程量计算规则见表5-19。

表5-19 砌块砌体(编码：010402)

项目编码	项目名称	项目特征	计量单位	工程量计算规则	工作内容
010402001	砌块墙	1. 砌块品种、规格、强度等级 2. 墙体类型 3. 砂浆强度等级	m^3	按设计图示尺寸以体积计算。扣除门窗、洞口、嵌入墙内的钢筋混凝土柱、梁、圈梁、挑梁、过梁及凹进墙内的壁龛、管槽、暖气槽、消火栓箱所占体积。不扣除梁头、板头、檩头、垫木、木楞头、沿椽木、木砖、门窗走头、砌块墙内加固钢筋、木筋、铁件、钢管及单个面积≤0.3 m^2 的孔洞所占体积。凸出墙面的腰线、挑檐、压顶、窗台线、虎头砖、门窗套的体积也不增加。凸出墙面的砖垛并入墙体体积内计算。 1. 墙长度：外墙按中心线，内墙按净长计算； 2. 墙高度： (1)外墙：斜(坡)屋面无檐口天棚者算至屋面板底；有屋架且室内外均有天棚者算至屋架下弦底另加 200 mm；无天棚者算至屋架下弦底另加 300 mm，出檐宽度超过 600 mm 时按实砌高度计算；与钢筋混凝土楼板隔层者算至板顶；平屋面算至钢筋混凝土板底。 (2)内墙：位于屋架下弦者，算至屋架下弦底；无屋架者算至天棚底另加 100 mm；有钢筋混凝土楼板隔层者算至楼板顶；有框架梁时算至梁底 (3)女儿墙：从屋面板上表面算至女儿墙顶面(如有混凝土压顶时算至压顶下表面)。 (4)内、外山墙：按其平均高度计算。 3. 框架间墙：不分内外墙按墙体净尺寸以体积计算 4. 围墙：高度算至压顶上表面(如有混凝土压顶时算至压顶下表面)，围墙柱并入围墙体积内	1. 砂浆制作、运输 2. 砌砖、砌块 3. 勾缝 4. 材料运输
010402002	砌块柱			按设计图示尺寸以体积计算。扣除混凝土及钢筋混凝土梁垫、梁头、板头所占体积	

3. 石砌体(编码：010403)

石砌体工程量清单项目设置及工程量计算规则见表 5-20。

表 5-20 石砌体(编码：010403)

项目编码	项目名称	项目特征	计量单位	工程量计算规则	工作内容
010403001	石基础	1. 石料种类、规格 2. 基础类型 3. 砂浆强度等级	m³	按设计图示尺寸以体积计算。包括附墙垛基础宽出部分体积，不扣除基础砂浆防潮层及单个面积≤0.3 m²的孔洞所占体积，靠墙暖气沟的挑檐不增加体积。基础长度：外墙按中心线，内墙按净长计算	1. 砂浆制作、运输 2. 吊装 3. 砌石 4. 防潮层铺设 5. 材料运输
010403002	石勒脚			按设计图示尺寸以体积计算，扣除单个面积>0.3 m²的孔洞所占的体积	
010403003	石墙	1. 石料种类、规格 2. 石表面加工要求 3. 勾缝要求 4. 砂浆强度等级、配合比		按设计图示尺寸以体积计算。扣除门窗、洞口、嵌入墙内的钢筋混凝土柱、梁、圈梁、挑梁、过梁及凹进墙内的壁龛、管槽、暖气槽、消火栓箱所占体积。不扣除梁头、板头、檩头、垫木、木楞头、沿椽木、木砖、门窗走头、石墙内加固钢筋、木筋、铁件、钢管及单个面积≤0.3 m²的孔洞所占体积。凸出墙面的腰线、挑檐、压顶、窗台线、虎头砖、门窗套的体积也不增加。凸出墙面的砖垛并入墙体体积内计算。 1. 墙长度：外墙按中心线，内墙按净长计算； 2. 墙高度： (1)外墙：斜(坡)屋面无檐口天棚者算至屋面板底；有屋架且室内外均有天棚者算至屋架下弦底另加 200 mm；无天棚者算至屋架下弦底另加 300 mm，出檐宽度超过 600 mm 时按实砌高度计算；有钢筋混凝土楼板隔层者算至板顶；平屋面算至钢筋混凝土板底。 (2)内墙：位于屋架下弦者，算至屋架下弦底；无屋架者算至天棚底另加 100 mm；有钢筋混凝土楼板隔层者算至楼板顶；有框架梁时算至梁底。 (3)女儿墙：从屋面板上表面算至女儿墙顶面(如有混凝土压顶时算至压顶下表面)。 (4)内、外山墙：按其平均高度计算。 3. 围墙：高度算至压顶上表面(如有混凝土压顶时算至压顶下表面)，围墙柱并入围墙体积内	1. 砂浆制作、运输 2. 吊装 3. 砌石 4. 石表面加工 5. 勾缝 6. 材料运输

续表

项目编码	项目名称	项目特征	计量单位	工程量计算规则	工作内容
010403004	石挡土墙	1. 石料种类、规格 2. 石表面加工要求 3. 勾缝要求 4. 砂浆强度等级、配合比	m³	按设计图示尺寸以体积计算	1. 砂浆制作、运输 2. 吊装 3. 砌石 4. 变形缝、泄水孔、压顶抹灰 5. 滤水层 6. 勾缝 7. 材料运输
010403005	石柱				1. 砂浆制作、运输 2. 吊装 3. 砌石 4. 石表面加工 5. 勾缝 6. 材料运输
010403006	石栏杆		m	按设计图示以长度计算	
010403007	石护坡	1. 垫层材料种类、厚度 2. 石料种类、规格 3. 护坡厚度、高度 4. 石表面加工要求 5. 勾缝要求 6. 砂浆强度等级、配合比	m³	按设计图示尺寸以体积计算	1. 铺设垫层 2. 石料加工 3. 砂浆制作、运输 4. 砌石 5. 石表面加工 6. 勾缝 7. 材料运输
010403008	石台阶				
010403009	石坡道		m²	按设计图示以水平投影面积计算	
010403010	石地沟、石明沟	1. 沟截面尺寸 2. 土壤类别、运距 3. 垫层材料种类、厚度 4. 石料种类、规格 5. 石表面加工要求 6. 勾缝要求 7. 砂浆强度等级、配合比	m	按设计图示以中心线长度计算	1. 土方挖、运 2. 砂浆制作、运输 3. 铺设垫层 4. 砌石 5. 石表面加工 6. 勾缝 7. 回填 8. 材料运输

4. 垫层(编码：010404)

垫层工程量清单项目设置及工程量计算规则见表5-21。

表 5-21 垫层(编码：010404)

项目编码	项目名称	项目特征	计量单位	工程量计算规则	工作内容
010404001	垫层	垫层材料种类、配合比、厚度	m³	按设计图示尺寸以立方米计算	1. 垫层材料的拌制 2. 垫层铺设 3. 材料运输

二、工程量计算规则相关说明

1. 砖砌体

(1)"砖基础"项目适用于各种类型砖基础：柱基础、墙基础、管道基础等。

(2)基础与墙(柱)身使用同一种材料时，以设计室内地面为界(有地下室者，以地下室内设计地面为界)，以下为基础，以上为墙(柱)身。基础与墙身使用不同材料时，位于设计室内地面高度≤±300 mm 时，以不同材料为分界线，高度＞±300 mm 时，以设计室内地面为分界线。

(3)砖围墙以设计室外地坪为界，以下为基础，以上为墙身。

(4)框架外表面的镶贴砖部分，按零星项目编码列项。

(5)附墙烟囱、通风道、垃圾道应按设计图示尺寸以体积(扣除孔洞所占体积)计算并入所依附的墙体体积内。当设计规定孔洞内需抹灰时，应按《房屋建筑与装饰工程工程量计算规范》(GB 50854—2013)附录 M 中零星抹灰项目编码列项。

(6)空斗墙的窗间墙、窗台下、楼板下、梁头下等的实砌部分，按零星砌砖项目编码列项。

(7)"空花墙"项目适用于各种类型的空花墙，使用混凝土花格砌筑的空花墙，实砌墙体与混凝土花格应分别计算，混凝土花格按混凝土及钢筋混凝土中预制构件相关项目编码列项。

(8)台阶、台阶挡墙、梯带、锅台、炉灶、蹲台、池槽、池槽腿、砖胎模、花台、花池、楼梯栏板、阳台栏板、地垄墙、≤0.3 m² 的孔洞填塞等，应按零星砌砖项目编码列项。砖砌锅台与炉灶可按外形尺寸以个计算，砖砌台阶可按水平投影面积以平方米计算，小便槽、地垄墙可按长度计算，其他工程以立方米计算。

(9)砖砌体内钢筋加固，应按《房屋建筑与装饰工程工程量计算规范》(GB 50854—2013)附录 E 中相关项目编码列项。

(10)砖砌体勾缝按《房屋建筑与装饰工程工程量计算规范》(GB 50854—2013)附录 M 中相关项目编码列项。

(11)检查井内的爬梯按《房屋建筑与装饰工程工程量计算规范》(GB 50854—2013)附录 E 中相关项目编码列项；井内的混凝土构件按《房屋建筑与装饰工程工程量计算规范》(GB 50854—2013)附录 E 中混凝土及钢筋混凝土预制构件编码列项。

(12)如施工图设计标注做法见标准图集时，应在项目特征描述中注明标注图集的编码、页号及节点大样。

2. 砌块砌体

(1)砌体内加筋、墙体拉结的制作、安装，应按《房屋建筑与装饰工程工程量计算规范》(GB 50854—2013)附录 E 中相关项目编码列项。

(2)砌块排列应上、下错缝搭砌，如果搭错缝长度满足不了规定的压搭要求，应采取压砌钢筋网片的措施，具体构造要求按设计规定。若设计无规定时，应注明由投标人根据工程实际情况自行考虑；钢筋网片按《房屋建筑与装饰工程工程量计算规范》(GB 50854—2013)附录 F 中相应编码列项。

(3)砌体垂直灰缝宽＞30 mm 时，采用 C20 细石混凝土灌实。灌注的混凝土应按《房屋建筑与装饰工程工程量计算规范》(GB 50854—2013)附录 E 相关项目编码列项。

3. 石砌体

(1)石基础、石勒脚、石墙的划分：基础与勒脚应以设计室外地坪为界。勒脚与墙身应以设计室内地面为界。石围墙内外地坪标高不同时，应以较低地坪标高为界，以下为基础；内外标高之差为挡土墙时，挡土墙以上为墙身。

(2)"石基础"项目适用于各种规格(粗料石、细料石等)、各种材质(砂石、青石等)和各种类型(柱基、墙基、直形、弧形等)基础。

(3)"石勒脚"、"石墙"项目适用于各种规格(粗料石、细料石等)、各种材质(砂石、青石、大理石、花岗石等)和各种类型(直形、弧形等)勒脚和墙体。

(4)"石挡土墙"项目适用于各种规格(粗料石、细料石、块石、毛石、卵石等)、各种材质(砂石、青石、石灰石等)和各种类型(直形、弧形、台阶形等)挡土墙。

(5)"石柱"项目适用于各种规格、各种石质、各种类型的石柱。

(6)"石栏杆"项目适用于无雕饰的一般石栏杆。

(7)"石护坡"项目适用于各种石质和各种石料(粗料石、细料石、片石、块石、毛石、卵石等)。

(8)"石台阶"项目包括石梯带(垂带)，不包括石梯膀，石梯膀应按石挡土墙项目编码列项。

(9)如施工图设计标注做法见标准图集时，应在项目特征描述中注明标注图集的编码、页号及节点大样。

4. 垫层

除混凝土垫层应按《房屋建筑与装饰工程工程量计算规范》(GB 50854—2013)附录 E 中相关项目编码列项外，没有包括垫层要求的清单项目应按表 5-21 垫层项目编码列项。

5. 其他说明

(1)标准砖尺寸应为 240 mm×115 mm×53 mm。

(2)标准砖墙厚度应按表 5-22 计算。

表 5-22　标准墙计算厚度表

砖数(厚度)	$\frac{1}{4}$	$\frac{1}{2}$	$\frac{3}{4}$	1	$1\frac{1}{2}$	2	$2\frac{1}{2}$	3
计算厚度/mm	53	115	180	240	365	490	615	740

三、工程量清单计量

砌筑工程量清单计量基本步骤：熟悉施工图纸；熟悉工程量清单计价规范；列出清单项目名称、编码和计量单位；描述清单项目项目特征；计算工程量。

任务实施

根据上述相关知识的内容学习，任务实施过程见表 5-23。

表 5-23　砌筑工程工程量清单

序号	项目编码	项目名称	项目特征	单位	数量	工程量计算规则/计算式
1	010404001001	垫层	150厚3:7灰土	m³	8.79	按设计图示尺寸以立方米计算 [(10.8×2+6×2)【外墙中心线】+(6-1.54)【内墙净长线】]×1.54【宽】×0.15【高】=8.79 m³
2	010403001001	石基础	1. 石料种类：毛石 2. 基础类型：条形基础 3. 砂浆强度等级：M7.5水泥砂浆	m³	34.12	按设计图示尺寸以体积计算。基础长度：外墙按中心线，内墙按净长计算 第一级：[(10.8×2+6×2)【外墙中心线】+(6-1.14)【内墙净长线】]×1.14【宽】×0.35【高】=15.346 m³ 第二级：(33.6【外墙中心线】+6-0.84【内墙净长线】)×0.84【宽】×0.35【高】=11.395 m³ 第三级：(33.6【外墙中心线】+6-0.54【内墙净长线】)×0.54【宽】×0.35【高】=7.382 m³ 合计：34.12 m³
3	010401001001	砖基础	1. MU7.5页岩标准砖 2. 基础类型：条形基础 3. 砂浆强度等级：M5.0水泥砂浆	m³	8.03	按设计图示尺寸以体积计算。基础长度：外墙按外墙中心线，内墙按内墙净长线计算 (33.6【外墙中心线】+6-0.24【内墙净长线】)×0.24【宽】×(0.7+0.15)【高】=8.03 m³

任务五　混凝土及钢筋混凝土工程

任务描述

某项目施工图如图5-9所示，采用商品混凝土，混凝土强度等级均为C30。

通过本任务的学习，要求列出上述项目混凝土及钢筋混凝土工程（独立基础不列）的清单项目名称，描述其项目特征，计算清单工程量，并编制混凝土及钢筋混凝土工程工程量清单。

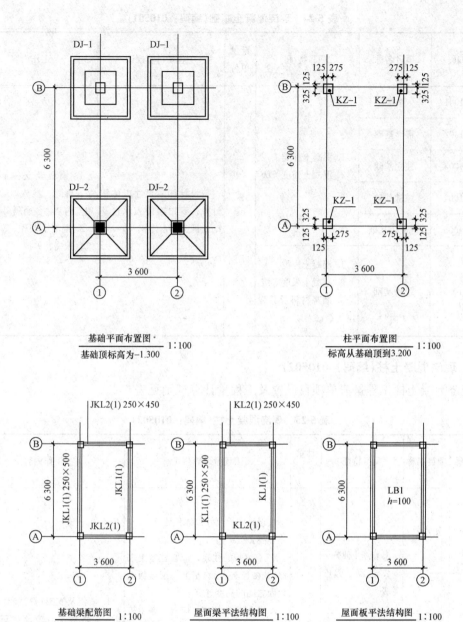

图 5-9 某项目施工图

相关知识

一、工程量清单项目设置及计算规则

1. 现浇混凝土基础(编码：010501)

现浇混凝土基础工程量清单项目设置及工程量计算规则见表 5-24。

表 5-24　现浇混凝土基础(编码：010501)

项目编码	项目名称	项目特征	计量单位	工程量计算规则	工作内容
010501001	垫层	1. 混凝土种类 2. 混凝土强度等级	m³	按设计图示尺寸以体积计算。不扣除伸入承台基础的桩头所占体积	1. 模板及支撑制作、安装、拆除、堆放、运输及清理模内杂物、刷隔离剂等 2. 混凝土制作、运输、浇筑、振捣、养护
010501002	带形基础				
010501003	独立基础				
010501004	满堂基础				
010501005	桩承台基础				
010501006	设备基础	1. 混凝土种类 2. 混凝土强度等级 3. 灌浆材料及其强度等级			

2. 现浇混凝土柱(编码：010502)

现浇混凝土柱工程量清单项目设置及工程量计算规则见表 5-25。

表 5-25　现浇混凝土柱(编码：010502)

项目编码	项目名称	项目特征	计量单位	工程量计算规则	工作内容
010502001	矩形柱	1. 混凝土种类 2. 混凝土强度等级	m³	按设计图示尺寸以体积计算 柱高： 1. 有梁板的柱高，应自柱基上表面(或楼板上表面)至上一层楼板上表面之间的高度计算 2. 无梁板的柱高，应自柱基上表面(或楼板上表面)至柱帽下表面之间的高度计算 3. 框架柱的柱高：应自柱基上表面至柱顶高度计算 4. 构造柱按全高计算，嵌接墙体部分(马牙槎)并入柱身体积 5. 依附柱上的牛腿和升板的柱帽，并入柱身体积计算	1. 模板及支架(撑)制作、安装、拆除、堆放、运输及清理模内杂物、刷隔离剂等 2. 混凝土制作、运输、浇筑、振捣、养护
010502002	构造柱				
010502003	异形柱	1. 柱形状 2. 混凝土种类 3. 混凝土强度等级			

3. 现浇混凝土梁(编码：010503)

现浇混凝土梁工程量清单项目设置及工程量计算规则见表 5-26。

表 5-26 现浇混凝土梁(编码：010503)

项目编码	项目名称	项目特征	计量单位	工程量计算规则	工作内容
010503001	基础梁	1. 混凝土种类 2. 混凝土强度等级	m³	按设计图示尺寸以体积计算。伸入墙内的梁头、梁垫并入梁体积内 梁长： 1. 梁与柱连接时，梁长算至柱侧面 2. 主梁与次梁连接时，次梁长算至主梁侧面	1. 模板及支架(撑)制作、安装、拆除、堆放、运输及清理模内杂物、刷隔离剂等 2. 混凝土制作、运输、浇筑、振捣、养护
010503002	矩形梁				
010503003	异形梁				
010503004	圈梁				
010503005	过梁				
010503006	弧形、拱形梁				

4. 现浇混凝土墙(编码：010504)

现浇混凝土墙工程量清单项目设置及工程量计算规则见表 5-27。

表 5-27 现浇混凝土墙(编码：010504)

项目编码	项目名称	项目特征	计量单位	工程量计算规则	工作内容
010504001	直形墙	1. 混凝土种类 2. 混凝土强度等级	m³	按设计图示尺寸以体积计算。扣除门窗洞口及单个面积>0.3 m²的孔洞所占体积，墙垛及突出墙面部分并入墙体体积内计算	1. 模板及支架(撑)制作、安装、拆除、堆放、运输及清理模内杂物、刷隔离剂等 2. 混凝土制作、运输、浇筑、振捣、养护
010504002	弧形墙				
010504003	短肢剪力墙				
010504004	挡土墙				

5. 现浇混凝土板(编码：010505)

现浇混凝土板工程量清单项目设置及工程量计算规则见表 5-28。

表 5-28 现浇混凝土板(编码：010505)

项目编码	项目名称	项目特征	计量单位	工程量计算规则	工作内容
010505001	有梁板	1. 混凝土种类 2. 混凝土强度等级	m³	按设计图示尺寸以体积计算，不扣除单个面积≤0.3 m²的柱、垛以及孔洞所占体积 压形钢板混凝土楼板扣除构件内压形钢板所占体积。 有梁板(包括主、次梁与板)按梁、板体积之和计算，无梁板按板和柱帽体积之和计算，各类板伸入墙内的板头并入板体积内，薄壳板的肋、基梁并入薄壳体积内计算	1. 模板及支架(撑)制作、安装、拆除、堆放、运输及清理模内杂物、刷隔离剂等 2. 混凝土制作、运输、浇筑、振捣、养护
010505002	无梁板				
010505003	平板				
010505004	拱板				
010505005	薄壳板				
010505006	栏板				

续表

项目编码	项目名称	项目特征	计量单位	工程量计算规则	工作内容
010505007	天沟（檐沟）、挑檐板	1. 混凝土种类 2. 混凝土强度等级	m³	按设计图示尺寸以体积计算	1. 模板及支架（撑）制作、安装、拆除、堆放、运输及清理模内杂物、刷隔离剂等 2. 混凝土制作、运输、浇筑、振捣、养护
010505008	雨篷、悬挑板、阳台板			按设计图示尺寸以墙外部分体积计算。包括伸出墙外的牛腿和雨篷反挑檐的体积	
010505009	空心板			按设计图示尺寸以体积计算。空心板（GBF高强薄壁蜂巢芯板等）应扣除空心部分体积	
010505010	其他板			按设计图示尺寸以体积计算	

6. 现浇混凝土楼梯（编码：010506）

现浇混凝土楼梯工程工程量清单项目设置及工程量计算规则见表5-29。

表5-29 现浇混凝土楼梯（编码：010506）

项目编码	项目名称	项目特征	计量单位	工程量计算规则	工作内容
010506001	直形楼梯	1. 混凝土种类 2. 混凝土强度等级	1. m² 2. m³	1. 以平方米计量，按设计图示尺寸以水平投影面积计算。不扣除宽度≤500 mm的楼梯井，伸入墙内部分不计算 2. 以立方米计量，按设计图示尺寸以体积计算	1. 模板及支架（撑）制作、安装、拆除、堆放、运输及清理模内杂物、刷隔离剂等 2. 混凝土制作、运输、浇筑、振捣、养护
010506002	弧形楼梯				

7. 现浇混凝土其他构件（编码：010507）

现浇混凝土其他构件工程量清单项目设置及工程量计算规则见表5-30。

表5-30 现浇混凝土其他构件（编码：010507）

项目编码	项目名称	项目特征	计量单位	工程量计算规则	工作内容
010507001	散水、坡道	1. 垫层材料种类、厚度 2. 面层厚度 3. 混凝土种类 4. 混凝土强度等级 5. 变形缝填塞材料种类	m²	按设计图示尺寸以水平投影面积计算。不扣除单个≤0.3 m²的孔洞所占面积	1. 地基夯实 2. 铺设垫层 3. 模板及支撑制作、安装、拆除、堆放、运输及清理模内杂物、刷隔离剂等 4. 混凝土制作、运输、浇筑、振捣、养护 5. 变形缝填塞
010507002	室外地坪	1. 地坪厚度 2. 混凝土强度等级			

续表

项目编码	项目名称	项目特征	计量单位	工程量计算规则	工作内容
010507003	电缆沟、地沟	1. 土壤类别 2. 沟截面净空尺寸 3. 垫层材料种类、厚度 4. 混凝土种类 5. 混凝土强度等级 6. 防护材料种类	m	按设计图示以中心线长度计算	1. 挖填、运土石方 2. 铺设垫层 3. 模板及支撑制作、安装、拆除、堆放、运输及清理模内杂物、刷隔离剂等 4. 混凝土制作、运输、浇筑、振捣、养护 5. 刷防护材料
010507004	台阶	1. 踏步高、宽 2. 混凝土种类 3. 混凝土强度等级	1. m² 2. m³	1. 以平方米计量，按设计图示尺寸水平投影面积计算 2. 以立方米计量，按设计图示尺寸以体积计算	1. 模板及支撑制作、安装、拆除、堆放、运输及清理模内杂物、刷隔离剂等 2. 混凝土制作、运输、浇筑、振捣、养护
010507005	扶手、压顶	1. 断面尺寸 2. 混凝土种类 3. 混凝土强度等级	1. m 2. m³	1. 以米计量，按设计图示的中心线延长米计算 2. 以立方米计量，按设计图示尺寸以体积计算	
010507006	化粪池、检查井	1. 部位 2. 混凝土强度等级 3. 防水、抗渗要求	1. m³ 2. 座	1. 按设计图示尺寸以体积计算 2. 以座计量，按设计图示数量计算	1. 模板及支架(撑)制作、安装、拆除、堆放、运输及清理模内杂物、刷隔离剂等 2. 混凝土制作、运输、浇筑、振捣、养护
010507007	其他构件	1. 构件的类型 2. 构件规格 3. 部位 4. 混凝土种类 5. 混凝土强度等级	m³		

8. 后浇带(编码：010508)

后浇带工程量清单项目设置及工程量计算规则见表 5-31。

表 5-31 后浇带(编码：010508)

项目编码	项目名称	项目特征	计量单位	工程量计算规则	工作内容
010508001	后浇带	1. 混凝土种类 2. 混凝土强度等级	m³	按设计图示尺寸以体积计算	1. 模板及支架(撑)制作、安装、拆除、堆放、运输及清理模内杂物、刷隔离剂等 2. 混凝土制作、运输、浇筑、振捣、养护及混凝土交接面、钢筋等的清理

9. 预制混凝土柱(编码：010509)

预制混凝土柱工程量清单项目设置及工程量计算规则见表 5-32。

表 5-32 预制混凝土柱(编码：010509)

项目编码	项目名称	项目特征	计量单位	工程量计算规则	工作内容
010509001	矩形柱	1. 图代号 2. 单件体积 3. 安装高度 4. 混凝土强度等级 5. 砂浆(细石混凝土)强度等级、配合比	1. m³ 2. 根	1. 以立方米计量，按设计图示尺寸以体积计算 2. 以根计量，按设计图示尺寸以数量计算	1. 模板制作、安装、拆除、堆放、运输及清理模内杂物、刷隔离剂等 2. 混凝土制作、运输、浇筑、振捣、养护 3. 构件运输、安装 4. 砂浆制作、运输 5. 接头灌缝、养护
010509002	异形柱				

10. 预制混凝土梁(编码：010510)

预制混凝土梁工程量清单项目设置及工程量计算规则见表 5-33。

表 5-33 预制混凝土梁(编码：010510)

项目编码	项目名称	项目特征	计量单位	工程量计算规则	工作内容
010510001	矩形梁	1. 图代号 2. 单件体积 3. 安装高度 4. 混凝土强度等级 5. 砂浆(细石混凝土)强度等级、配合比	1. m³ 2. 根	1. 以立方米计量，按设计图示尺寸以体积计算 2. 以根计量，按设计图示尺寸以数量计算	1. 模板制作、安装、拆除、堆放、运输及清理模内杂物、刷隔离剂等 2. 混凝土制作、运输、浇筑、振捣、养护 3. 构件运输、安装 4. 砂浆制作、运输 5. 接头灌缝、养护
010510002	异形梁				
010510003	过梁				
010510004	拱形梁				
010510005	鱼腹式吊车梁				
010510006	其他梁				

11. 预制混凝土屋架(编码：010511)

预制混凝土屋架工程量清单项目设置及工程量计算规则见表 5-34。

表 5-34 预制混凝土屋架(编码：010511)

项目编码	项目名称	项目特征	计量单位	工程量计算规则	工作内容
010511001	折线型	1. 图代号 2. 单件体积 3. 安装高度 4. 混凝土强度等级 5. 砂浆（细石混凝土）强度等级、配合比	1. m³ 2. 榀	1. 以立方米计量，按设计图示尺寸以体积计算 2. 以榀计量，按设计图示尺寸以数量计算	1. 模板制作、安装、拆除、堆放、运输及清理模内杂物、刷隔离剂等 2. 混凝土制作、运输、浇筑、振捣、养护 3. 构件运输、安装 4. 砂浆制作、运输 5. 接头灌缝、养护
010511002	组合				
010511003	薄腹				
010511004	门式钢架				
010511005	天窗架				

12. 预制混凝土板(编码：010512)

预制混凝土板工程量清单项目设置及工程量计算规则见表 5-35。

表 5-35 预制混凝土板(编码：010512)

项目编码	项目名称	项目特征	计量单位	工程量计算规则	工作内容
010512001	平板	1. 图代号 2. 单件体积 3. 安装高度 4. 混凝土强度等级 5. 砂浆（细石混凝土）强度等级、配合比	1. m³ 2. 块	1. 以立方米计量，按设计图示尺寸以体积计算。不扣除单个面积≤300 mm×300 mm的孔洞所占体积，扣除空心板空洞体积 2. 以块计量，按设计图示尺寸以数量计算	1. 模板制作、安装、拆除、堆放、运输及清理模内杂物、刷隔离剂等 2. 混凝土制作、运输、浇筑、振捣、养护 3. 构件运输、安装 4. 砂浆制作、运输 5. 接头灌缝、养护
010512002	空心板				
010512003	槽形板				
010512004	网架板				
010512005	折线板				
010512006	带肋板				
010512007	大型板				
010512008	沟盖板、井盖板、井圈	1. 单件体积 2. 安装高度 3. 混凝土强度等级 4. 砂浆强度等级、配合比	1. m³ 2. 块(套)	1. 以立方米计量，按设计图示尺寸以体积计算 2. 以块计量，按设计图示尺寸以数量计算	

13. 预制混凝土楼梯(编码：010513)

预制混凝土楼梯工程工程量清单项目设置及工程量计算规则见表 5-36。

表 5-36 预制混凝土楼梯(编码：010513)

项目编码	项目名称	项目特征	计量单位	工程量计算规则	工作内容
010513001	楼梯	1. 楼梯类型 2. 单件体积 3. 混凝土强度等级 4. 砂浆（细石混凝土）强度等级	1. m³ 2. 段	1. 以立方米计量，按设计图示尺寸以体积计算。扣除空心踏步板空洞体积 2. 以段计量，按设计图示数量计算	1. 模板制作、安装、拆除、堆放、运输及清理模内杂物、刷隔离剂等 2. 混凝土制作、运输、浇筑、振捣、养护 3. 构件运输、安装 4. 砂浆制作、运输 5. 接头灌缝、养护

14. 其他预制构件(编码：010514)

其他预制构件工程量清单项目设置及工程量计算规则见表 5-37。

表 5-37 其他预制构件(编码：010514)

项目编码	项目名称	项目特征	计量单位	工程量计算规则	工作内容
010514001	垃圾道、通风道、烟道	1. 单件体积 2. 混凝土强度等级 3. 砂浆强度等级	1. m³ 2. m² 3. 根(块、套)	1. 以立方米计量，按设计图示尺寸以体积计算。不扣除单个面积≤300 mm×300 mm 的孔洞所占体积，扣除烟道、垃圾道、通风道的孔洞所占体积 2. 以平方米计量，按设计图示尺寸以面积计算。不扣除单个面积≤300 mm×300 mm 的孔洞所占面积 3. 以根计量，按设计图示尺寸以数量计算	1. 模板制作、安装、拆除、堆放、运输及清理模内杂物、刷隔离剂等 2. 混凝土制作、运输、浇筑、振捣、养护 3. 构件运输、安装 4. 砂浆制作、运输 5. 接头灌缝、养护
010514002	其他构件	1. 单件体积 2. 构件的类型 3. 混凝土强度等级 4. 砂浆强度等级			

15. 钢筋工程(编码：010515)

钢筋工程工程量清单项目设置及工程量计算规则见表 5-38。

表 5-38 钢筋工程(编码：010515)

项目编码	项目名称	项目特征	计量单位	工程量计算规则	工作内容
010515001	现浇构件钢筋	钢筋种类、规格	t	按设计图示钢筋(网)长度(面积)乘单位理论质量计算	1. 钢筋制作、运输 2. 钢筋安装 3. 焊接(绑扎)
010515002	预制构件钢筋				
010515003	钢筋网片				1. 钢筋网制作、运输 2. 钢筋网安装 3. 焊接(绑扎)
010515004	钢筋笼				1. 钢筋笼制作、运输 2. 钢筋笼安装 3. 焊接(绑扎)
010515005	先张法预应力钢筋	1. 钢筋种类、规格 2. 锚具种类		按设计图示钢筋长度乘单位理论质量计算	1. 钢筋制作、运输 2. 钢筋张拉

续表

项目编码	项目名称	项目特征	计量单位	工程量计算规则	工作内容
010515006	后张法预应力钢筋	1. 钢筋种类、规格 2. 钢丝种类、规格 3. 钢绞线种类、规格 4. 锚具种类 5. 砂浆强度等级	t	按设计图示钢筋(丝束、绞线)长度乘单位理论质量计算 1. 低合金钢筋两端均采用螺杆锚具时,钢筋长度按孔道长度减0.35 m计算,螺杆另行计算 2. 低合金钢筋一端采用镦头插片,另一端采用螺杆锚具时,钢筋长度按孔道长度计算,螺杆另行计算 3. 低合金钢筋一端采用镦头插片,另一端采用帮条锚具时,钢筋增加0.15 m计算;两端均采用帮条锚具时,钢筋长度按孔道长度增加0.3 m计算 4. 低合金钢筋采用后张混凝土自锚时,钢筋长度按孔道长度增加0.35 m计算 5. 低合金钢筋(钢绞线)采用JM、XM、QM型锚具,孔道长度≤20 m时,钢筋长度增加1 m计算,孔道长度>20 m时,钢筋长度增加1.8 m计算 6. 碳素钢丝采用锥形锚具,孔道长度≤20 m时,钢丝束长度按孔道长度增加1 m计算,孔道长度>20 m时,钢丝束长度按孔道长度增加1.8 m计算 7. 碳素钢丝采用镦头锚具时,钢丝束长度按孔道长度增加0.35 m计算	1. 钢筋、钢丝、钢绞线制作、运输 2. 钢筋、钢丝、钢绞线安装 3. 预埋管孔道铺设 4. 锚具安装 5. 砂浆制作、运输 6. 孔道压浆、养护
010515007	预应力钢丝				
010515008	预应力钢绞线				
010515009	支撑钢筋(铁马)	1. 钢筋种类 2. 规格		按钢筋长度乘单位理论质量计算	钢筋制作、焊接、安装
010515010	声测管	1. 材质 2. 规格型号		按设计图示尺寸以质量计算	1. 检测管截断、封头 2. 套管制作、焊接 3. 定位、固定

16. 螺栓、铁件(编码:010516)

螺栓、铁件工程量清单项目设置及工程量计算规则见表5-39。

表 5-39 螺栓、铁件(编码：010516)

项目编码	项目名称	项目特征	计量单位	工程量计算规则	工作内容
010516001	螺栓	1. 螺栓种类 2. 规格	t	按设计图示尺寸以质量计算	1. 螺栓、铁件制作、运输 2. 螺栓、铁件安装
010516002	预埋铁件	1. 钢材种类 2. 规格 3. 铁件尺寸	t	按设计图示尺寸以质量计算	1. 螺栓、铁件制作、运输 2. 螺栓、铁件安装
010516003	机械连接	1. 连接方式 2. 螺纹套筒种类 3. 规格	个	按数量计算	1. 钢筋套丝 2. 套筒连接

二、工程量计算规则相关说明

1. 现浇混凝土基础

(1) 有肋带形基础、无肋带形基础应按表 5-24 中相关项目列项，并注明肋高。

(2) 箱式满堂基础中柱、梁、墙、板按表 5-25～表 5-28 现浇混凝土柱、梁、墙、板相关项目分别编码列项；箱式满堂基础底板按表 5-24 的满堂基础项目列项。

(3) 框架式设备基础中柱、梁、墙、板分别按表 5-25～表 5-28 现浇混凝土柱、梁、墙、板相关项目编码列项；基础部分按表 5-24 相关项目编码列项。

(4) 如为毛石混凝土基础，项目特征应描述毛石所占比例。

2. 现浇混凝土柱

混凝土种类：指清水混凝土、彩色混凝土等，如在同一地区既使用预拌(商品)混凝土，又允许现场搅拌混凝土时，也应注明。

3. 现浇混凝土墙

短肢剪力墙是指截面厚度不大于 300 mm、各肢截面高度与厚度之比的最大值大于 4 但不大于 8 的剪力墙，各肢截面高度与厚度之比的最大值不大于 4 的剪力墙按柱项目编码列项。

4. 现浇混凝土板

现浇挑檐、天沟板、雨篷、阳台与板(包括屋面板、楼板)连接时，以外墙外边线为分界线；与圈梁(包括其他梁)连接时，以梁外边线为分界线。外边线以外为挑檐、天沟、雨篷或阳台。

5. 现浇混凝土楼梯

整体楼梯(包括直形楼梯、弧形楼梯)水平投影面积包括休息平台、平台梁、斜梁和楼梯的连接梁。当整体楼梯与现浇楼板无梯梁连接时，以楼梯的最后一个踏步边缘加 300 mm 为界。

6. 现浇混凝土其他构件

(1) 现浇混凝土小型池槽、垫块、门框等，应按表 5-30 中其他构件项目编码列项。

(2) 架空式混凝土台阶，按现浇楼梯计算。

7. 预制混凝土柱

以根计量，必须描述单件体积。

8. 预制混凝土梁

以根计量，必须描述单件体积。

9. 预制混凝土屋架

(1)以榀计量，必须描述单件体积。

(2)三角形屋架按表 5-34 中折线型屋架项目编码列项。

10. 预制混凝土板

(1)以块、套计量，必须描述单件体积。

(2)不带肋的预制遮阳板、雨篷板、挑檐板、拦板等，应按表 5-35 中平板项目编码列项。

(3)预制 F 形板、双 T 形板、单肋板和带反挑檐的雨篷板、挑檐板、遮阳板等，应按表 5-35 中带肋板项目编码列项。

(4)预制大型墙板、大型楼板、大型屋面板等，按表 5-35 中大型板项目编码列项。

11. 预制混凝土楼梯

以块计量，必须描述单件体积。

12. 其他预制构件

(1)以块、根计量，必须描述单件体积。

(2)预制钢筋混凝土小型池槽、压顶、扶手、垫块、隔热板、花格等，按表 5-37 中其他构件项目编码列项。

13. 钢筋工程

(1)现浇构件中伸出构件的锚固钢筋应并入钢筋工程量内。除设计(包括规范规定)标明的搭接外，其他施工搭接不计算工程量，在综合单价中综合考虑。

(2)现浇构件中固定位置的支撑钢筋、双层钢筋用的"铁马"在编制工程量清单时，如果设计未明确，其工程数量可为暂估量，结算时按现场签证数量计算。

14. 螺栓、铁件

编制工程量清单时，如果设计未明确，其工程数量可为暂估量，实际工程量按现场签证数量计算。

15. 其他相关说明

(1)预制混凝土构件或预制钢筋混凝土构件，如施工图设计标注做法见标准图集时，项目特征注明标准图集的编码、页号及节点大样即可。

(2)现浇或预制混凝土和钢筋混凝土构件，不扣除构件内钢筋、螺栓、预埋铁件、张拉孔道所占体积，但应扣除劲性骨架的型钢所占体积。

三、工程量清单计量

混凝土及钢筋混凝土工程工程量清单计量基本步骤：熟悉施工图纸；熟悉工程量清单计价规范；列出清单项目名称、编码和计量单位；描述清单项目项目特征；计算工程量。

任务实施

根据上述相关知识的内容学习，任务实施过程见表 5-40。

表 5-40 混凝土及钢筋混凝土工程工程量清单

序号	项目编码	项目名称	项目特征	单位	数量	工程量计算规则/计算式
1	010502001001	矩形柱	1. 混凝土种类：商品混凝土 2. 混凝土强度等级：C30	m³	3.24	按设计图示尺寸以体积计算 柱高从柱基上表面算至屋面板顶 0.4×0.45×(3.2+1.3)×4=3.24(m³)
2	010503001001	基础梁	1. 混凝土种类：商品混凝土 2. 混凝土强度等级：C30	m³	2.10	按设计图示尺寸以体积计算 梁长：梁长算至柱侧面 (6.3−0.325×2)×0.25×0.5×2+ (3.6−0.275×2)×0.25×0.45×2= 2.10(m³)
3	010505001001	有梁板	1. 混凝土种类：商品混凝土 2. 混凝土强度等级：C30	m³	4.11	按梁、板（包括主、次梁与板）体积之和计算 [(6.3+0.25)×(3.6+0.25)−0.4× 0.45×4]×0.1+(6.3−0.325×2)× 0.25×0.4×2+(3.6−0.275×2)×0.25× 0.35×2=4.11(m³)

任务六 金属结构工程

任务描述

某项目施工图如图 5-10 所示，空腹钢柱共 12 根，加工厂制作，运输到现场拼装、安装，运输距离 5 km，红丹防锈漆二遍。

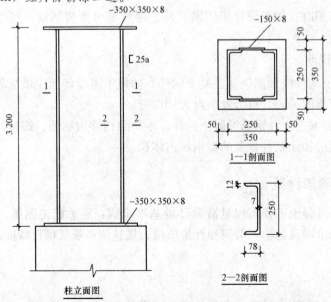

图 5-10 某项目施工图

通过本任务的学习,要求列出上述项目金属结构工程的清单项目名称,描述其项目特征,计算清单工程量,并编制金属结构工程工程量清单。

> 相关知识

一、工程量清单项目设置及计算规则

1. 钢网架(编码：010601)

钢网架工程量清单项目设置及工程量计算规则见表5-41。

表5-41　钢网架(编码：010601)

项目编码	项目名称	项目特征	计量单位	工程量计算规则	工作内容
010601001	钢网架	1. 钢材品种、规格 2. 网架节点形式、连接方式 3. 网架跨度、安装高度 4. 探伤要求 5. 防火要求	t	按设计图示尺寸以质量计算。不扣除孔眼的质量，焊条、铆钉等不另增加质量	1. 拼装 2. 安装 3. 探伤 4. 补刷油漆

2. 钢屋架、钢托架、钢桁架、钢架桥(编码：010602)

钢屋架、钢托架、钢桁架、钢架桥工程工程量清单项目设置及工程量计算规则见表5-42。

表5-42　钢屋架、钢托架、钢桁架、钢架桥(编码：010602)

项目编码	项目名称	项目特征	计量单位	工程量计算规则	工作内容
010602001	钢屋架	1. 钢材品种、规格 2. 单榀质量 3. 屋架跨度、安装高度 4. 螺栓种类 5. 探伤要求 6. 防火要求	1. 榀 2. t	1. 以榀计量，按设计图示数量计算 2. 以吨计量，按设计图示尺寸以质量计算。不扣除孔眼的质量，焊条、铆钉、螺栓等不另增加质量	1. 拼装 2. 安装 3. 探伤 4. 补刷油漆
010602002	钢托架	1. 钢材品种、规格 2. 单榀质量 3. 安装高度 4. 螺栓种类 5. 探伤要求 6. 防火要求	t	按设计图示尺寸以质量计算。不扣除孔眼的质量，焊条、铆钉、螺栓等不另增加质量	1. 拼装 2. 安装 3. 探伤 4. 补刷油漆
010602003	钢桁架				
010602004	钢架桥	1. 桥类型 2. 钢材品种、规格 3. 单榀质量 4. 安装高度 5. 螺栓种类 6. 探伤要求			

3. 钢柱(编码：010603)

钢柱工程量清单项目设置及工程量计算规则见表5-43。

表5-43 钢柱(编码：010603)

项目编码	项目名称	项目特征	计量单位	工程量计算规则	工作内容
010603001	实腹钢柱	1. 柱类型 2. 钢材品种、规格 3. 单根柱质量 4. 螺栓种类 5. 探伤要求 6. 防火要求	t	按设计图示尺寸以质量计算。不扣除孔眼的质量，焊条、铆钉、螺栓等不另增加质量，依附在钢柱上的牛腿及悬臂梁等并入钢柱工程量内	1. 拼装 2. 安装 3. 探伤 4. 补刷油漆
010603002	空腹钢柱				
010603003	钢管柱	1. 钢材品种、规格 2. 单根柱质量 3. 螺栓种类 4. 探伤要求 5. 防火要求		按设计图示尺寸以质量计算。不扣除孔眼的质量，焊条、铆钉、螺栓等不另增加质量，钢管柱上的节点板、加强环、内衬管、牛腿等并入钢管柱工程量内	

4. 钢梁(编码：010604)

钢梁工程量清单项目设置及工程量计算规则见表5-44。

表5-44 钢梁(编码：010604)

项目编码	项目名称	项目特征	计量单位	工程量计算规则	工作内容
010604001	钢梁	1. 梁类型 2. 钢材品种、规格 3. 单根质量 4. 螺栓种类 5. 安装高度 6. 探伤要求 7. 防火要求	t	按设计图示尺寸以质量计算。不扣除孔眼的质量，焊条、铆钉、螺栓等不另增加质量，制动梁、制动板、制动桁架、车挡并入钢吊车梁工程量内	1. 拼装 2. 安装 3. 探伤 4. 补刷油漆
010604002	钢吊车梁	1. 钢材品种、规格 2. 单根质量 3. 螺栓种类 4. 安装高度 5. 探伤要求 6. 防火要求			

5. 钢板楼板、墙板(编码：010605)

钢板楼板、墙板工程量清单项目设置及工程量计算规则见表5-45。

表 5-45　钢板楼板、墙板(编码:010605)

项目编码	项目名称	项目特征	计量单位	工程量计算规则	工作内容
010605001	钢板楼板	1. 钢材品种、规格 2. 钢板厚度 3. 螺栓种类 4. 防火要求	m²	按设计图示尺寸以铺设水平投影面积计算。不扣除单个面积≤0.3m²柱、垛及孔洞所占面积	1. 拼装 2. 安装 3. 探伤 4. 补刷油漆
010605002	钢板墙板	1. 钢材品种、规格 2. 钢板厚度、复合板厚度 3. 螺栓种类 4. 复合板夹芯材料种类、层数、型号、规格 5. 防火要求		按设计图示尺寸以铺挂展开面积计算。不扣除单个面积≤0.3m²的梁、孔洞所占面积,包角、包边、窗台泛水等不另加面积	

6. 钢构件(编码:010606)

钢构件工程量清单项目设置及工程量计算规则见表 5-46。

表 5-46　钢构件(编码:010606)

项目编码	项目名称	项目特征	计量单位	工程量计算规则	工作内容
010606001	钢支撑、钢拉条	1. 钢材品种、规格 2. 构件类型 3. 安装高度 4. 螺栓种类 5. 探伤要求 6. 防火要求	t	按设计图示尺寸以质量计算,不扣除孔眼的质量,焊条、铆钉、螺栓等不另增加质量	1. 拼装 2. 安装 3. 探伤 4. 补刷油漆
010606002	钢檩条	1. 钢材品种、规格 2. 构件类型 3. 单根质量 4. 安装高度 5. 螺栓种类 6. 探伤要求 7. 防火要求			
010606003	钢天窗架	1. 钢材品种、规格 2. 单榀质量 3. 安装高度 4. 螺栓种类 5. 探伤要求 6. 防火要求			
010606004	钢挡风架	1. 钢材品种、规格 2. 单榀质量 3. 螺栓种类 4. 探伤要求 5. 防火要求			
010606005	钢墙架				

续表

项目编码	项目名称	项目特征	计量单位	工程量计算规则	工作内容
010606006	钢平台	1. 钢材品种、规格 2. 螺栓种类 3. 防火要求	t	按设计图示尺寸以质量计算，不扣除孔眼的质量，焊条、铆钉、螺栓等不另增加质量	1. 拼装 2. 安装 3. 探伤 4. 补刷油
010606007	钢走道				
010606008	钢梯	1. 钢材品种、规格 2. 钢梯形式 3. 螺栓种类 4. 防火要求			
010606009	钢护栏	1. 钢材品种、规格 2. 防火要求			
010606010	钢漏斗	1. 钢材品种、规格 2. 漏斗、天沟形式 3. 安装高度 4. 探伤要求		按设计图示尺寸以质量计算，不扣除孔眼的质量，焊条、铆钉、螺栓等不另增加质量，依附漏斗或天沟的型钢并入漏斗或天沟工程量内	
010606011	钢板天沟				
010606012	钢支架	1. 钢材品种、规格 2. 安装高度 3. 防火要求		按设计图示尺寸以质量计算，不扣除孔眼的质量，焊条、铆钉、螺栓等不另增加质量漆	
010606013	零星钢构件	1. 构件名称 2. 钢材品种、规格			

7. 金属制品（编码：010607）

金属制品工程量清单项目设置及工程量计算规则见表 5-47。

表 5-47　金属制品（编码：010607）

项目编码	项目名称	项目特征	计量单位	工程量计算规则	工作内容
010607001	成品空调金属百页护栏	1. 材料品种、规格 2. 边框材质	m²	按设计图示尺寸以框外围展开面积计算	1. 安装 2. 校正 3. 预埋铁件及安螺栓
010607002	成品栅栏	1. 材料品种、规格 2. 边框及立柱型钢品种、规格			1. 安装 2. 校正 3. 预埋铁件 4. 安螺栓及金属立柱
010607003	成品雨篷	1. 材料品种、规格 2. 雨篷宽度 3. 晾衣杆品种、规格	1. m 2. m²	1. 以米计量，按设计图示接触边以米计算 2. 以平方米计量，按设计图示尺寸以展开面积计算	1. 安装 2. 校正 3. 预埋铁件及安螺栓

续表

项目编码	项目名称	项目特征	计量单位	工程量计算规则	工作内容
010607004	金属网栏	1. 材料品种、规格 2. 边框及立柱型钢品种、规格	m²	按设计图示尺寸以框外围展开面积计算	1. 安装 2. 校正 3. 安螺栓及金属立柱
010607005	砌块墙钢丝网加固	1. 材料品种、规格 2. 加固方式		按设计图示尺寸以面积计算	1. 铺贴 2. 铆固
010607006	后浇带金属网				

二、工程量计算规则相关说明

1. 钢屋架、钢托架、钢桁架、钢架桥

以榀计量,按标准图设计的应注明标准图代号,按非标准图设计的项目特征必须描述单榀屋架的质量。

2. 钢柱

(1)实腹钢柱类型指十字形、T形、L形、H形等。

(2)空腹钢柱类型指箱形、格构等。

(3)型钢混凝土柱浇筑钢筋混凝土,其混凝土和钢筋按《房屋建筑与装饰工程工程量计算规范》(GB 50854—2013)附录E混凝土及钢筋混凝土工程中相关项目编码列项。

3. 钢梁

(1)梁类型指H形、L形、T形、箱形、格构式等。

(2)型钢混凝土梁浇筑钢筋混凝土,其混凝土和钢筋应按《房屋建筑与装饰工程工程量计算规范》(GB 50854—2013)附录E混凝土及钢筋混凝土工程中相关项目编码列项。

4. 钢板楼板、墙板

(1)钢板楼板上浇筑钢筋混凝土,其混凝土和钢筋应按《房屋建筑与装饰工程工程量计算规范》(GB 50854—2013)附录E混凝土及钢筋混凝土工程中相关项目编码列项。

(2)压型钢楼板按表5-45中钢板楼板项目编码列项。

5. 钢构件

(1)钢墙架项目包括墙架柱、墙架梁和连接杆件。

(2)钢支撑、钢拉条类型指单式、复式;钢檩条类型指型钢式、格构式;钢漏斗形式指方形、圆形;天沟形式指矩形沟或半圆形沟。

(3)加工铁件等小型构件,按表5-46中零星钢构件项目编码列项。

6. 金属制品

抹灰钢丝网加固按表5-47中砌块墙钢丝网加固项目编码列项。

7. 其他相关说明

(1)金属构件的切边,不规则及多边形钢板发生的损耗在综合单价中考虑。

(2)防火要求指耐火极限。

三、工程量清单计量

金属结构工程量清单计量基本步骤：熟悉施工图纸；熟悉工程量清单计价规范；列出清单项目名称、编码和计量单位；描述清单项目项目特征；计算工程量。

任务实施

根据上述相关知识的内容学习，任务实施过程见表 5-48。

表 5-48 金属结构工程工程量清单

序号	项目编码	项目名称	项目特征	单位	数量	工程量计算规则/计算式
1	010603002001	空腹钢柱	1. 柱类型：矩形 2. 单根柱质量：4 t 以内	t	3.006	按设计图示尺寸以质量计算。不扣除孔眼的质量，焊条、铆钉、螺栓等不另增加质量 槽钢 25a：$(3.2-0.008\times2)\times2\times27.5/1000\times12=2.101(t)$ $\Phi350\times350\times8$：$0.35\times0.35\times0.008\times7.85\times2\times12=0.185(t)$ $\Phi150\times8$：$(3.2-0.008\times2)\times2\times0.15\times0.008\times7.85\times12=0.72(t)$ 合计：$2.101+0.185+0.72=3.006(t)$

任务七 木结构工程

任务描述

某项目施工图如图 5-11 所示，方木屋架，共 4 榀，现场制作，不刨光，拉杆为 A10 的圆钢，铁件刷防锈漆一遍，轮胎式起重机安装，安装高度 6 m。

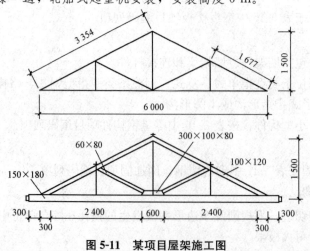

图 5-11 某项目屋架施工图

通过本任务的学习,要求列出上述项目木结构工程的清单项目名称,描述其项目特征,计算清单工程量,并编制木结构工程工程量清单。

> 相关知识

一、工程量清单项目设置及计算规则

1. 木屋架(编码:010701)

木屋架工程量清单项目设置及工程量计算规则见表5-49。

表5-49 木屋架(编码:010701)

项目编码	项目名称	项目特征	计量单位	工程量计算规则	工作内容
010701001	木屋架	1. 跨度 2. 材料品种、规格 3. 刨光要求 4. 拉杆及夹板种类 5. 防护材料种类	1. 榀 2. m^3	1. 以榀计量,按设计图示数量计算 2. 以立方米计量,按设计图示的规格尺寸以体积计算	1. 制作 2. 运输 3. 安装 4. 刷防护材料
010701002	钢木屋架	1. 跨度 2. 木材品种、规格 3. 刨光要求 4. 钢材品种、规格 5. 防护材料种类	榀	以榀计量,按设计图示数量计算	

2. 木构件(编码:010702)

木构件工程量清单项目设置及工程量计算规则见表5-50。

表5-50 木构件(编码:010702)

项目编码	项目名称	项目特征	计量单位	工程量计算规则	工作内容
010702001	木柱	1. 构件规格尺寸 2. 木材种类 3. 刨光要求 4. 防护材料种类	m^3	按设计图示尺寸以体积计算	1. 制作 2. 运输 3. 安装 4. 刷防护材料
010702002	木梁				
010702003	木檩		1. m^3 2. m	1. 以立方米计量,按设计图示尺寸以体积计算 2. 以米计量,按设计图示尺寸以长度计算	
010702004	木楼梯	1. 楼梯形式 2. 木材种类 3. 刨光要求 4. 防护材料种类	m^2	按设计图示尺寸以水平投影面积计算。不扣除宽度≤300 mm的楼梯井,伸入墙内部分不计算	

续表

项目编码	项目名称	项目特征	计量单位	工程量计算规则	工作内容
010702005	其他木构件	1. 构件名称 2. 构件规格尺寸 3. 木材种类 4. 刨光要求 5. 防护材料种类	1. m³ 2. m	1. 以立方米计量，按设计图示尺寸以体积计算 2. 以米计量，按设计图示尺寸以长度计算	1. 制作 2. 运输 3. 安装 4. 刷防护材料

3. 屋面木基层（编码：010703）

屋面木基层工程量清单项目设置及工程量计算规则见表5-51。

表5-51 屋面木基层（编码：010703）

项目编码	项目名称	项目特征	计量单位	工程量计算规则	工作内容
010703001	屋面木基层	1. 椽子断面尺寸及椽距 2. 望板材料种类、厚度 3. 防护材料种类	m²	按设计图示尺寸以斜面积计算。不扣除房上烟囱、风帽底座、风道、小气窗、斜沟等所占面积。小气窗的出檐部分不增加面积	1. 椽子制作、安装 2. 望板制作、安装 3. 顺水条和挂瓦条制作、安装 4. 刷防护材料

二、工程量计算规则相关说明

1. 木屋架

（1）屋架的跨度应以上、下弦中心线两交点之间的距离计算。

（2）带气楼的屋架和马尾、折角以及正交部分的半屋架，按相关屋架项目编码列项。

（3）以榀计量，按标准图设计的应注明标准图代号，按非标准图设计的项目特征必须按表5-49要求予以描述。

2. 木构件

（1）木楼梯的栏杆（栏板）、扶手，应按《房屋建筑与装饰工程工程量计算规范》（GB 50854—2013）附录Q中的相关项目编码列项。

（2）以米计量，项目特征必须描述构件规格尺寸。

三、工程量清单计量

木结构工程量清单计量基本步骤：熟悉施工图纸；熟悉工程量清单计价规范；列出清单项目名称、编码和计量单位；描述清单项目项目特征；计算工程量。

任务实施

根据上述相关知识的内容学习，任务实施过程见表5-52。

表 5-52 木结构工程工程量清单

序号	项目编码	项目名称	项目特征	单位	数量	工程量计算规则/计算式
1	010701001001	方木屋架	1. 跨度：6.00 m 2. 材料品种、规格：方木、规格见详图 3. 刨光要求：不刨光 4. 拉杆种类：φ10 圆钢 5. 防护材料种类：铁件刷防锈漆一遍	m³	1.11	按设计图示的规格尺寸以体积计算 下弦杆：0.15×0.18×6.6×4＝0.713(m³) 上弦杆：0.10×0.12×3.354×2×4＝0.322(m³) 斜撑：0.06×0.08×1.677×2×4＝0.064(m³) 元宝垫木：0.30×0.10×0.08×4＝0.010(m³) 合计：0.713＋0.322＋0.064＋0.010＝1.11(m³)

任务八 门窗工程

任务描述

某工程平面图如图 5-12 所示，砖混结构，室内净高为 3.8 m，门洞尺寸为 1 000 mm×2 100 mm。

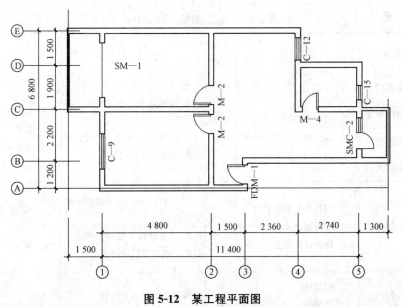

图 5-12 某工程平面图

门窗类型及做法见表 5-53。

表 5-53 门窗类型及做法

名称	代号	洞口尺寸/(mm×mm)	做法
成品钢质防盗门	FDM—1	800×2 100	含锁、五金
成品实木门带套	M—2	800×2 100	含锁、普通五金
	M—4	700×2 100	
成品平开塑钢窗	C—9	1 500×1 500	夹胶玻璃(6+2.5+6)型材为塑钢90系列，普通五金
	C—12	1 000×1 500	
	C—15	600×1 500	
成品塑钢门带窗	SMC—2	门：700×2 100 窗：600×1 500	
成品塑钢门	SM—1	2 400×2 100	

通过本任务的学习，要求列出上述工程门窗工程的清单项目名称，描述其项目特征，计算清单工程量，并编制门窗工程工程量清单。

相关知识

一、工程量清单项目设置及计算规则

1. 木门(编码：010801)

木门工程量清单项目设置及工程量计算规则见表 5-54。

表 5-54 木门(编码：010801)

项目编码	项目名称	项目特征	计量单位	工程量计算规则	工作内容
010801001	木质门	1. 门代号及洞口尺寸 2. 镶嵌玻璃品种、厚度	1. 樘 2. m²	1. 以樘计量，按设计图示数量计算 2. 以平方米计量，按设计图示洞口尺寸以面积计算	1. 门安装 2. 玻璃安装 3. 五金安装
010801002	木质门带套				
010801003	木质连窗门				
010801004	木质防火门				
010801005	木门框	1. 门代号及洞口尺寸 2. 框截面尺寸 3. 防护材料种类	1. 樘 2. m	1. 以樘计量，按设计图示数量计算 2. 以米计量，按设计图示框的中心线以延长米计算	1. 木门框制作、安装 2. 运输 3. 刷防护材料
010801006	门锁安装	1. 锁品种 2. 锁规格	个(套)	按设计图示数量计算	安装

2. 金属门(编码：010802)

金属门工程量清单项目设置及工程量计算规则见表 5-55。

表 5-55 金属门(编码：010802)

项目编码	项目名称	项目特征	计量单位	工程量计算规则	工作内容
010802001	金属(塑料)门	1. 门代号及洞口尺寸 2. 门框或扇外围尺寸 3. 门框、扇材质 4. 玻璃品种、厚度	1. 樘 2. m²	1. 以樘计量，按设计图示数量计算 2. 以平方米计量，按设计图示洞口尺寸以面积计算	1. 门安装 2. 五金安装 3. 玻璃安装
010802002	彩板门	1. 门代号及洞口尺寸 2. 门框或扇外围尺寸			
010802003	钢质防火门	1. 门代号及洞口尺寸 2. 门框或扇外围尺寸 3. 门框、扇材质			1. 门安装 2. 五金安装
010802004	防盗门				

3. 金属卷帘(闸)门(编码：010803)

金属卷帘(闸)门工程量清单项目设置及工程量计算规则见表 5-56。

表 5-56 金属卷帘(闸)门(编码：010803)

项目编码	项目名称	项目特征	计量单位	工程量计算规则	工作内容
010803001	金属卷帘(闸)门	1. 门代号及洞口尺寸 2. 门材质 3. 启动装置品种、规格	1. 樘 2. m²	1. 以樘计量，按设计图示数量计算 2. 以平方米计量，按设计图示洞口尺寸以面积计算	1. 门运输、安装 2. 启动装置、活动小门、五金安装
010803002	防火卷帘(闸)门				

4. 厂库房大门、特种门(编码：010804)

厂库房大门、特种门工程量清单项目设置及工程量计算规则见表 5-57。

表 5-57 厂库房大门、特种门(编码：010804)

项目编码	项目名称	项目特征	计量单位	工程量计算规则	工作内容
010804001	木板大门	1. 门代号及洞口尺寸 2. 门框或扇外围尺寸 3. 门框、扇材质 4. 五金种类、规格 5. 防护材料种类	1. 樘 2. m²	1. 以樘计量，按设计图示数量计算 2. 以平方米计量，按设计图示洞口尺寸以面积计算	1. 门(骨架)制作、运输 2. 门、五金配件安装 3. 刷防护材料
010804002	钢木大门				

续表

项目编码	项目名称	项目特征	计量单位	工程量计算规则	工作内容
010804003	全钢板大门	1. 门代号及洞口尺寸 2. 门框或扇外围尺寸 3. 门框、扇材质 4. 五金种类、规格 5. 防护材料种类	1. 樘 2. m²	1. 以樘计量，按设计图示数量计算 2. 以平方米计量，按设计图示门框或扇以面积计算	1. 门（骨架）制作、运输 2. 门、五金配件安装 3. 刷防护材料
010804004	防护铁丝门				
010804005	金属格栅门	1. 门代号及洞口尺寸 2. 门框或扇外围尺寸 3. 门框、扇材质 4. 启动装置的品种、规格		1. 以樘计量，按设计图示数量计算 2. 以平方米计量，按设计图示洞口尺寸以面积计算	1. 门安装 2. 启动装置、五金配件安装
010804006	钢制花饰大门	1. 门代号及洞口尺寸 2. 门框或扇外围尺寸 3. 门框、扇材质		1. 以樘计量，按设计图示数量计算 2. 以平方米计量，按设计图示门框或扇以面积计算	1. 门安装 2. 五金配件安装
010804007	特种门			1. 以樘计量，按设计图示数量计算 2. 以平方米计量，按设计图示洞口尺寸以面积计算	

5. 其他门(编码：010805)

其他门工程量清单项目设置及工程量计算规则见表 5-58。

表 5-58 其他门(编码：010805)

项目编码	项目名称	项目特征	计量单位	工程量计算规则	工作内容
010805001	电子感应门	1. 门代号及洞口尺寸 2. 门框或扇外围尺寸 3. 门框、扇材质 4. 玻璃品种、厚度 5. 启动装置的品种、规格 6. 电子配件品种、规格	1. 樘 2. m²	1. 以樘计量，按设计图示数量计算 2. 以平方米计量，按设计图示洞口尺寸以面积计算	1. 门安装 2. 启动装置、五金、电子配件安装
010805002	旋转门				
010805003	电子对讲门	1. 门代号及洞口尺寸 2. 门框或扇外围尺寸 3. 门材质 4. 玻璃品种、厚度 5. 启动装置的品种、规格 6. 电子配件品种、规格			
010805004	电动伸缩门				

续表

项目编码	项目名称	项目特征	计量单位	工程量计算规则	工作内容
010805005	全玻自由门	1. 门代号及洞口尺寸 2. 门框或扇外围尺寸 3. 框材质 4. 玻璃品种、厚度	1. 樘 2. m²	1. 以樘计量，按设计图示数量计算 2. 以平方米计量，按设计图示洞口尺寸以面积计算	1. 门安装 2. 五金安装
010805006	镜面不锈钢饰面门	1. 门代号及洞口尺寸 2. 门框或扇外围尺寸 3. 框、扇材质 4. 玻璃品种、厚度			
010805007	复合材料门				

6. 木窗（编码：010806）

木窗工程工程量清单项目设置及工程量计算规则见表5-59。

表5-59　木窗（编码：010806）

项目编码	项目名称	项目特征	计量单位	工程量计算规则	工作内容
010806001	木质窗	1. 窗代号及洞口尺寸 2. 玻璃品种、厚度		1. 以樘计量，按设计图示数量计算 2. 以平方米计量，按设计图示洞口尺寸以面积计算	1. 窗安装 2. 五金、玻璃安装
010806002	木飘（凸）窗				
010806003	木橱窗	1. 窗代号 2. 框截面及外围展开面积 3. 玻璃品种、厚度 4. 防护材料种类	1. 樘 2. m²	1. 以樘计量，按设计图示数量计算 2. 以平方米计量，按设计图示尺寸以框外围展开面积计算	1. 窗制作、运输、安装 2. 五金、玻璃安装 3. 刷防护材料
010806004	木纱窗	1. 窗代号及框的外围尺寸 2. 窗纱材料品种、规格		1. 以樘计量，按设计图示数量计算 2. 以平方米计量，按框的外围尺寸以面积计算	1. 窗安装 2. 五金安装

7. 金属窗(编码：010807)

金属窗工程量清单项目设置及工程量计算规则见表5-60。

表5-60　金属窗(编码：010807)

项目编码	项目名称	项目特征	计量单位	工程量计算规则	工作内容
010807001	金属(塑钢、断桥)窗	1. 窗代号及洞口尺寸 2. 框、扇材质 3. 玻璃品种、厚度	1. 樘 2. m²	1. 以樘计量，按设计图示数量计算 2. 以平方米计量，按设计图示洞口尺寸以面积计算	1. 窗安装 2. 五金、玻璃安装
010807002	金属防火窗				
010807003	金属百叶窗	1. 窗代号及洞口尺寸 2. 框、扇材质 3. 玻璃品种、厚度			
010807004	金属纱窗	1. 窗代号及框的外围尺寸 2. 框材质 3. 窗纱材料品种、规格		1. 以樘计量，按设计图示数量计算 2. 以平方米计量，按框的外围尺寸以面积计算	1. 窗安装 2. 五金安装
010807005	金属格栅窗	1. 窗代号及洞口尺寸 2. 框外围尺寸 3. 框、扇材质		1. 以樘计量，按设计图示数量计算 2. 以平方米计量，按设计图示洞口尺寸以面积计算	
010807006	金属(塑钢、断桥)橱窗	1. 窗代号 2. 框外围展开面积 3. 框、扇材质 4. 玻璃品种、厚度 5. 防护材料种类		1. 以樘计量，按设计图示数量计算 2. 以平方米计量，按设计图示尺寸以框外围展开面积计算	1. 窗制作、运输、安装 2. 五金、玻璃安装 3. 刷防护材料
010807007	金属(塑钢、断桥)飘(凸)窗	1. 窗代号 2. 框外围展开面积 3. 框、扇材质 4. 玻璃品种、厚度			1. 窗安装 2. 五金、玻璃安装
010807008	彩板窗	1. 窗代号及洞口尺寸 2. 框外围尺寸 3. 框、扇材质 4. 玻璃品种、厚度		1. 以樘计量，按设计图示数量计算 2. 以平方米计量，按设计图示洞口尺寸或框外围以面积计算	
010807009	复合材料窗				

8. 门窗套(编码：010808)

门窗套工程量清单项目设置及工程量计算规则见表5-61。

表 5-61　门窗套（编码：010808）

项目编码	项目名称	项目特征	计量单位	工程量计算规则	工作内容
010808001	木门窗套	1. 窗代号及洞口尺寸 2. 门窗套展开宽度 3. 基层材料种类 4. 面层材料品种、规格 5. 线条品种、规格 6. 防护材料种类	1. 樘 2. m² 3. m	1. 以樘计量，按设计图示数量计算 2. 以平方米计量，按设计图示尺寸以展开面积计算 3. 以米计量，按设计图示中心以延长米计算	1. 清理基层 2. 立筋制作、安装 3. 基层板安装 4. 面层铺贴 5. 线条安装 6. 刷防护材料
010808002	木筒子板	1. 筒子板宽度 2. 基层材料种类 3. 面层材料品种、规格 4. 线条品种、规格 5. 防护材料种类			
010808003	饰面夹板筒子板				
010808004	金属门窗套	1. 窗代号及洞口尺寸 2. 门窗套展开宽度 3. 基层材料种类 4. 面层材料品种、规格 5. 防护材料种类			1. 清理基层 2. 立筋制作、安装 3. 基层板安装 4. 面层铺贴 5. 刷防护材料
010808005	石材门窗套	1. 窗代号及洞口尺寸 2. 门窗套展开宽度 3. 粘结层厚度、砂浆配合比 4. 面层材料品种、规格 5. 线条品种、规格			1. 清理基层 2. 立筋制作、安装 3. 基层抹灰 4. 面层铺贴 5. 线条安装
010808006	门窗木贴脸	1. 门窗代号及洞口尺寸 2. 贴脸板宽度 3. 防护材料种类	1. 樘 2. m	1. 以樘计量，按设计图示数量计算 2. 以米计量，按设计图示尺寸以延长米计算	安装
010808007	成品木门窗套	1. 门窗代号及洞口尺寸 2. 门窗套展开宽度 3. 门窗套材料品种、规格	1. 樘 2. m² 3. m	1. 以樘计量，按设计图示数量计算 2. 以平方米计量，按设计图示尺寸以展开面积计算 3. 以米计量，按设计图示中心以延长米计算	1. 清理基层 2. 立筋制作、安装 3. 板安装

9. 窗台板(编码：010809)

窗台板工程量清单项目设置及工程量计算规则见表 5-62。

表 5-62　窗台板(编码：010809)

项目编码	项目名称	项目特征	计量单位	工程量计算规则	工作内容
010809001	木窗台板	1. 基层材料种类 2. 窗台面板材质、规格、颜色 3. 防护材料种类	m²	按设计图示尺寸以展开面积计算	1. 基层清理 2. 基层制作、安装 3. 窗台板制作、安装 4. 刷防护材料
010809002	铝塑窗台板	^	^	^	^
010809003	金属窗台板	^	^	^	^
010809004	石材窗台板	1. 粘结层厚度、砂浆配合比 2. 窗台板材质、规格、颜色			1. 基层清理 2. 抹找平层 3. 窗台板制作、安装

10. 窗帘、窗帘盒、轨(编码：010810)

窗帘、窗帘盒、轨工程量清单项目设置及工程量计算规则见表 5-63。

表 5-63　窗帘、窗帘盒、轨(编码：010810)

项目编码	项目名称	项目特征	计量单位	工程量计算规则	工作内容
010810001	窗帘	1. 窗帘材质 2. 窗帘高度、宽度 3. 窗帘层数 4. 带幔要求	1. m 2. m²	1. 以米计量，按设计图示尺寸以成活后长度计算 2. 以平方米计量，按图示尺寸以成活后展开面积计算	1. 制作、运输 2. 安装
010810002	木窗帘盒	1. 窗帘盒材质、规格 2. 防护材料种类	m	按设计图示尺寸以长度计算	1. 制作、运输、安装 2. 刷防护材料
010810003	饰面夹板、塑料窗帘盒	^	^	^	^
010810004	铝合金窗帘盒	^	^	^	^
010810005	窗帘轨	1. 窗帘轨材质、规格 2. 轨的数量 3. 防护材料种类			

二、工程量计算规则相关说明

1. 木门

(1)木质门应区分镶板木门、企口木板门、实木装饰门、胶合板门、夹板装饰门、木纱门、全玻门(带木质扇框)、木质半玻门(带木质扇框)等项目，分别编码列项。

(2)木门五金应包括：折页、插销、门碰珠、弓背拉手、搭机、木螺丝、弹簧折页(自动门)、管子拉手(自由门、地弹门)、地弹簧(地弹门)、角铁、门轧头(地弹门、自由门)等。

(3)木质门带套计量按洞口尺寸以面积计算,不包括门套的面积,但门套应计算在综合单价中。

(4)以樘计量,项目特征必须描述洞口尺寸;以平方米计量,项目特征可不描述洞口尺寸。

(5)单独制作安装木门框按木门框项目编码列项。

2. 金属门

(1)金属门应区分金属平开门、金属推拉门、金属地弹门、全玻门(带金属扇框)、金属半玻门(带扇框)等项目,分别编码列项。

(2)铝合金门五金包括:地弹簧、门锁、拉手、门插、门铰、螺钉等。

(3)金属门五金包括L型执手插锁(双舌)、执手锁(单舌)、门轨头、地锁、防盗门机、门眼(猫眼)、门碰珠、电子锁(磁卡锁)、闭门器、装饰拉手等。

(4)以樘计量,项目特征必须描述洞口尺寸,没有洞口尺寸必须描述门框或扇外围尺寸;以平方米计量,项目特征可不描述洞口尺寸及框、扇的外围尺寸。

(5)以平方米计量,无设计图示洞口尺寸,按门框、扇外围以面积计算。

3. 金属卷帘(闸)门

以樘计量,项目特征必须描述洞口尺寸;以平方米计量,项目特征可不描述洞口尺寸。

4. 厂库房大门、特种门

(1)特种门应区分冷藏门、冷冻间门、保温门、变电室门、隔音门、防射线门、人防门、金库门等项目,分别编码列项。

(2)以樘计量,项目特征必须描述洞口尺寸,没有洞口尺寸必须描述门框或扇外围尺寸;以平方米计量,项目特征可不描述洞口尺寸及框、扇的外围尺寸。

(3)以平方米计量,无设计图示洞口尺寸,按门框、扇外围以面积计算。

5. 其他门

(1)以樘计量,项目特征必须描述洞口尺寸,没有洞口尺寸必须描述门框或扇外围尺寸;以平方米计量,项目特征可不描述洞口尺寸及框、扇的外围尺寸。

(2)以平方米计量,无设计图示洞口尺寸,按门框、扇外围以面积计算。

6. 木窗

(1)木质窗应区分木百叶窗、木组合窗、木天窗、木固定窗、木装饰空花窗等项目,分别编码列项。

(2)以樘计量,项目特征必须描述洞口尺寸,没有洞口尺寸必须描述窗框外围尺寸;以平方米计量,项目特征可不描述洞口尺寸及框的外围尺寸。

(3)以平方米计量,无设计图示洞口尺寸,按窗框外围以面积计算。

(4)木橱窗、木飘(凸)窗以樘计量,项目特征必须描述框截面及外围展开面积。

(5)木窗五金包括:折页、插销、风钩、木螺钉、滑轮滑轨(推拉窗)等。

7. 金属窗

(1)金属窗应区分金属组合窗、防盗窗等项目,分别编码列项。

(2)以樘计量,项目特征必须描述洞口尺寸,没有洞口尺寸必须描述窗框外围尺寸;以平方米计量,项目特征可不描述洞口尺寸及框的外围尺寸。

(3)以平方米计量,无设计图示洞口尺寸,按窗框外围以面积计算。

(4)金属橱窗、飘(凸)窗以樘计量,项目特征必须描述框外围展开面积。

(5)金属窗五金包括:折页、螺钉、执手、卡锁、铰拉、风撑、滑轮、滑轨、拉把、拉手、角码、牛角制等。

8. 门窗套

(1)以樘计量,项目特征必须描述洞口尺寸、门窗套展开宽度。

(2)以平方米计量,项目特征可不描述洞口尺寸、门窗套展开宽度。

(3)以米计量,项目特征必须描述门窗套展开宽度、筒子板及贴脸宽度。

(4)木门窗套适用于单独门窗套的制作、安装。

9. 窗帘、窗帘盒、轨

(1)窗帘若是双层,项目特征必须描述每层材质。

(2)窗帘以米计量,项目特征必须描述窗帘高度和宽。

三、工程量清单计量

门窗工程工程量清单计量基本步骤:熟悉施工图纸;熟悉工程量清单计价规范;列出清单项目名称、编码和计量单位;描述清单项目项目特征;计算工程量。

任务实施

根据上述相关知识的内容学习,任务实施过程见表5-64。

表5-64 门窗工程量清单

序号	项目编码	项目名称	项目特征	单位	数量	工程量计算规则/计算式
1	010802004001	成品钢质防盗门	洞口尺寸:800 mm×2 100 mm	樘	1	按设计图示数量以樘计算 1
2	010801002001	成品实木门带套	洞口尺寸:800 mm×2 100 mm	樘	2	按设计图示数量以樘计算 2
3	010801002002	成品实木门带套	洞口尺寸:700 mm×2 100 mm	樘	1	按设计图示数量以樘计算 1
4	010807001001	成品塑钢平开窗	1. 洞口尺寸:1 500 mm×1 500 mm 2. 塑钢90系列 3. 夹胶玻璃(6+2.5+6)	樘	1	按设计图示数量以樘计算 1
5	010807001002	成品塑钢平开窗	1. 洞口尺寸:1 000 mm×1 500 mm 2. 塑钢90系列 3. 夹胶玻璃(6+2.5+6)	樘	1	按设计图示数量以樘计算 1
6	010807001003	成品塑钢平开窗	1. 洞口尺寸:600 mm×1 500 mm 2. 塑钢90系列 3. 夹胶玻璃(6+2.5+6)	樘	2	按设计图示数量以樘计算 2

续表

序号	项目编码	项目名称	项目特征	单位	数量	工程量计算规则/计算式
7	010802001001	成品塑钢门	1. 洞口尺寸：700 mm×2 100 mm 2. 夹胶玻璃(6＋2.5＋6)	樘	1	按设计图示数量以樘计算 1
8	010802001002	成品塑钢门	1. 洞口尺寸：2 400 mm×2 100 mm 2. 夹胶玻璃(6＋2.5＋6)	樘	1	按设计图示数量以樘计算 1
9	010808007001	成品木门套	1. 洞口尺寸：2 400 mm×2 100 mm 2. 门套展开宽度：350 mm 3. 成品实木门套	樘	1	按设计图示数量以樘计算 1

任务九　屋面及防水工程

任务描述

某项目施工图如图5-13所示，墙厚为240 mm，四周女儿墙高为900 mm，屋面做法如图5-13所示，卷材防水层沿女儿墙上翻500 mm高。

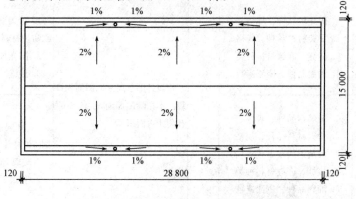

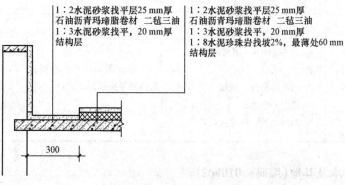

图5-13　某项目施工图

通过本任务的学习，要求列出上述项目屋面及防水工程的清单项目名称，描述其项目特征，计算清单工程量，并编制屋面及防水工程工程量清单。

相关知识

一、工程量清单项目设置及计算规则

1. 瓦、型材及其他屋面（编码：010901）

瓦、型材及其他屋面工程量清单项目设置及工程量计算规则见表5-65。

表5-65　瓦、型材及其他屋面（编码：010901）

项目编码	项目名称	项目特征	计量单位	工程量计算规则	工作内容
010901001	瓦屋面	1. 瓦品种、规格 2. 粘结层砂浆的配合比	m²	按设计图示尺寸以斜面积计算。不扣除房上烟囱、风帽底座、风道、小气窗、斜沟等所占面积。小气窗的出檐部分不增加面积	1. 砂浆制作、运输、摊铺、养护 2. 安瓦、作瓦脊
010901002	型材屋面	1. 型材品种、规格 2. 金属檩条材料品种、规格 3. 接缝、嵌缝材料种类			1. 檩条制作、运输、安装 2. 屋面型材安装 3. 接缝、嵌缝
010901003	阳光板屋面	1. 阳光板品种、规格 2. 骨架材料品种、规格 3. 接缝、嵌缝材料种类 4. 油漆品种、刷漆遍数		按设计图示尺寸以斜面积计算。不扣除屋面面积≤0.3 m²孔洞所占面积	1. 骨架制作、运输、安装、刷防护材料、油漆 2. 阳光板安装 3. 接缝、嵌缝
010901004	玻璃钢屋面	1. 玻璃钢品种、规格 2. 骨架材料品种、规格 3. 玻璃钢固定方式 4. 接缝、嵌缝材料种类 5. 油漆品种、刷漆遍数			1. 骨架制作、运输、安装、刷防护材料、油漆 2. 玻璃钢制作、安装 3. 接缝、嵌缝
010901005	膜结构屋面	1. 膜布品种、规格 2. 支柱（网架）钢材品种、规格 3. 钢丝绳品种、规格 4. 锚固基座做法 5. 油漆品种、刷漆遍数		按设计图示尺寸以需要覆盖的水平投影面积计算	1. 膜布热压胶接 2. 支柱（网架）制作、安装 3. 膜布安装 4. 穿钢丝绳、锚头锚固 5. 锚固基座、挖土、回填 6. 刷防护材料、油漆

2. 屋面防水及其他（编码：010902）

屋面防水及其他工程量清单项目设置及工程量计算规则见表5-66。

表 5-66 屋面防水及其他(编码:010902)

项目编码	项目名称	项目特征	计量单位	工程量计算规则	工作内容
010902001	屋面卷材防水	1. 卷材品种、规格、厚度 2. 防水层数 3. 防水层做法	m²	按设计图示尺寸以面积计算 1. 斜屋顶(不包括平屋顶找坡)按斜面积计算,平屋顶按水平投影面积计算 2. 不扣除房上烟囱、风帽底座、风道、屋面小气窗和斜沟所占面积 3. 屋面的女儿墙、伸缩缝和天窗等处的弯起部分,并入屋面工程量内	1. 基层处理 2. 刷底油 3. 铺油毡卷材、接缝
010902002	屋面涂膜防水	1. 防水膜品种 2. 涂膜厚度、遍数 3. 增强材料种类			1. 基层处理 2. 刷基层处理剂 3. 铺布、喷涂防水层
010902003	屋面刚性层	1. 刚性层厚度 2. 混凝土种类 3. 混凝土强度等级 4. 嵌缝材料种类 5. 钢筋规格、型号		按设计图示尺寸以面积计算。不扣除房上烟囱、风帽底座、风道等所占面积	1. 基层处理 2. 混凝土制作、运输、铺筑、养护 3. 钢筋制安
010902004	屋面排水管	1. 排水管品种、规格 2. 雨水斗、山墙出水口品种、规格 3. 接缝、嵌缝材料种类 4. 油漆品种、刷漆遍数	m	按设计图示尺寸以长度计算。如设计未标注尺寸,以檐口至设计室外散水上表面垂直距离计算	1. 排水管及配件安装、固定 2. 雨水斗、山墙出水口、雨水篦子安装 3. 接缝、嵌缝 4. 刷漆
010902005	屋面排(透)气管	1. 排(透)气管品种、规格 2. 接缝、嵌缝材料种类 3. 油漆品种、刷漆遍数		按设计图示尺寸以长度计算	1. 排(透)气管及配件安装、固定 2. 铁件制作、安装 3. 接缝、嵌缝 4. 刷漆
010902006	屋面(廊、阳台)泄(吐)水管	1. 吐水管品种、规格 2. 接缝、嵌缝材料种类 3. 吐水管长度 4. 油漆品种、刷漆遍数	根(个)	按设计图示数量计算	1. 水管及配件安装、固定 2. 接缝、嵌缝 3. 刷漆
010902007	屋面天沟、檐沟	1. 材料品种、规格 2. 接缝、嵌缝材料种类	m²	按设计图示尺寸以展开面积计算	1. 天沟材料铺设 2. 天沟配件安装 3. 接缝、嵌缝 4. 刷防护材料
010902008	屋面变形缝	1. 嵌缝材料种类 2. 止水带材料种类 3. 盖缝材料 4. 防护材料种类	m	按设计图示以长度计算	1. 清缝 2. 填塞防水材料 3. 止水带安装 4. 盖缝制作、安装 5. 刷防护材料

3. 墙面防水、防潮(编码：010903)

墙面防水、防潮工程工程量清单项目设置及工程量计算规则见表5-67。

表5-67 墙面防水、防潮(编码：010903)

项目编码	项目名称	项目特征	计量单位	工程量计算规则	工作内容
010903001	墙面卷材防水	1. 卷材品种、规格、厚度 2. 防水层数 3. 防水层做法	m²	按设计图示尺寸以面积计算	1. 基层处理 2. 刷粘结剂 3. 铺防水卷材 4. 接缝、嵌缝
010903002	墙面涂膜防水	1. 防水膜品种 2. 涂膜厚度、遍数 3. 增强材料种类			1. 基层处理 2. 刷基层处理剂 3. 铺布、喷涂防水层
010903003	墙面砂浆防水(防潮)	1. 防水层做法 2. 砂浆厚度、配合比 3. 钢丝网规格			1. 基层处理 2. 挂钢丝网片 3. 设置分格缝 4. 砂浆制作、运输、摊铺、养护
010903004	墙面变形缝	1. 嵌缝材料种类 2. 止水带材料种类 3. 盖缝材料 4. 防护材料种类	m	按设计图示以长度计算	1. 清缝 2. 填塞防水材料 3. 止水带安装 4. 盖缝制作、安装 5. 刷防护材料

4. 楼(地)面防水、防潮(编码：010904)

楼(地)面防水、防潮工程量清单项目设置及工程量计算规则见表5-68。

表5-68 楼(地)面防水、防潮(编码：010904)

项目编码	项目名称	项目特征	计量单位	工程量计算规则	工作内容
010904001	楼(地)面卷材防水	1. 卷材品种、规格、厚度 2. 防水层数 3. 防水层做法 4. 反边高度	m²	按设计图示尺寸以面积计算 1. 楼(地)面防水：按主墙间净空面积计算，扣除凸出地面的构筑物、设备基础等所占面积，不扣除间壁墙及单个面积≤0.3 m²柱、垛、烟囱和孔洞所占面积 2. 楼(地)面防水反边高度≤300 mm算作地面防水，反边高度＞300 mm按墙面防水计算	1. 基层处理 2. 刷粘结剂 3. 铺防水卷材 4. 接缝、嵌缝
010904002	楼(地)面涂膜防水	1. 防水膜品种 2. 涂膜厚度、遍数 3. 增强材料种类 4. 反边高度			1. 基层处理 2. 刷基层处理剂 3. 铺布、喷涂防水层
010904003	楼(地)面砂浆防水(防潮)	1. 防水层做法 2. 砂浆厚度、配合比 3. 反边高度			1. 基层处理 2. 砂浆制作、运输、摊铺、养护

续表

项目编码	项目名称	项目特征	计量单位	工程量计算规则	工作内容
010904004	楼(地)面变形缝	1. 嵌缝材料种类 2. 止水带材料种类 3. 盖缝材料 4. 防护材料种类	m	按设计图示以长度计算	1. 清缝 2. 填塞防水材料 3. 止水带安装 4. 盖缝制作、安装 5. 刷防护材料

二、工程量计算规则相关说明

1. 瓦、型材及其他屋面

(1)瓦屋面若是在木基层上铺瓦,项目特征不必描述粘结层砂浆的配合比,瓦屋面铺防水层,按表 5-66 中相关项目编码列项。

(2)型材屋面、阳光板屋面、玻璃钢屋面的柱、梁、屋架,按《房屋建筑与装饰工程工程量计算规范》(GB 50854—2013)附录 F 金属结构工程、附录 G 木结构工程中相关项目编码列项。

2. 屋面防水及其他

(1)屋面刚性层无钢筋,其钢筋项目特征不必描述。

(2)屋面找平层按《房屋建筑与装饰工程工程量计算规范》(GB 50854—2013)附录 L 楼地面装饰工程"平面砂浆找平层"项目编码列项。

(3)屋面防水搭接及附加层用量不另行计算,在综合单价中考虑。

(4)屋面保温找坡层按《房屋建筑与装饰工程工程量计算规范》(GB 50854—2013)附录 K 保温、隔热、防腐工程"保温隔热屋面"项目编码列项。

3. 墙面防水、防潮

(1)墙面防水搭接及附加层用量不另行计算,在综合单价中考虑。

(2)墙面变形缝,若做双面,工程量乘系数 2。

(3)墙面找平层按《房屋建筑与装饰工程工程量计算规范》(GB 50854—2013)附录 M 墙、柱面装饰与隔断、幕墙工程"立面砂浆找平层"项目编码列项。

4. 楼(地)面防水、防潮

(1)楼(地)面防水找平层按《房屋建筑与装饰工程工程量计算规范》(GB 50854—2013)附录 L 楼地面装饰工程"平面砂浆找平层"项目编码列项。

(2)楼(地)面防水搭接及附加层用量不另行计算,在综合单价中考虑。

三、工程量清单计量

屋面及防水工程工程量清单计量基本步骤:熟悉施工图纸;熟悉工程量清单计价规范;

列出清单项目名称、编码和计量单位；描述清单项目项目特征；计算工程量。

任务实施

根据上述相关知识的内容学习，任务实施过程见表5-69。

表5-69 屋面及防水工程工程量清单

序号	项目编码	项目名称	项目特征	单位	数量	工程量计算规则/计算式
1	010902001001	屋面卷材防水	玛琋脂卷材，二毡三油	m²	464.87	按设计图示尺寸以面积计算 1. 斜屋顶（不包括平屋顶找坡）按斜面积计算，平屋顶按水平投影面积计算 2. 不扣除房上烟囱、风帽底座、风道、屋面小气窗和斜沟所占面积 3. 屋面的女儿墙、伸缩缝和天窗等处的弯起部分，并入屋面工程量内
						平面部分：(28.80−0.24)×(15.00−0.24)=421.55(m²) 上翻部分：(28.80−0.24+15.00−0.24)×2×0.5=43.32(m²) 合计：464.87(m²)

任务十 保温、隔热、防腐工程

任务描述

某项目施工图如图5-13所示，女儿墙厚为240 mm，屋面做法如图5-13所示。

通过本任务的学习，要求列出上述项目保温、隔热、防腐工程的清单项目名称，描述其项目特征，计算清单工程量，并编制保温、隔热、防腐工程工程量清单。

相关知识

一、工程量清单项目设置及计算规则

1. 保温、隔热（编码：011001）

保温、隔热工程量清单项目设置及工程量计算规则见表5-70。

表 5-70 保温、隔热(编码：011001)

项目编码	项目名称	项目特征	计量单位	工程量计算规则	工作内容
011001001	保温隔热屋面	1. 保温隔热材料品种、规格、厚度 2. 隔气层材料品种、厚度 3. 粘结材料种类、做法 4. 防护材料种类、做法	m²	按设计图示尺寸以面积计算。扣除面积＞0.3 m² 孔洞及占位面积	1. 基层清理 2. 刷粘结材料 3. 铺粘保温层 4. 铺、刷(喷)防护材料
011001002	保温隔热天棚	1. 保温隔热面层材料品种、规格、性能 2. 保温隔热材料品种、规格及厚度 3. 粘结材料种类、做法 4. 防护材料种类及做法		按设计图示尺寸以面积计算。扣除面积＞0.3 m² 上柱、垛、孔洞所占面积，与天棚相连的梁按展开面积，计算并入天棚工程量内	
011001003	保温隔热墙面	1. 保温隔热部位 2. 保温隔热方式 3. 踢脚线、勒脚线保温做法 4. 龙骨材料品种、规格 5. 保温隔热面层材料品种、规格、性能 6. 保温隔热材料品种、规格及厚度 7. 增强网及抗裂防水砂浆种类 8. 粘结材料种类及做法 9. 防护材料种类及做法		按设计图示尺寸以面积计算。扣除门窗洞口以及面积＞0.3 m² 梁、孔洞所占面积；门窗洞口侧壁以及与墙相连的柱，并入保温墙体工程量内	1. 基层清理 2. 刷界面剂 3. 安装龙骨 4. 填贴保温材料 5. 保温板安装 6. 粘贴面层 7. 铺设增强格网、抹抗裂防水砂浆面层 8. 嵌缝 9. 铺、刷(喷)防护材料
011001004	保温柱、梁			按设计图示尺寸以面积计算。 1. 柱按设计图示柱断面保温层中心线展开长度乘保温层高度以面积计算，扣除面积＞0.3 m² 梁所占面积 2. 梁按设计图示梁断面保温层中心线展开长度乘保温层长度以面积计算	
011001005	保温隔热楼地面	1. 保温隔热部位 2. 保温隔热材料品种、规格、厚度 3. 隔气层材料品种、厚度 4. 粘结材料种类、做法 5. 防护材料种类、做法		按设计图示尺寸以面积计算。扣除面积＞0.3 m² 柱、垛、孔洞等所占面积。门洞、空圈、暖气包槽、壁龛的开口部分不增加面积	1. 基层清理 2. 刷粘结材料 3. 铺粘保温层 4. 铺、刷(喷)防护材料

续表

项目编码	项目名称	项目特征	计量单位	工程量计算规则	工作内容
011001006	其他保温隔热	1. 保温隔热部位 2. 保温隔热方式 3. 隔气层材料品种、厚度 4. 保温隔热面层材料品种、规格、性能 5. 保温隔热材料品种、规格及厚度 6. 粘结材料种类及做法 7. 增强网及抗裂防水砂浆种类 8. 防护材料种类及做法	m²	按设计图示尺寸以展开面积计算。扣除面积>0.3 m²孔洞及占位面积	1. 基层清理 2. 刷界面剂 3. 安装龙骨 4. 填贴保温材料 5. 保温板安装 6. 粘贴面层 7. 铺设增强格网、抹抗裂防水砂浆面层 8. 嵌缝 9. 铺、刷(喷)防护材料

2. 防腐面层(编码:011002)

防腐面层工程量清单项目设置及工程量计算规则见表5-71。

表5-71 防腐面层(编码:011002)

项目编码	项目名称	项目特征	计量单位	工程量计算规则	工作内容
011002001	防腐混凝土面层	1. 防腐部位 2. 面层厚度 3. 混凝土种类 4. 胶泥种类、配合比	m²	按设计图示尺寸以面积计算 1. 平面防腐:扣除凸出地面的构筑物、设备基础等以及面积>0.3 m²孔洞、柱、垛等所占面积。门洞、空圈、暖气包槽、壁龛的开口部分不增加面积 2. 立面防腐:扣除门、窗、洞口以及面积>0.3 m²孔洞、梁所占面积,门、窗、洞口侧壁、垛突出部分按展开面积并入墙面积内	1. 基层清理 2. 基层刷稀胶泥 3. 混凝土制作、运输、摊铺、养护
011002002	防腐砂浆面层	1. 防腐部位 2. 面层厚度 3. 砂浆、胶泥种类、配合比			1. 基层清理 2. 基层刷稀胶泥 3. 砂浆制作、运输、摊铺、养护
011002003	防腐胶泥面层	1. 防腐部位 2. 面层厚度 3. 胶泥种类、配合比			1. 基层清理 2. 胶泥调制、摊铺
011002004	玻璃钢防腐面层	1. 防腐部位 2. 玻璃钢种类 3. 贴布材料的种类、层数 4. 面层材料品种			1. 基层清理 2. 刷底漆、刮腻子 3. 胶浆配制、涂刷 4. 粘布、涂刷面层
011002005	聚氯乙烯板面层	1. 防腐部位 2. 面层材料品种、厚度 3. 粘结材料种类			1. 基层清理 2. 配料、涂胶 3. 聚氯乙烯板铺设
011002006	块料防腐面层	1. 防腐部位 2. 块料品种、规格 3. 粘结材料种类 4. 勾缝材料种类			1. 基层清理 2. 铺贴块料 3. 胶泥调制、勾缝

续表

项目编码	项目名称	项目特征	计量单位	工程量计算规则	工作内容
011002007	池、槽块料防腐面层	1. 防腐池、槽名称、代号 2. 块料品种、规格 3. 粘结材料种类 4. 勾缝材料种类	m²	按设计图示尺寸以展开面积计算	1. 基层清理 2. 铺贴块料 3. 胶泥调制、勾缝

3. 其他防腐(编码：011003)

其他防腐工程量清单项目设置及工程量计算规则见表5-72。

表5-72 其他防腐(编码：011003)

项目编码	项目名称	项目特征	计量单位	工程量计算规则	工作内容
011003001	隔离层	1. 隔离层部位 2. 隔离层材料品种 3. 隔离层做法 4. 粘贴材料种类	m²	按设计图示尺寸以面积计算 1. 平面防腐：扣除凸出地面的构筑物、设备基础等以及面积>0.3 m²孔洞、柱、垛等所占面积，门洞、空圈、暖气包槽、壁龛的开口部分不增加面积 2. 立面防腐：扣除门、窗、洞口以及面积>0.3 m²孔洞、梁所占面积，门、窗、洞口侧壁、垛突出部分按展开面积并入墙面积内	1. 基层清理、刷油 2. 煮沥青 3. 胶泥调制 4. 隔离层铺设
011003002	砌筑沥青浸渍砖	1. 砌筑部位 2. 浸渍砖规格 3. 胶泥种类 4. 浸渍砖砌法	m³	按设计图示尺寸以体积计算	1. 基层清理 2. 胶泥调制 3. 浸渍砖铺砌
011003003	防腐涂料	1. 涂刷部位 2. 基层材料类型 3. 刮腻子的种类、遍数 4. 涂料品种、刷涂遍数	m²	按设计图示尺寸以面积计算 1. 平面防腐：扣除凸出地面的构筑物、设备基础等以及面积>0.3 m²孔洞、柱、垛等所占面积，门洞、空圈、暖气包槽、壁龛的开口部分不增加面积 2. 立面防腐：扣除门、窗、洞口以及面积>0.3 m²孔洞、梁所占面积，门、窗、洞口侧壁、垛突出部分按展开面积并入墙面积内	1. 基层清理 2. 刮腻子 3. 刷涂料

二、工程量计算规则相关说明

1. 保温、隔热

(1)保温隔热装饰面层,按《房屋建筑与装饰工程工程量计算规范》(GB 50854—2013)附录L、M、N、P、Q中相关项目编码列项;仅做找平层按《房屋建筑与装饰工程工程量计算规范》(GB 50854—2013)附录L楼地面装饰工程"平面砂浆找平层"或附录M墙、柱面装饰与隔断、幕墙工程"立面砂浆找平层"项目编码列项。

(2)柱帽保温隔热应并入天棚保温隔热工程量内。

(3)池槽保温隔热应按其他保温隔热项目编码列项。

(4)保温隔热方式:指内保温、外保温、夹芯保温。

(5)保温柱、梁适用于不与墙、天棚相连的独立柱、梁。

2. 防腐面层

防腐踢脚线,应按《房屋建筑与装饰工程工程量计算规范》(GB 50854—2013)附录L楼地面装饰工程"踢脚线"项目编码列项。

3. 其他防腐

浸渍砖砌法指平砌、立砌。

三、工程量清单计量

保温、隔热、防腐工程工程量清单计量基本步骤:熟悉施工图纸;熟悉工程量清单计价规范;列出清单项目名称、编码和计量单位;描述清单项目项目特征;计算工程量。

任务实施

根据上述相关知识的内容学习,任务实施过程见表5-73。

表5-73 保温、隔热、防腐工程工程量清单

序号	项目编码	项目名称	项目特征	单位	数量	工程量计算规则/计算式
1	011001001001	保温隔热屋面	1:8水泥珍珠岩找坡2%,最薄处厚6 mm	m^2	404.41	按设计图示尺寸以面积计算。扣除面积>0.3 m^2 孔洞及占位面积 (28.8−0.24)×(15−0.24−0.3×2)=404.41(m^2)

项目小结

房屋建筑工程工程量清单计量基本步骤:熟悉施工图纸;熟悉工程量清单计价规范;列出清单项目名称、编码和计量单位;描述清单项目特征;计算工程量。

思考与练习

1. 正铲挖掘机挖四类土(装车,斗容量在 0.5 m³ 以内)1 200 m³,其余条件与计价定额相同,求挖土的综合单价和合价。

2. 某房屋的基础平面及剖面图如图 5-14 所示,图中轴线为墙中心线,墙体为普通黏土实心一砖墙,施工方案要求垫层支模板。求该工程挖地槽及回填土的工程量,并套计价定额(人工挖三类干土)。

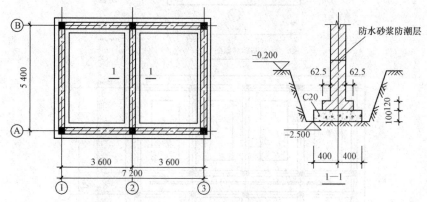

图 5-14 条形基础平面及剖面图

3. 某单位工程桩基础如图 5-15 所示,设计为钢筋混凝土预制方桩,截面面积为 400 mm×400 mm,桩尖长 400 mm,共 180 根桩,每根桩考虑两个接头,方桩包角钢接桩。试计算打桩、接桩及送桩工程量,并套计。

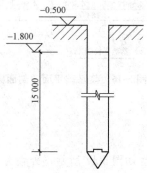

图 5-15 某预制桩示意图

4. 某三类工程项目,基础平面图、剖面图如图 5-16 所示,根据地质勘探报告,土壤类别为三类,无地下水。该工程设计室外地坪标高为 -0.300 m,室内标高±0.000 以下砖基础采用 M10 水泥砂浆标准砖砌筑,-0.060 m 处设防水砂浆防潮层,C10 混凝土垫层(不考虑支模浇捣),C20 钢筋混凝土条形基础,±0.000 以上为 M7.5 混合砂浆黏土多孔砖砌筑,混凝土构造柱从钢筋混凝土条基中伸出。试计算:

(1)按本地区定额规定计算土方人工开挖工程量,并套用相应计价定额综合单价;

(2)按本地区定额规定计算混凝土基础、砖基础分部分项工程(防潮层、钢筋不算)数量,并套用相应计价表综合单价。

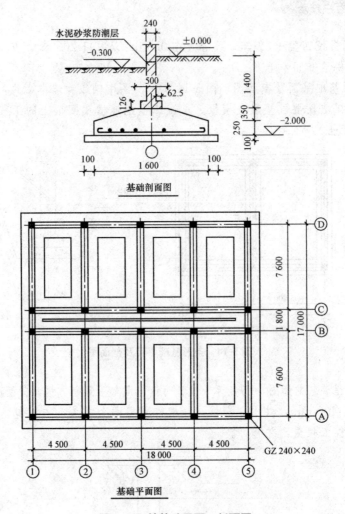

图 5-16 某基础平面、剖面图

5. 某现浇混凝土框架结构别墅如图 5-17 所示,外墙为 370 mm 厚多孔砖,内墙为 240 mm 厚多孔砖(内墙轴线为墙中心线),柱截面为 370 mm×370 mm(除已标明的外,柱轴线为柱中心线),板厚为 100 mm,梁高为 600 mm。室内柱、梁、墙面及板底均做抹灰。坡屋面顶板下表面至楼面的净高的最大值为 4.24 m,坡屋面为坡度 1∶2 的两坡屋面。雨篷 YP1(有柱)水平投影尺寸为 2.10 m×3.00 m,YP2(有柱)水平投影尺寸为 1.50 m×11.55 m,YP3(无柱)水平投影尺寸为 1.50 m×3.90 m。试按《建筑工程建筑面积计算规范》(GB/T 50353—2013)和地区定额规定,计算:①建筑面积;②综合脚手架;③一层墙体工程量。

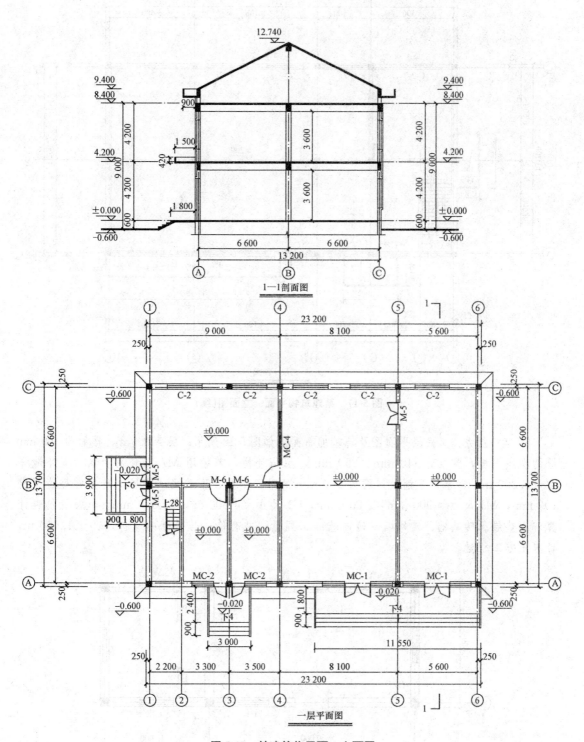

图 5-17 某建筑物平面、立面图

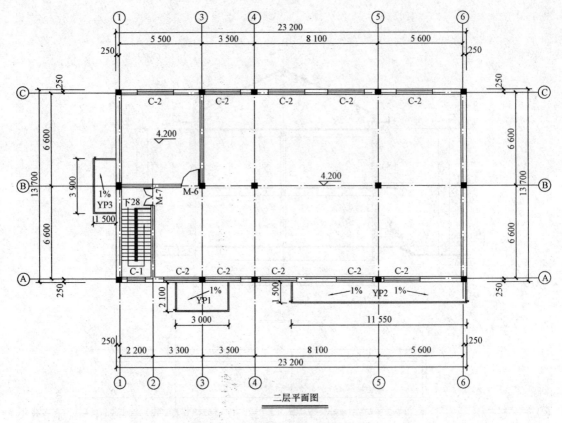

图 5-17 某建筑物平面、立面图(续)

6. 某一层办公室底层平面图及砖基础断面图如图 5-18 所示,层高 3.5 m,楼面为 100 mm 厚的现浇平板,圈梁为 240 mm×250 mm,留马牙槎,基础用 M7.5 水泥砂浆,室外地坪为—0.300 m,砖基础下铺设厚度为 200 mm 的碎石垫层,不灌浆,垫层比砖基础每边宽出 100 mm,M1 尺寸为 900 mm×2 000 mm,C1 尺寸为 1 500 mm×1 600 mm。试按计价表计算碎石垫层、砖基础、砖外墙、砖内墙的工程量,并套价;若砖基础底标高为—1.600 m,计算土方工程量。

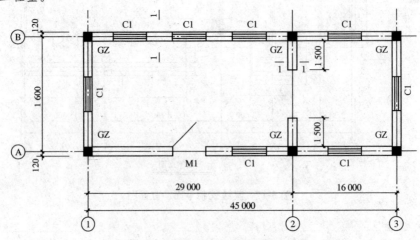

图 5-18 某房屋平面及砖基础断面图

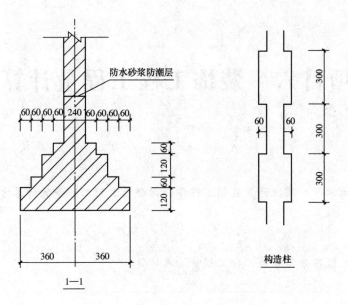

图 5-18 某房屋平面及砖基础(续)

7. 某房屋工程基础平面如图 5-19 所示。已知三类土,地下静止水位 -0.800 m,设计室外地坪 -0.300 m。独立基础和带形基础均为 C20 钢筋混凝土,基础垫层为 C10 无筋混凝土,垫层不支模板,砖基础为 M7.5 水泥砂浆砌标准砖砌筑。试计算该房屋基础土方、混凝土基础、混凝土垫层、砖基础的工程量,并套用地区定额相应子目。

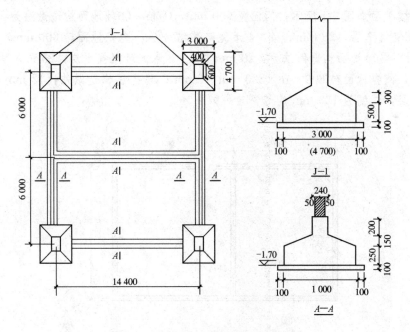

图 5-19 某房屋基础平面图及剖面图

项目六 装饰工程工程量计算

学习目标

通过本项目的学习,掌握计算装饰工程各分部分项工程工程量的计算方法。

能力目标

能进行装饰工程各分部分项工程工程量清单计量。

任务一 楼地面装饰工程

任务描述

某办公楼平面如图6-1所示,门洞宽900 mm,①轴~②轴地面构造做法为:20 mm厚1:3水泥砂浆找平层,25 mm厚1:4水泥砂浆结合层,陶瓷地面砖600 mm×600 mm×8 mm;②轴~③轴地面构造做法为:20 mm厚1:3水泥砂浆找平层,25 mm厚1:4水泥砂浆结合层,陶瓷地面砖800 mm×800 mm×8 mm;踢脚线构造做法:12 mm厚1:4水泥砂浆结合层,高度为120 mm的陶瓷砖踢脚线。

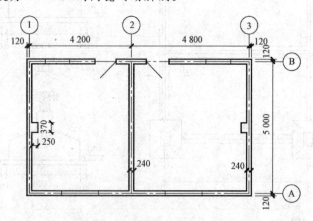

图6-1 某办公楼平面图

通过本任务的学习,要求列出某办公楼工程楼地面分部的清单项目名称,描述其项目特征,计算清单工程量,并编制楼地面工程工程量清单。

相关知识

一、工程量清单项目设置及计算规则

1. 整体面层及找平层(编码:011101)

整体面层及找平层工程量清单项目设置及工程量计算规则见表6-1。

表6-1 整体面层及找平层(编码:011101)

项目编码	项目名称	项目特征	计量单位	工程量计算规则	工作内容
011101001	水泥砂浆楼地面	1. 找平层厚度、砂浆配合比 2. 素水泥浆遍数 3. 面层厚度、砂浆配合比 4. 面层做法要求	m²	按设计图示尺寸以面积计算。扣除凸出地面构筑物、设备基础、室内铁道、地沟等所占面积,不扣除间壁墙及≤0.3 m²柱、垛、附墙烟囱及孔洞所占面积。门洞、空圈、暖气包槽、壁龛的开口部分不增加面积	1. 基层清理 2. 抹找平层 3. 抹面层 4. 材料运输
011101002	现浇水磨石楼地面	1. 找平层厚度、砂浆配合比 2. 面层厚度、水泥石子浆配合比 3. 嵌条材料种类、规格 4. 石子种类、规格、颜色 5. 颜料种类、颜色 6. 图案要求 7. 磨光、酸洗、打蜡要求			1. 基层清理 2. 抹找平层 3. 面层铺设 4. 嵌缝条安装 5. 磨光、酸洗打蜡 6. 材料运输
011101003	细石混凝土楼地面	1. 找平层厚度、砂浆配合比 2. 面层厚度、混凝土强度等级			1. 基层清理 2. 抹找平层 3. 面层铺设 4. 材料运输
011101004	菱苦土楼地面	1. 找平层厚度、砂浆配合比 2. 面层厚度 3. 打蜡要求			1. 基层清理 2. 抹找平层 3. 面层铺设 4. 打蜡 5. 材料运输
011101005	自流坪楼地面	1. 找平层砂浆配合比、厚度 2. 界面剂材料种类 3. 中层漆材料种类、厚度 4. 面漆材料种类、厚度 5. 面层材料种类			1. 基层处理 2. 抹找平层 3. 涂界面剂 4. 涂刷中层漆 5. 打磨、吸尘 6. 馒自流平面漆(浆) 7. 拌合自流平浆料 8. 铺面层
011101006	平面砂浆找平层	找平层厚度、砂浆配合比		按设计图示尺寸以面积计算	1. 基层清理 2. 抹找平层 3. 材料运输

2. 块料面层(编码：011102)

块料面层工程量清单项目设置及工程量计算规则见表6-2。

表6-2 块料面层(编码：011102)

项目编码	项目名称	项目特征	计量单位	工程量计算规则	工作内容
011102001	石材楼地面	1. 找平层厚度、砂浆配合比 2. 结合层厚度、砂浆配合比 3. 面层材料品种、规格、颜色 4. 嵌缝材料种类 5. 防护层材料种类 6. 酸洗、打蜡要求	m²	按设计图示尺寸以面积计算。门洞、空圈、暖气包槽、壁龛的开口部分并入相应的工程量内	1. 基层清理 2. 抹找平层 3. 面层铺设、磨边 4. 嵌缝 5. 刷防护材料 6. 酸洗、打蜡 7. 材料运输
011102002	碎石材楼地面				
011102003	块料楼地面				

3. 橡塑面层(编码：011103)

橡塑面层工程量清单项目设置及工程量计算规则见表6-3。

表6-3 橡塑面层(编码：011103)

项目编码	项目名称	项目特征	计量单位	工程量计算规则	工作内容
011103001	橡胶板楼地面	1. 粘结层厚度、材料种类 2. 面层材料品种、规格、颜色 3. 压线条种类	m²	按设计图示尺寸以面积计算。门洞、空圈、暖气包槽、壁龛的开口部分并入相应的工程量内	1. 基层清理 2. 面层铺贴 3. 压缝条装钉 4. 材料运输
011103002	橡胶板卷材楼地面				
011103003	塑料板楼地面				
011103004	塑料卷材楼地面				

4. 其他材料面层(编码：011104)

其他材料面层工程量清单项目设置及工程量计算规则见表6-4。

表6-4 其他材料面层(编码：011104)

项目编码	项目名称	项目特征	计量单位	工程量计算规则	工作内容
011104001	地毯楼地面	1. 面层材料品种、规格、颜色 2. 防护材料种类 3. 粘结材料种类 4. 压线条种类	m²	按设计图示尺寸以面积计算。门洞、空圈、暖气包槽、壁龛的开口部分并入相应的工程量内	1. 基层清理 2. 铺贴面层 3. 刷防护材料 4. 装钉压条 5. 材料运输

续表

项目编码	项目名称	项目特征	计量单位	工程量计算规则	工作内容
011104002	竹、木(复合)地板	1. 龙骨材料种类、规格、铺设间距 2. 基层材料种类、规格 3. 面层材料品种、规格、颜色 4. 防护材料种类	m²	按设计图示尺寸以面积计算。门洞、空圈、暖气包槽、壁龛的开口部分并入相应的工程量内	1. 基层清理 2. 龙骨铺设 3. 基层铺设 4. 面层铺贴 5. 刷防护材料 6. 材料运输
011104003	金属复合地板				
011104004	防静电活动地板	1. 支架高度、材料种类 2. 面层材料品种、规格、颜色 3. 防护材料种类			1. 基层清理 2. 固定支架安装 3. 活动面层安装 4. 刷防护材料 5. 材料运输

5. 踢脚线(编码：011105)

踢脚线工程工程量清单项目设置及工程量计算规则见表6-5。

表6-5 踢脚线(编码：011105)

项目编码	项目名称	项目特征	计量单位	工程量计算规则	工作内容
011105001	水泥砂浆踢脚线	1. 踢脚线高度 2. 底层厚度、砂浆配合比 3. 面层厚度、砂浆配合比	1. m² 2. m	1. 以平方米计量，按设计图示长度乘高度以面积计算 2. 以米计量，按延长米计算	1. 基层清理 2. 底层和面层抹灰 3. 材料运输
011105002	石材踢脚线	1. 踢脚线高度 2. 粘贴层厚度、材料种类 3. 面层材料品种、规格、颜色 4. 防护材料种类			1. 基层清理 2. 底层抹灰 3. 面层铺贴、磨边 4. 擦缝 5. 磨光、酸洗、打蜡 6. 刷防护材料 7. 材料运输
011105003	块料踢脚线				
011105004	塑料板踢脚线	1. 踢脚线高度 2. 粘贴层厚度、材料种类 3. 面层材料品种、规格、颜色			1. 基层清理 2. 基层铺贴 3. 面层铺贴 4. 材料运输
011105005	木质踢脚线	1. 踢脚线高度 2. 基层材料种类、规格 3. 面层材料品种、规格、颜色			
011105006	金属踢脚线				
011105007	防静电踢脚线				

6. 楼梯面层(编码：011106)

楼梯面层工程工程量清单项目设置及工程量计算规则见表 6-6。

表 6-6　楼梯面层(编码：011106)

项目编码	项目名称	项目特征	计量单位	工程量计算规则	工作内容
011106001	石材楼梯面层	1. 找平层厚度、砂浆配合比 2. 粘结层厚度、材料种类 3. 面层材料品种、规格、颜色 4. 防滑条材料种类、规格 5. 勾缝材料种类 6. 防护材料种类 7. 酸洗、打蜡要求	m²	按设计图示尺寸以楼梯(包括踏步、休息平台及≤500 mm 的楼梯井)水平投影面积计算。楼梯与楼地面相连时，算至梯口梁内侧边沿；无梯口梁者，算至最上一层踏步边沿加 300 mm	1. 基层清理 2. 抹找平层 3. 面层铺贴、磨边 4. 贴嵌防滑条 5. 勾缝 6. 刷防护材料 7. 酸洗、打蜡 8. 材料运输
011106002	块料楼梯面层				
011106003	拼碎块料面层				
011106004	水泥砂浆楼梯面层	1. 找平层厚度、砂浆配合比 2. 面层厚度、砂浆配合比 3. 防滑条材料种类、规格			1. 基层清理 2. 抹找平层 3. 抹面层 4. 抹防滑条 5. 材料运输
011106005	现浇水磨石楼梯面层	1. 找平层厚度、砂浆配合比 2. 面层厚度、水泥石子浆配合比 3. 防滑条材料种类、规格 4. 石子种类、规格、颜色 5. 颜料种类、颜色 6. 磨光、酸洗、打蜡要求			1. 基层清理 2. 抹找平层 3. 抹面层 4. 贴嵌防滑条 5. 磨光、酸洗、打蜡 6. 材料运输
011106006	地毯楼梯面层	1. 基层种类 2. 面层材料品种、规格、颜色 3. 防护材料种类 4. 粘结材料种类 5. 固定配件材料种类、规格			1. 基层清理 2. 铺贴面层 3. 固定配件安装 4. 刷防护材料 5. 材料运输
011106007	木板楼梯面层	1. 基层材料种类、规格 2. 面层材料品种、规格、颜色 3. 粘结材料种类 4. 防护材料种类			1. 基层清理 2. 基层铺贴 3. 面层铺贴 4. 刷防护材料 5. 材料运输
011106008	橡胶板楼梯面层	1. 粘结层厚度、材料种类 2. 面层材料品种、规格、颜色 3. 压线条种类			1. 基层清理 2. 面层铺贴 3. 压缝条装钉 4. 材料运输
011106009	塑料板楼梯面层				

7. 台阶装饰(编码：011107)

台阶装饰工程量清单项目设置及工程量计算规则见表 6-7。

表 6-7 台阶装饰(编码：011107)

项目编码	项目名称	项目特征	计量单位	工程量计算规则	工作内容
011107001	石材台阶面	1. 找平层厚度、砂浆配合比 2. 粘结层材料种类 3. 面层材料品种、规格、颜色 4. 勾缝材料种类 5. 防滑条材料种类、规格 6. 防护材料种类	m²	按设计图示尺寸以台阶(包括最上层踏步边沿加 300 mm)水平投影面积计算	1. 基层清理 2. 抹找平层 3. 面层铺贴 4. 贴嵌防滑条 5. 勾缝 6. 刷防护材料 7. 材料运输
011107002	块料台阶面				
011107003	拼碎块料台阶面				
011107004	水泥砂浆台阶面	1. 找平层厚度、砂浆配合比 2. 面层厚度、砂浆配合比 3. 防滑条材料种类			1. 基层清理 2. 抹找平层 3. 抹面层 4. 抹防滑条 5. 材料运输
011107005	现浇水磨石台阶面	1. 找平层厚度、砂浆配合比 2. 面层厚度、水泥石子浆配合比 3. 防滑条材料种类、规格 4. 石子种类、规格、颜色 5. 颜料种类、颜色 6. 磨光、酸洗、打蜡要求			1. 清理基层 2. 抹找平层 3. 抹面层 4. 贴嵌防滑条 5. 打磨、酸洗、打蜡 6. 材料运输
011107006	剁假石台阶面	1. 找平层厚度、砂浆配合比 2. 面层厚度、砂浆配合比 3. 剁假石要求			1. 清理基层 2. 抹找平层 3. 抹面层 4. 剁假石 5. 材料运输

8. 零星装饰项目(编码：011108)

零星装饰项目工程量清单项目设置及工程量计算规则见表 6-8。

表 6-8 零星装饰项目(编码：011108)

项目编码	项目名称	项目特征	计量单位	工程量计算规则	工作内容
011108001	石材零星项目	1. 工程部位 2. 找平层厚度、砂浆配合比 3. 贴结合层厚度、材料种类 4. 面层材料品种、规格、颜色 5. 勾缝材料种类 6. 防护材料种类 7. 酸洗、打蜡要求	m²	按设计图示尺寸以面积计算	1. 清理基层 2. 抹找平层 3. 面层铺贴、磨边 4. 勾缝 5. 刷防护材料 6. 酸洗、打蜡 7. 材料运输
011108002	拼碎石材零星项目				
011108003	块料零星项目				
011108004	水泥砂浆零星项目	1. 工程部位 2. 找平层厚度、砂浆配合比 3. 面层厚度、砂浆厚度			1. 清理基层 2. 抹找平层 3. 抹面层 4. 材料运输

二、工程量计算规则相关说明

1. 整体面层及找平层

(1)水泥砂浆面层处理是拉毛还是提浆压光应在面层做法要求中描述。

(2)平面砂浆找平层只适用于仅做找平层的平面抹灰。

(3)间壁墙指墙厚≤120mm 的墙。

(4)楼地面混凝土垫层另按《房屋建筑与装饰工程工程量计算规范》(GB 50854—2013)附录 E.1 垫层项目编码列项,除混凝土外的其他材料垫层按《房屋建筑与装饰工程工程量计算规范》(GB 50854—2013)表 D.4 垫层项目编码列项。

2. 块料面层

(1)在描述碎石材项目的面层材料特征时可不用描述规格、颜色。

(2)石材、块料与粘结材料的结合面刷防渗材料的种类在防护层材料种类中描述。

(3)表 6-2 中磨边是指施工现场磨边。

3. 橡塑面层

表 6-3 中项目如涉及找平层,另按表 6-1 找平层项目编码列项。

4. 踢脚线

石材、块料与粘结材料的结合面刷防渗材料的种类在防护材料种类中描述。

5. 楼梯面层

(1)在描述碎石材项目的面层材料特征时可不用描述规格、颜色。

(2)石材、块料与粘结材料的结合面刷防渗材料的种类在防护材料种类中描述。

6. 台阶装饰

(1)在描述碎石材项目的面层材料特征时可不用描述规格、颜色。

(2)石材、块料与粘结材料的结合面刷防渗材料的种类在防护材料种类中描述。

7. 零星装饰项目

(1)楼梯、台阶牵边和侧面镶贴块料面层,不大于 0.5 m² 的少量分散的楼地面镶贴块料面层,可按表 6-8 进行计算。

(2)石材、块料与粘结材料的结合面刷防渗材料的种类在防护材料种类中描述。

三、工程量清单计量

楼地面工程工程量清单计量基本步骤:熟悉施工图纸;熟悉工程量清单计价规范;列出清单项目名称、编码和计量单位;描述清单项目项目特征;计算工程量。

任务实施

根据上述相关知识的内容学习,任务实施过程见表 6-9。

表 6-9 楼地面工程量清单

序号	项目编码	项目名称	项目特征	单位	数量	工程量计算规则/计算式
1	011102003001	块料楼地面	1. 20 mm 厚 1∶3 水泥砂浆找平层 2. 25 mm 厚 1∶4 水泥砂浆结合层 3. 600 mm×600 mm×8 mm 陶瓷地面砖	m²	18.97	按设计图示尺寸以面积计算。门洞、空圈、暖气包槽、壁龛的开口部分并入相应的工程量内 (4.2−0.24)×(5−0.24)−0.25×0.37【附墙柱】+0.9×0.24【门洞开口部分】=18.97(m²)
2	011102003002	块料楼地面	1. 20 mm 厚 1∶3 水泥砂浆找平层 2. 25 mm 厚 1∶4 水泥砂浆结合层 3. 800 mm×800 mm×8 mm 陶瓷地面砖		21.83	按设计图示尺寸以面积计算。门洞、空圈、暖气包槽、壁龛的开口部分并入相应的工程量内 (4.8−0.24)×(5−0.24)−0.25×0.37【附墙柱】+0.9×0.24【门洞开口部分】=21.83(m²)
3	011105003001	块料踢脚线	1. 12 mm 厚 1∶4 水泥砂浆 2. 陶瓷砖踢脚线		4.23	按设计图示长度乘以高度以面积计算 ①轴~②轴 [(4.2−0.24+5−0.24)×2【周长】+0.25×2【附墙柱侧壁】−0.9【门洞】]×0.12=2.045(m²) ②轴~③轴 [(4.8−0.24+5−0.24)×2【周长】+0.25×2【附墙柱侧壁】−0.9【门洞】]×0.12=2.189(m²) 合计：2.045+2.189=4.23(m²)

任务二 墙、柱面装饰与隔断、幕墙工程

任务描述

某工程平面、剖面图如图 6-2 所示，砖混结构，外墙厚度为 240 mm，内墙厚度为 120 mm，轴线位于墙体中心线，M1：1 000 mm×2 100 mm，靠外墙安装，C1：1 200 mm×1 500 mm，90 系列铝合金窗，窗台高度为 900 mm，靠内墙安装，屋面板厚为 100 mm。

墙工程装饰构造做法如下：

(1)内墙面：底层厚为 15 mm 混合砂浆 1∶1∶6，面层厚为 5 mm 混合砂浆 1∶1∶4；

(2)女儿墙内侧：底层厚为15 mm水泥砂浆1∶3，面层厚为5 mm水泥砂浆1∶2；

(3)外墙裙：35 mm厚1∶2.5水泥砂浆结合层，面层20 mm厚中国红花岗石，墙裙高900 mm；

(4)外墙：底层厚15 mm水泥砂浆1∶3，结合层厚5 mm水泥砂浆1∶2，面层100 mm×200 mm外墙面砖，灰缝10 mm。

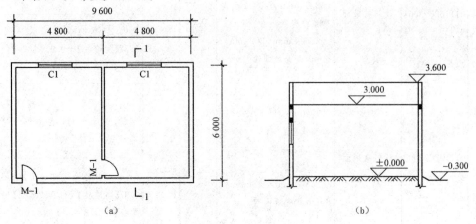

图 6-2 某工程平面、剖面图

(a)平面图；(b)剖面图

通过本任务的学习，要求列出上述工程墙柱面工程的清单项目名称，描述其项目特征，计算清单工程量，并编制墙柱面工程工程量清单。

相关知识

一、工程量清单项目设置及计算规则

1. 墙面抹灰(编码：011201)

墙面抹灰工程量清单项目设置及工程量计算规则见表 6-10。

表 6-10 墙面抹灰(编号：011201)

项目编码	项目名称	项目特征	计量单位	工程量计算规则	工作内容
011201001	墙面一般抹灰	1. 墙体类型 2. 底层厚度、砂浆配合比 3. 面层厚度、砂浆配合比	m^2	按设计图示尺寸以面积计算。扣除墙裙、门窗洞口及单个>0.3 m^2的孔洞面积，不扣除踢脚线、挂镜线和墙与构件交接处的面积，门窗洞口和孔洞的侧壁及顶面不增加面积。附墙柱、梁、垛、烟囱侧壁并入相应的墙面面积内 (1)外墙抹灰面积按外墙垂直投影面积计算 (2)外墙裙抹灰面积按其长度乘以高度计算 (3)内墙抹灰面积按主墙间的净长乘以高度计算	1. 基层清理 2. 砂浆制作、运输 3. 底层抹灰 4. 抹面层 5. 抹装饰面 6. 勾分格缝
011201002	墙面装饰抹灰	4. 装饰面材料种类 5. 分格缝宽度、材料种类			

续表

项目编码	项目名称	项目特征	计量单位	工程量计算规则	工作内容
011201003	墙面勾缝	1. 勾缝类型 2. 勾缝材料种类	m²	1)无墙裙的,高度按室内楼地面至天棚底面计算 2)有墙裙的,高度按墙裙顶至天棚底面计算 3)有吊顶天棚抹灰,高度算至天棚底计算 (4)内墙裙抹灰面按内墙净长乘以高度计算	1. 基层清理 2. 砂浆制作、运输 3. 勾缝
011201004	立面砂浆找平层	1. 基层类型 2. 找平层砂浆厚度、配合比			1. 基层清理 2. 砂浆制作、运输 3. 抹灰找平

2. 柱(梁)面抹灰(编码:011202)

柱(梁)面抹灰工程量清单项目设置及工程量计算规则见表6-11。

表6-11 柱(梁)面抹灰(编码:011202)

项目编码	项目名称	项目特征	计量单位	工程量计算规则	工作内容
011202001	柱、梁面一般抹灰	1. 柱(梁)体类型 2. 底层厚度、砂浆配合比 3. 面层厚度、砂浆配合比 4. 装饰面材料种类 5. 分格缝宽度、材料种类	m²	1. 柱面抹灰:按设计图示柱断面周长乘高度以面积计算 2. 梁面抹灰:按设计图示梁断面周长乘长度以面积计算	1. 基层清理 2. 砂浆制作、运输 3. 底层抹灰 4. 抹面层 5. 勾分格缝
011202002	柱、梁面装饰抹灰				
011202003	柱、梁面砂浆找平	1. 柱(梁)体类型 2. 找平的砂浆厚度、配合比			1. 基层清理 2. 砂浆制作、运输 3. 抹灰找平
011202004	柱面勾缝	1. 勾缝类型 2. 勾缝材料种类		按设计图示柱断面周长乘高度以面积计算	1. 基层清理 2. 砂浆制作、运输 3. 勾缝

3. 零星抹灰(编码:011203)

零星抹灰工程量清单项目设置及工程量计算规则见表6-12。

表6-12 零星抹灰(编码:011203)

项目编码	项目名称	项目特征	计量单位	工程量计算规则	工作内容
011203001	零星项目一般抹灰	1. 基层类型、部位 2. 底层厚度、砂浆配合比 3. 面层厚度、砂浆配合比 4. 装饰面材料种类 5. 分格缝宽度、材料种类	m²	按设计图示尺寸以面积计算	1. 基层清理 2. 砂浆制作、运输 3. 底层抹灰 4. 抹面层 5. 抹装饰面 6. 勾分格缝
011203002	零星项目装饰抹灰				

续表

项目编码	项目名称	项目特征	计量单位	工程量计算规则	工作内容
011203003	零星项目砂浆找平	1. 基层类型、部位 2. 找平的砂浆厚度、配合比	m^2	按设计图示尺寸以面积计算	1. 基层清理 2. 砂浆制作、运输 3. 抹灰找平

4. 墙面块料面层(编码：011204)

墙面块料面层工程量清单项目设置及工程量计算规则见表6-13。

表6-13 墙面块料面层(编码：011204)

项目编码	项目名称	项目特征	计量单位	工程量计算规则	工作内容
011204001	石材墙面	1. 墙体类型 2. 安装方式 3. 面层材料品种、规格、颜色 4. 缝宽、嵌缝材料种类 5. 防护材料种类 6. 磨光、酸洗、打蜡要求	m^2	按镶贴表面积计算	1. 基层清理 2. 砂浆制作、运输 3. 粘结层铺贴 4. 面层安装 5. 嵌缝 6. 刷防护材料 7. 磨光、酸洗、打蜡
011204002	碎拼石材墙面				
011204003	块料墙面				
011204004	干挂石材钢骨架	1. 骨架种类、规格 2. 防锈漆品种遍数	t	按设计图示以质量计算	1. 骨架制作、运输、安装 2. 刷漆

5. 柱(梁)面镶贴块料(编码：011205)

柱(梁)面镶贴块料工程量清单项目设置及工程量计算规则见表6-14。

表6-14 柱(梁)面镶贴块料(编码：011205)

项目编码	项目名称	项目特征	计量单位	工程量计算规则	工作内容
011205001	石材柱面	1. 柱截面类型、尺寸 2. 安装方式 3. 面层材料品种、规格、颜色 4. 缝宽、嵌缝材料种类 5. 防护材料种类 6. 磨光、酸洗、打蜡要求	m^2	按镶贴表面积计算	1. 基层清理 2. 砂浆制作、运输 3. 粘结层铺贴 4. 面层安装 5. 嵌缝 6. 刷防护材料 7. 磨光、酸洗、打蜡
011205002	块料柱面				
011205003	拼碎块柱面				
011205004	石材梁面	1. 安装方式 2. 面层材料品种、规格、颜色 3. 缝宽、嵌缝材料种类 4. 防护材料种类 5. 磨光、酸洗、打蜡要求			
011205005	块料梁面				

6. 镶贴零星块料(编码：011206)

镶贴零星块料工程量清单项目设置及工程量计算规则见表6-15。

表6-15 镶贴零星块料(编码：011206)

项目编码	项目名称	项目特征	计量单位	工程量计算规则	工作内容
011206001	石材零星项目	1. 基层类型、部位 2. 安装方式 3. 面层材料品种、规格、颜色 4. 缝宽、嵌缝材料种类 5. 防护材料种类 6. 磨光、酸洗、打蜡要求	m²	按镶贴表面积计算	1. 基层清理 2. 砂浆制作、运输 3. 面层安装 4. 嵌缝 5. 刷防护材料 6. 磨光、酸洗、打蜡
011206002	块料零星项目				
011206003	拼碎块零星项目				

7. 墙饰面(编码：011207)

墙饰面工程量清单项目设置及工程量计算规则见表6-16。

表6-16 墙饰面(编码：011207)

项目编码	项目名称	项目特征	计量单位	工程量计算规则	工作内容
011207001	墙面装饰板	1. 龙骨材料种类、规格、中距 2. 隔离层材料种类、规格 3. 基层材料种类、规格 4. 面层材料品种、规格、颜色 5. 压条材料种类、规格	m²	按设计图示墙净长乘以净高以面积计算。扣除门窗洞口及单个>0.3 m²的孔洞所占面积	1. 基层清理 2. 龙骨制作、运输、安装 3. 钉隔离层 4. 基层铺钉 5. 面层铺贴
011207002	墙面装饰浮雕	1. 基层类型 2. 浮雕材料种类 3. 浮雕样式	m²	按设计图示尺寸以面积计算	1. 基层清理 2. 材料制作、运输 3. 安装成型

8. 柱(梁)饰面(编码：011208)

柱(梁)饰面工程量清单项目设置及工程量计算规则见表6-17。

表6-17 柱(梁)饰面(编码：011208)

项目编码	项目名称	项目特征	计量单位	工程量计算规则	工作内容
011208001	柱(梁)面装饰	1. 龙骨材料种类、规格、中距 2. 隔离层材料种类 3. 基层材料种类、规格 4. 面层材料品种、规格、颜色 5. 压条材料种类、规格	m²	按设计图示饰面外围尺寸以面积计算。柱帽、柱墩并入相应柱饰面工程量内	1. 清理基层 2. 龙骨制作、运输、安装 3. 钉隔离层 4. 基层铺钉 5. 面层铺贴

续表

项目编码	项目名称	项目特征	计量单位	工程量计算规则	工作内容
011208002	成品装饰柱	1. 柱截面、高度尺寸 2. 柱材质	1. 根 2. m	1. 以根计量，按设计数量计算 2. 以m计量，按设计长度计算	柱运输、固定、安装

9. 幕墙工程(编码：011209)

幕墙工程工程量清单项目设置及工程量计算规则见表6-18。

表6-18 幕墙工程(编码：011209)

项目编码	项目名称	项目特征	计量单位	工程量计算规则	工作内容
011209001	带骨架幕墙	1. 骨架材料种类、规格、中距 2. 面层材料品种、规格、颜色 3. 面层固定方式 4. 隔离带、框边封闭材料品种、规格 5. 嵌缝、塞口材料种类	m²	按设计图示框外围尺寸以面积计算。与幕墙同种材质的窗所占面积不扣除	1. 骨架制作、运输、安装 2. 面层安装 3. 隔离带、框边封闭 4. 嵌缝、塞口 5. 清洗
011209002	全玻(无框玻璃)幕墙	1. 玻璃品种、规格、颜色 2. 粘结塞口材料种类 3. 固定方式		按设计图示尺寸以面积计算。带肋全玻幕墙按展开面积计算	1. 幕墙安装 2. 嵌缝、塞口 3. 清洗

10. 隔断(编码：011210)

隔断工程量清单项目设置及工程量计算规则见表6-19。

表6-19 隔断(编码：011210)

项目编码	项目名称	项目特征	计量单位	工程量计算规则	工作内容
011210001	木隔断	1. 骨架、边框材料种类、规格 2. 隔板材料品种、规格、颜色 3. 嵌缝、塞口材料品种 4. 压条材料种类	m²	按设计图示框外围尺寸以面积计算。不扣除单个≤0.3 m²的孔洞所占面积；浴厕门的材质与隔断相同时，门的面积并入隔断面积内	1. 骨架及边框制作、运输、安装 2. 隔板制作、运输、安装 3. 嵌缝、塞口 4. 装钉压条
011210002	金属隔断	1. 骨架、边框材料种类、规格 2. 隔板材料品种、规格、颜色 3. 嵌缝、塞口材料品种			1. 骨架及边框制作、运输、安装 2. 隔板制作、运输、安装 3. 嵌缝、塞口

续表

项目编码	项目名称	项目特征	计量单位	工程量计算规则	工作内容
011210003	玻璃隔断	1. 边框材料种类、规格 2. 玻璃品种、规格、颜色 3. 嵌缝、塞口材料品种	m²	按设计图示框外围尺寸以面积计算。不扣除单个0.3 m²以上的孔洞所占面积	1. 边框制作、运输、安装 2. 玻璃制作、运输、安装 3. 嵌缝、塞口
011210004	塑料隔断	1. 边框材料种类、规格 2. 隔板材料品种、规格、颜色 3. 嵌缝、塞口材料品种			1. 骨架及边框制作、运输、安装 2. 隔板制作、运输、安装 3. 嵌缝、塞口
011210005	成品隔断	1. 隔断材料品种、规格、颜色 2. 配件品种、规格	1. m² 2. 间	1. 以平方米计量，按设计图示框外围尺寸以面积计算 2. 以间计量，按设计间的数量计算	1. 隔断运输、安装 2. 嵌缝、塞口
011210006	其他隔断	1. 骨架、边框材料种类、规格 2. 隔板材料品种、规格、颜色 3. 嵌缝、塞口材料品种	m²	按设计图示框外围尺寸以面积计算。不扣除单个≤0.3 m²的孔洞所占面积	1. 骨架及边框安装 2. 隔板安装 3. 嵌缝、塞口

二、工程量计算规则相关说明

1. 墙面抹灰

(1)立面砂浆找平层项目适用于仅做找平层的立面抹灰。

(2)墙面抹石灰砂浆、水泥砂浆、混合砂浆、聚合物水泥砂浆、麻刀石灰浆、石膏灰浆等按表6-10中墙面一般抹灰列项；墙面水刷石、斩假石、干粘石、假面砖等按表6-10中墙面装饰抹灰列项。

(3)飘窗凸出外墙面增加的抹灰并入外墙工程量内。

(4)有吊顶天棚的内墙面抹灰，抹至吊顶以上部分在综合单价中考虑。

2. 柱(梁)面抹灰

(1)砂浆找平项目适用于仅做找平层的柱(梁)面抹灰。

(2)柱(梁)面抹石灰砂浆、水泥砂浆、混合砂浆、聚合物水泥砂浆、麻刀石灰浆、石膏灰浆等按表6-11中柱(梁)面一般抹灰编码列项；柱(梁)面水刷石、斩假石、干粘石、假面砖等按表6-11中柱(梁)面装饰抹灰编码列项。

3. 零星抹灰

(1)零星项目抹石灰砂浆、水泥砂浆、混合砂浆、聚合物水泥砂浆、麻刀石灰浆、石膏灰浆等按表6-12中零星项目一般抹灰编码列项；水刷石、斩假石、干粘石、假面砖等按表6-12中零星项目装饰抹灰编码列项。

(2)墙、柱(梁)面≤0.5 m²的少量分散的抹灰按表6-12中零星抹灰项目编码列项。

4. 墙面块料面层

(1)在描述碎块项目的面层材料特征时可不用描述规格、颜色。

(2)石材、块料与粘结材料的结合面刷防渗材料的种类在防护层材料种类中描述。

(3)安装方式可描述为砂浆或粘结剂粘贴、挂贴、干挂等,不论哪种安装方式,都要详细描述与组价相关的内容。

5. 柱(梁)面镶贴块料

(1)在描述碎块项目的面层材料特征时可不用描述规格、颜色。

(2)石材、块料与粘接材料的结合面刷防渗材料的种类在防护层材料种类中描述。

(3)柱梁面干挂石材的钢骨架按表 6-13 相应项目编码列项。

6. 镶贴零星块料

(1)在描述碎块项目的面层材料特征时可不用描述规格、颜色。

(2)石材、块料与粘接材料的结合面刷防渗材料的种类在防护材料种类中描述。

(3)零星项目干挂石材的钢骨架按表 6-13 相应项目编码列项。

(4)墙柱面≤0.5 m² 的少量分散的镶贴块料面层按表 6-15 中零星项目执行。

7. 幕墙工程

幕墙钢骨架按表 6-13 干挂石材钢骨架编码列项。

三、工程量清单计量

墙、柱面装饰与隔断、幕墙工程工程量清单计量基本步骤:熟悉施工图纸;熟悉工程量清单计价规范;列出清单项目名称、编码和计量单位;描述清单项目项目特征;计算工程量。

任务实施

根据上述相关知识的内容学习,任务实施过程见表 6-20。

表 6-20 墙柱面工程量清单

序号	项目编码	项目名称	项目特征	单位	数量	工程量计算规则/计算式
1	011201001001	墙面一般抹灰	1. 内砖墙 2. 底层厚 15 mm 混合砂浆 1:1:6 3. 面层厚 5 mm 混合砂浆 1:1:4	m²	50.65	按内墙净长乘以墙裙顶到天棚底的高度计算,扣除门窗洞口面积,门窗洞口的侧壁及顶面不增加面积 (4.8−0.18+6−0.18)×2【周长】×(3.0−0.1)【高】−1.0×2.1×3【门洞】−1.2×1.5×2【窗洞】=50.65 m²
2	011201001002		1. 底层厚 15 mm 水泥砂浆 1:3 2. 面层厚 5 mm 水泥砂浆 1:2 3. 外砖墙		18.14	按女儿墙内边线长度乘以女儿墙的高度计算 (9.6−0.24+6−0.24)×2【周长】×(3.6−3.0)【高】=18.14 m²

续表

序号	项目编码	项目名称	项目特征	单位	数量	工程量计算规则/计算式
3	011204001001	石材墙面	1. 35 mm 厚 1∶2.5 水泥砂浆结合层 2. 面层 20 mm 厚中国红花岗岩	m²	26.96	按镶贴表面积计算 (6+0.24+9+0.24)×2【外周长】×0.9【高】−1.0×0.9【门洞面积】=26.96 m²
4	011204003001	块料墙面	1. 底层厚 15 mm 水泥砂浆 1∶3 2. 结合层厚 5 mm 水泥砂浆 1∶2 3. 面层 100 mm×200 mm 外墙面砖 4. 灰缝 10 mm	m²	79.51	按镶贴表面积计算 外墙面积 (6+0.24+9+0.24)×2【外周长】×(3.6−0.9)【高】=83.59(m²) 扣门窗面积 1.0×2.1+1.2×1.5×2=5.7(m²) 门窗洞口侧壁 (1.2+1.5)×2【窗周长】×(0.24−0.09)【窗台面宽】×2【樘】=1.62(m²) 合计：83.59−5.7+1.62=79.51(m²)

任务三　天棚工程

任务描述

某工程平面图如图 6-3 所示，①轴～②轴为预制混凝土天棚，②轴～③轴为现浇混凝土天棚，天棚构造做法为：底层 1∶3 水泥砂浆 7 mm 厚，面层 1∶2 水泥砂浆 5 mm 厚。

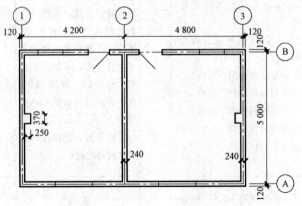

图 6-3　某工程平面图

通过本任务的学习，要求列出上述工程天棚工程的清单项目名称，描述其项目特征，计算清单工程量，并编制天棚工程工程量清单。

一、工程量清单项目设置及计算规则

1. 天棚抹灰（编码：011301）

天棚抹灰工程量清单项目设置及工程量计算规则见表 6-21。

表 6-21　天棚抹灰（编码：011301）

项目编码	项目名称	项目特征	计量单位	工程量计算规则	工作内容
011301001	天棚抹灰	1. 基层类型 2. 抹灰厚度、材料种类 3. 砂浆配合比	m^2	按设计图示尺寸以水平投影面积计算。不扣除间壁墙、垛、柱、附墙烟囱、检查口和管道所占的面积，带梁天棚的梁两侧抹灰面积并入天棚面积内，板式楼梯底面抹灰按斜面积计算，锯齿形楼梯底板抹灰按展开面积计算	1. 基层清理 2. 底层抹灰 3. 抹面层

2. 天棚吊顶（编码：011302）

天棚吊顶工程量清单项目设置及工程量计算规则见表 6-22。

表 6-22　天棚吊顶（编码：011302）

项目编码	项目名称	项目特征	计量单位	工程量计算规则	工作内容
011302001	吊顶天棚	1. 吊顶形式、吊杆规格、高度 2. 龙骨材料种类、规格、中距 3. 基层材料种类、规格 4. 面层材料品种、规格 5. 压条材料种类、规格 6. 嵌缝材料种类 7. 防护材料种类	m^2	按设计图示尺寸以水平投影面积计算。天棚面中的灯槽及跌级、锯齿形、吊挂式、藻井式天棚面积不展开计算。不扣除间壁墙、检查口、附墙烟囱、柱垛和管道所占面积，扣除单个>0.3 m^2 的孔洞、独立柱及与天棚相连的窗帘盒所占的面积	1. 基层清理、吊杆安装 2. 龙骨安装 3. 基层板铺贴 4. 面层铺贴 5. 嵌缝 6. 刷防护材料
011302002	格栅吊顶	1. 龙骨材料种类、规格、中距 2. 基层材料种类、规格 3. 面层材料品种、规格 4. 防护材料种类		按设计图示尺寸以水平投影面积计算	1. 基层清理 2. 安装龙骨 3. 基层板铺贴 4. 面层铺贴 5. 刷防护材料

续表

项目编码	项目名称	项目特征	计量单位	工程量计算规则	工作内容
011302003	吊筒吊顶	1. 吊筒形状、规格 2. 吊筒材料种类 3. 防护材料种类	m²	按设计图示尺寸以水平投影面积计算	1. 基层清理 2. 吊筒制作安装 3. 刷防护材料
011302004	藤条造型悬挂吊顶	1. 骨架材料种类、规格 2. 面层材料品种、规格			1. 基层清理 2. 龙骨安装 3. 铺贴面层
011302005	织物软雕吊顶				
011302006	装饰网架吊顶	网架材料品种、规格			1. 基层清理 2. 网架制作安装

3. 采光天棚(编码：011303)

采光天棚工程量清单项目设置及工程量计算规则见表6-23。

表6-23 采光天棚(编码：011303)

项目编码	项目名称	项目特征	计量单位	工程量计算规则	工作内容
011303001	采光天棚	1. 骨架类型 2. 固定类型、固定材料品种、规格 3. 面层材料品种、规格 4. 嵌缝、塞口材料种类	m²	按框外围展开面积计算	1. 清理基层 2. 面层制安 3. 嵌缝、塞口 4. 清洗

4. 天棚其他装饰(编码：011304)

天棚其他装饰工程工程量清单项目设置及工程量计算规则见表6-24。

表6-24 天棚其他装饰(编码：011304)

项目编码	项目名称	项目特征	计量单位	工程量计算规则	工作内容
011304001	灯带(槽)	1. 灯带形式、尺寸 2. 格栅片材料品种、规格 3. 安装固定方式	m²	按设计图示尺寸以框外围面积计算	安装、固定
011304002	送风口、回风口	1. 风口材料品种、规格 2. 安装固定方式 3. 防护材料种类	个	按设计图示数量计算	1. 安装、固定 2. 刷防护材料

二、工程量计算规则相关说明

采光天棚骨架不包括在天棚工程中,应单独按《房屋建筑与装饰工程工程量计算规范》(GB 50854—2013)附录 F 相关项目编码列项。

三、工程量清单计量

天棚工程工程量清单计量基本步骤:熟悉施工图纸;熟悉工程量清单计价规范;列出清单项目名称、编码和计量单位;描述清单项目项目特征;计算工程量。

📝 任务实施

根据上述相关知识的内容学习,任务实施过程见表 6-25。

表 6-25 天棚工程量清单

序号	项目编码	项目名称	项目特征	单位	数量	工程量计算规则/计算式
1	011301001001	天棚抹灰	1. 预制混凝土天棚 2. 底层 1∶3 水泥砂浆 7 mm 厚 3. 面层 1∶2 水泥砂浆 5 mm 厚	m²	18.85	按设计图示尺寸以水平投影面积计算。不扣除间壁墙、垛、柱所占的面积
						(4.2−0.24)【净长】×(5.0−0.24)【净宽】=18.85(m²)
2	011301001002		1. 现浇混凝土天棚 2. 底层 1∶3 水泥砂浆 7 mm 厚 3. 面层 1∶2 水泥砂浆 5 mm 厚	m²	21.71	按设计图示尺寸以水平投影面积计算。不扣除间壁墙、垛、柱所占的面积。
						(4.8−0.24)【净长】×(5.0−0.24)【净宽】=21.71(m²)

任务四　油漆、涂料、裱糊工程

📝 任务描述

某工程平面图如图 6-4 所示,室内净高为 3.8 m,单层木门,底油一遍,调和漆二遍,门洞尺寸为 1 000 mm×2 100 mm;单层木窗,底油一遍,调和漆二遍,窗洞尺寸为 1 500 mm×1 800 mm,窗台高 900 mm。内墙面做法为:抹灰面上仿瓷涂料二遍;天棚做法为:抹灰面上仿瓷涂料二遍。

通过本任务的学习,要求列出上述工程油漆、涂料、裱糊工程的清单项目名称,描述其项目特征,计算清单工程量,并编制油漆、涂料、裱糊工程工程量清单。

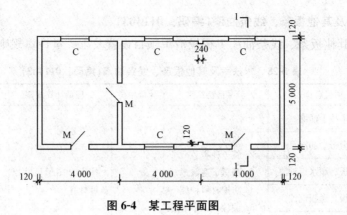

图 6-4 某工程平面图

> 相关知识

一、工程量清单项目设置及计算规则

1. 门油漆工程（编码：011401）

门油漆工程量清单项目设置及工程量计算规则见表 6-26。

表 6-26 门油漆（编码：011401）

项目编码	项目名称	项目特征	计量单位	工程量计算规则	工作内容
011401001	木门油漆	1. 门类型 2. 门代号及洞口尺寸 3. 腻子种类 4. 刮腻子遍数 5. 防护材料种类 6. 油漆品种、刷漆遍数	1. 樘 2. m^2	1. 以樘计量，按设计图示数量计算 2. 以平方米计量，按设计图示洞口尺寸以面积计算	1. 基层清理 2. 刮腻子 3. 刷防护材料、油漆
011401002	金属门油漆				1. 除锈、基层清理 2. 刮腻子 3. 刷防护材料、油漆

2. 窗油漆（编码：011402）

窗油漆工程量清单项目设置及工程量计算规则见表 6-27。

表 6-27 窗油漆（编码：011402）

项目编码	项目名称	项目特征	计量单位	工程量计算规则	工作内容
011402001	木窗油漆	1. 窗类型 2. 窗代号及洞口尺寸 3. 腻子种类 4. 刮腻子遍数 5. 防护材料种类 6. 油漆品种、刷漆遍数	1. 樘 2. m^2	1. 以樘计量，按设计图示数量计算 2. 以平方米计量，按设计图示洞口尺寸以面积计算	1. 基层清理 2. 刮腻子 3. 刷防护材料、油漆
011402002	金属窗油漆				1. 除锈、基层清理 2. 刮腻子 3. 刷防护材料、油漆

· 175 ·

3. 木扶手及其他板条、线条油漆(编码：011403)

木扶手及其他板条、线条油漆工程量清单项目设置及工程量计算规则见表6-28。

表6-28　木扶手及其他板条、线条油漆(编码：011403)

项目编码	项目名称	项目特征	计量单位	工程量计算规则	工作内容
011403001	木扶手油漆	1. 断面尺寸 2. 腻子种类 3. 刮腻子遍数 4. 防护材料种类 5. 油漆品种、刷漆遍数	m	按设计图示尺寸以长度计算	1. 基层清理 2. 刮腻子 3. 刷防护材料、油漆
011403002	窗帘盒油漆				
011403003	封檐板、顺水板油漆				
011403004	挂衣板、黑板框油漆				
011403005	挂镜线、窗帘棍、单独木线油漆				

4. 木材面油漆(编码：011404)

木材面油漆工程量清单项目设置及工程量计算规则见表6-29。

表6-29　木材面油漆(编码：011404)

项目编码	项目名称	项目特征	计量单位	工程量计算规则	工作内容
011404001	木护墙、木墙裙油漆	1. 腻子种类 2. 刮腻子遍数 3. 防护材料种类 4. 油漆品种、刷漆遍数	m²	按设计图示尺寸以面积计算	1. 基层清理 2. 刮腻子 3. 刷防护材料、油漆
011404002	窗台板、筒子板、盖板、门窗套、踢脚线油漆				
011404003	清水板条天棚、檐口油漆				
011404004	木方格吊顶天棚油漆				
011404005	吸声板墙面、天棚面油漆				
011404006	暖气罩油漆				
011404007	其他木材面				
011404008	木间壁、木隔断油漆			按设计图示尺寸以单面外围面积计算	
011404009	玻璃间壁露明墙筋油漆				
011404010	木栅栏、木栏杆(带扶手)油漆				
011404011	衣柜、壁柜油漆			按设计图示尺寸以油漆部分展开面积计算	
011404012	梁柱饰面油漆				
011404013	零星木装修油漆				

续表

项目编码	项目名称	项目特征	计量单位	工程量计算规则	工作内容
011404014	木地板油漆	1. 硬蜡品种 2. 面层处理要求	m²	按设计图示尺寸以面积计算。空洞、空圈、暖气包槽、壁龛的开口部分并入相应的工程量内	1. 基层清理 2. 烫蜡
011404015	木地板烫硬蜡面				

5. 金属面油漆（编码：011405）

金属面油漆工程量清单项目设置及工程量计算规则见表6-30。

表6-30 金属面油漆（编码：011405）

项目编码	项目名称	项目特征	计量单位	工程量计算规则	工作内容
011405001	金属面油漆	1. 构件名称 2. 腻子种类 3. 刮腻子要求 4. 防护材料种类 5. 油漆品种、刷漆遍数	1. t 2. m²	1. 以吨计量，按设计图示尺寸以质量计算 2. 以平方米计量，按设计展开面积计算	1. 基层清理 2. 刮腻子 3. 刷防护材料、油漆

6. 抹灰面油漆（编码：011406）

抹灰面油漆工程量清单项目设置及工程量计算规则见表6-31。

表6-31 抹灰面油漆（编码：011406）

项目编码	项目名称	项目特征	计量单位	工程量计算规则	工作内容
011406001	抹灰面油漆	1. 基层类型 2. 腻子种类 3. 刮腻子遍数 4. 防护材料种类 5. 油漆品种、刷漆遍数 6. 部位	m²	按设计图示尺寸以面积计算	1. 基层清理 2. 刮腻子 3. 刷防护材料、油漆
011406002	抹灰线条油漆	1. 线条宽度、道数 2. 腻子种类 3. 刮腻子遍数 4. 防护材料种类 5. 油漆品种、刷漆遍数	m	按设计图示尺寸以长度计算	
011406003	满刮腻子	1. 基层类型 2. 腻子种类 3. 刮腻子遍数	m²	按设计图示尺寸以面积计算	1. 基层清理 2. 刮腻子

7. 喷刷涂料(编码:011407)

喷刷涂料工程量清单项目设置及工程量计算规则见表6-32。

表6-32 刷喷涂料(编码:011407)

项目编码	项目名称	项目特征	计量单位	工程量计算规则	工作内容
011407001	墙面喷刷涂料	1. 基层类型 2. 喷刷涂料部位 3. 腻子种类 4. 刮腻子要求 5. 涂料品种、刷漆遍数	m^2	按设计图示尺寸以面积计算	1. 基层清理 2. 刮腻子 3. 刷、喷涂料
011407002	天棚喷刷涂料				
011407003	空花格、栏杆刷涂料	1. 腻子种类 2. 刮腻子遍数 3. 涂料品种、刷喷遍数		按设计图示尺寸以单面外围面积计算	
011407004	线条刷涂料	1. 基层清理 2. 线条宽度 3. 刮腻子遍数 4. 刷防护材料、油漆	m	按设计图示尺寸以长度计算	
011407005	金属构件刷防火涂料	1. 喷刷防火涂料构件名称 2. 防火等级要求 3. 涂料品种、喷刷遍数	1. m^2 2. t	1. 以吨计量,按设计图示尺寸以质量计算 2. 以平方米计量,按设计展开面积计算	1. 基层清理 2. 刷防护材料、油漆
011407006	木材构件喷刷防火涂料		m^2	以平方米计量,按设计图示尺寸以面积计算	1. 基层清理 2. 刷防火材料

8. 裱糊(编码:011408)

裱糊工程量清单项目设置及工程量计算规则见表6-33。

表6-33 裱糊(编码:011408)

项目编码	项目名称	项目特征	计量单位	工程量计算规则	工作内容
011408001	墙纸裱糊	1. 基层类型 2. 裱糊部位 3. 腻子种类 4. 刮腻子遍数 5. 粘结材料种类 6. 防护材料种类 7. 面层材料品种、规格、颜色	m^2	按设计图示尺寸以面积计算	1. 基层清理 2. 刮腻子 3. 面层铺粘 4. 刷防护材料
011408002	织锦缎裱糊				

二、工程量计算规则相关说明

1. 门油漆

（1）木门油漆应区分木大门、单层木门、双层（一玻一纱）木门、双层（单裁口）木门、全玻自由门、半玻自由门、装饰门及有框门或无框门等项目，分别编码列项。

（2）金属门油漆应区分平开门、推拉门、钢制防火门等项目，分别编码列项。

（3）以平方米计量，项目特征可不必描述洞口尺寸。

2. 窗油漆

（1）木窗油漆应区分单层木门、双层（一玻一纱）木窗、双层框扇（单裁口）木窗、双层框三层（二玻一纱）木窗、单层组合窗、双层组合窗、木百叶窗、木推拉窗等项目，分别编码列项。

（2）金属窗油漆应区分平开窗、推拉窗、固定窗、组合窗、金属隔栅窗等项目，分别编码列项。

（3）以平方米计量，项目特征可不必描述洞口尺寸。

3. 木扶手及其他板条、线条油漆

木扶手应区分带托板与不带托板，分别编码列项，若是木栏杆带扶手，木扶手不应单独列项，应包含在木栏杆油漆中。

三、工程量清单计量

油漆、涂料、裱糊工程工程量清单计量基本步骤：熟悉施工图纸；熟悉工程量清单计价规范；列出清单项目名称、编码和计量单位；描述清单项目项目特征；计算工程量。

任务实施

根据上述相关知识的内容学习，任务实施过程见表6-34。

表6-34 油漆、涂料、裱糊工程工程量清单

序号	项目编码	项目名称	项目特征	单位	数量	工程量计算规则/计算式
1	011401001001	木门油漆	1. 单层木门 2. 底油一遍，调和漆二遍	m²	6.30	按设计图示洞口尺寸以面积计算 1.0×2.1×3【樘】=6.30(m²)
2	011402001001	木窗油漆	1. 单层木窗 2. 底油一遍，调和漆二遍	m²	10.80	按设计图示洞口尺寸以面积计算 1.5×1.8×4【樘】=10.80(m²)
3	011407001001	墙面喷刷涂料	抹灰面上仿瓷涂料二遍	m²	142.53	按设计图示尺寸以面积计算 [12-0.24×2【净长】+0.12×2【附墙柱侧壁】+(5-0.24)×2【净宽】]×2【周长】×3.8【净高】=161.73(m²) 扣减门窗面积： 1.0×2.1×4【门】+10.8【窗】=19.2(m²) 合计：161.73-19.2=142.53(m²)

续表

序号	项目编码	项目名称	项目特征	单位	数量	工程量计算规则/计算式
4	011407002001	天棚喷刷涂料	抹灰面上仿瓷涂料二遍	m²	54.84	按设计图示尺寸以面积计算 (12－0.24×2)【长】×(5－0.24)【宽】＝54.84(m²)

任务五　措施项目工程

任务描述

某工程平面图、剖面图如图 6-5 所示，天棚、内外墙均抹水泥砂浆。采用钢管扣件式脚手架。

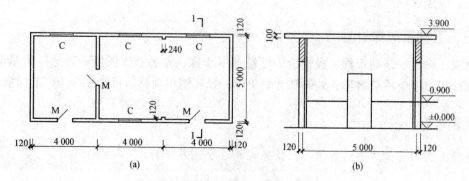

图 6-5　某工程平面图、剖面图
(a)平面图；(b)剖面图

通过本任务的学习，要求列出上述工程施工措施项目工程的清单项目名称，描述其项目特征，计算清单工程量，并编制施工措施项目工程量清单。

相关知识

一、工程量清单项目设置及计算规则

1. 脚手架工程(编码：011701)

脚手架工程工程量清单项目设置及工程量计算规则见表 6-35。

表 6-35 脚手架工程(编码:011701)

项目编码	项目名称	项目特征	计量单位	工程量计算规则	工作内容
011701001	综合脚手架	1. 建筑结构形式 2. 檐口高度	m²	按建筑面积计算	1. 场内、场外材料搬运 2. 搭、拆脚手架、斜道、上料平台 3. 安全网的铺设 4. 选择附墙点与主体连接 5. 测试电动装置、安全锁等 6. 拆除脚手架后材料的堆放
011701002	外脚手架	1. 搭设方式 2. 搭设高度 3. 脚手架材质	m²	按所服务对象的垂直投影面积计算	1. 场内、场外材料搬运 2. 搭、拆脚手架、斜道、上料平台 3. 安全网的铺设 4. 拆除脚手架后材料的堆放
011701003	里脚手架		m²	按所服务对象的垂直投影面积计算	
011701004	悬空脚手架	1. 搭设方式 2. 悬挑宽度 3. 脚手架材质	m²	按搭设的水平投影面积计算	
011701005	挑脚手架		m	按搭设长度乘以搭设层数以延长米计算	
011701006	满堂脚手架	1. 搭设方式 2. 搭设高度 3. 脚手架材质	m²	按搭设的水平投影面积计算	
011701007	整体提升架	1. 搭设方式及启动装置 2. 搭设高度	m²	按所服务对象的垂直投影面积计算	1. 场内、场外材料搬运 2. 选择附墙点与主体连接 3. 搭、拆脚手架、斜道、上料平台 4. 安全网的铺设 5. 测试电动装置、安全锁等 6. 拆除脚手架后材料的堆放
011701008	外装饰吊篮	1. 升降方式及启动装置 2. 搭设高度及吊篮型号	m²	按所服务对象的垂直投影面积计算	1. 场内、场外材料搬运 2. 吊篮的安装 3. 测试电动装置、安全锁、平衡控制器等 4. 吊篮的拆卸

2. 混凝土模板及支架(撑)(编码:011702)

混凝土模板及支架(撑)工程量清单项目设置及工程量计算规则见表 6-36。

表 6-36 混凝土模板及支架(撑)(编码:011702)

项目编码	项目名称	项目特征	计量单位	工程量计算规则	工作内容
011702001	基础	基础类型	m²	按模板与现浇混凝土构件的接触面积计算 1. 现浇钢筋混凝土墙、板单孔面积≤0.3 m² 的孔洞不予扣除,洞侧壁模板也不增加;单孔面积>0.3 m² 时应予扣除,洞侧壁模板面积并入墙、板工程量内计算 2. 现浇框架分别按梁、板、柱有关规定计算;附墙柱、暗梁、暗柱并入墙内工程量内计算 3. 柱、梁、墙、板相互连接的重叠部分,均不计算模板面积 4. 构造柱按图示外露部分计算模板面积	1. 模板制作 2. 模板安装、拆除、整理堆放及场内外运输 3. 清理模板粘结物及模内杂物、刷隔离剂等
011702002	矩形柱				
011702003	构造柱				
011702004	异形柱	柱截面形状			
011702005	基础梁	梁截面形状			
011702006	矩形梁	支撑高度			
011702007	异形梁	1. 梁截面形状 2. 支撑高度			
011702008	圈梁				
011702009	过梁				
011702010	弧形、拱形梁	1. 梁截面形状 2. 支撑高度			
011702011	直形墙				
011702012	弧形墙				
011702013	短肢剪力墙、电梯井壁				
011702014	有梁板				
011702015	无梁板				
011702016	平板				
011702017	拱板	支撑高度			
011702018	薄壳板				
011702019	空心板				
011702020	其他板				
011702021	栏板				
011702022	天沟、檐沟	构件类型		按模板与现浇混凝土构件的接触面积计算	
011702023	雨篷、悬挑板、阳台板	1. 构件类型 2. 板厚度		按图示外挑部分尺寸的水平投影面积计算,挑出墙外的悬臂梁及板边不另计算	

续表

项目编码	项目名称	项目特征	计量单位	工程量计算规则	工作内容
011702024	楼梯	类型	m²	按楼梯(包括休息平台、平台梁、斜梁和楼层板的连接梁)的水平投影面积计算,不扣除宽度≤500 mm的楼梯井所占面积,楼梯踏步、踏步板、平台梁等侧面模板不另计算,伸入墙内部分也不增加	1. 模板制作 2. 模板安装、拆除、整理堆放及场内外运输 3. 清理模板粘结物及模内杂物、刷隔离剂等
011702025	其他现浇构件	构件类型		按模板与现浇混凝土构件的接触面积计算	
011702026	电缆沟、地沟	1. 沟类型 2. 沟截面		按模板与电缆沟、地沟接触的面积计算	
011702027	台阶	台阶踏步宽		按图示台阶水平投影面积计算,台阶端头两侧不另计算模板面积。架空式混凝土台阶,按现浇楼梯计算	
011702028	扶手	扶手断面尺寸		按模板与扶手的接触面积计算	
011702029	散水			按模板与散水的接触面积计算	
011702030	后浇带	后浇带部位		按模板与后浇带的接触面积计算	
011702031	化粪池	1. 化粪池部位 2. 化粪池规格		按模板与混凝土接触面积计算	
011702032	检查井	1. 检查井部位 2. 检查井规格			

3. 垂直运输(编码:011703)

垂直运输工程量清单项目设置及工程量计算规则见表 6-37。

表 6-37 垂直运输(编码:011703)

项目编码	项目名称	项目特征	计量单位	工程量计算规则	工作内容
011703001	垂直运输	1. 建筑物建筑类型及结构形式 2. 地下室建筑面积 3. 建筑物檐口高度、层数	1. m² 2. 天	1. 按建筑面积计算 2. 按施工工期日历天数计算	1. 垂直运输机械的固定装置、基础制作、安装 2. 行走式垂直运输机械轨道的铺设、拆除、摊销

4. 超高施工增加(编码：011704)

超高施工增加工程量清单项目设置及工程量计算规则见表 6-38。

表 6-38　超高施工增加(编码：011704)

项目编码	项目名称	项目特征	计量单位	工程量计算规则	工作内容
011704001	超高施工增加	1. 建筑物建筑类型及结构形式 2. 建筑物檐口高度、层数 3. 单层建筑物檐口高度超过 20 m，多层建筑物超过 6 层部分的建筑面积	m^2	按建筑物超高部分的建筑面积计算	1. 建筑物超高引起的人工工效降低以及由于人工工效降低引起的机械降效 2. 高层施工用水加压水泵的安装、拆除及工作台班 3. 通信联络设备的使用及摊销

5. 大型机械设备进出场及安拆(编码：011705)

大型机械设备进出场及安拆工程工程量清单项目设置及工程量计算规则见表 6-39。

表 6-39　大型机械设备进出场及安拆(编码：011705)

项目编码	项目名称	项目特征	计量单位	工程量计算规则	工作内容
011705001	大型机械设备进出场及安拆	1. 机械设备名称 2. 机械设备规格型号	台次	按使用机械设备的数量计算	1. 安拆费包括施工机械、设备在现场进行安装拆卸所需人工、材料、机械和试运转费用以及机械辅助设施的折旧、搭设、拆除等费用 2. 进出场费包括施工机械、设备整体或分体自停放地点运至施工现场或由一施工地点运至另一施工地点所发生的运输、装卸、辅助材料等费用

6. 施工排水、降水(编码：011706)

施工排水、降水工程量清单项目设置及工程量计算规则见表 6-40。

表 6-40　施工排水、降水(编码：011706)

项目编码	项目名称	项目特征	计量单位	工程量计算规则	工作内容
011706001	成井	1. 成井方式 2. 地层情况 3. 成井直径 4. 井(滤)管类型、直径	m	按设计图示尺寸以钻孔深度计算	1. 准备钻孔机械、埋设护筒、钻机就位；泥浆制作、固壁；成孔、出渣、清孔等 2. 对接上、下井管(滤管)，焊接，安放，下滤料，洗井，连接试抽等

续表

项目编码	项目名称	项目特征	计量单位	工程量计算规则	工作内容
011706002	排水、降水	1. 机械规格型号 2. 降排水管规格	昼夜	按排、降水日历天数计算	1. 管道安装、拆除，场内搬运等 2. 抽水、值班、降水设备维修等

7. 安全文明施工及其他措施项目（编码：011707）

安全文明施工及其他措施项目工程量清单项目设置及工程量计算规则见表6-41。

表6-41　安全文明施工及其他措施项目（编码：011707）

项目编码	项目名称	工作内容及包含范围
011707001	安全文明施工	1. 环境保护：现场施工机械设备降低噪声、防扰民措施；水泥和其他易飞扬细颗粒建筑材料密闭存放或采取覆盖措施等；工程防扬尘洒水；土石方、建渣外运车辆防护措施等；现场污染源的控制、生活垃圾清理外运、场地排水排污措施；其他环境保护措施 2. 文明施工："五牌一图"；现场围挡的墙面美化（包括内外粉刷、刷白、标语等）、压顶装饰；现场厕所便槽刷白、贴面砖，水泥砂浆地面或地砖，建筑物内临时便溺设施；其他施工现场临时设施的装饰装修、美化措施；现场生活卫生设施；符合卫生要求的饮水设备、淋浴、消毒等设施；生活用洁净燃料；防煤气中毒、防蚊虫叮咬等措施；施工现场操作场地的硬化；现场绿化、治安综合治理；现场配备医药保健器材、物品和急救人员培训；现场工人的防暑降温、电风扇、空调等设备及用电；其他文明施工措施 3. 安全施工：安全资料、特殊作业专项方案的编制，安全施工标志的购置及安全宣传；"三宝"（安全帽、安全带、安全网）、"四口"（楼梯口、电梯井口、通道口、预留洞口）、"五临边"（阳台围边、楼板围边、屋面围边、槽坑围边、卸料平台两侧）、水平防护架、垂直防护架、外架封闭等防护；施工安全用电，包括配电箱三级配电、两级保护装置要求、外电防护措施；起重机、塔吊等起重设备（含井架、门架）及外用电梯的安全防护措施（含警示标志）及卸料平台的临边防护、层间安全门、防护棚等设施；建筑工地起重机械的检验检测；施工机具防护棚及其围栏的安全保护设施；施工安全防护通道；工人的安全防护用品、用具购置；消防设施与消防器材的配置；电气保护、安全照明设施；其他安全防护措施 4. 临时设施：施工现场采用彩色、定型钢板，砖、混凝土砌块等围挡的安砌、维修、拆除；施工现场临时建筑物、构筑物的搭设、维修、拆除，如临时宿舍、办公室、食堂、厨房、厕所、诊疗所、临时文化福利用房、临时仓库、加工厂、搅拌台、临时简易水塔、水池等；施工现场临时设施的搭设、维修、拆除，如临时供水管道、临时供电管线、小型临时设施等；施工现场规定范围内临时简易道路铺设，临时排水沟、排水设施安砌、维修、拆除；其他临时设施搭设、维修、拆除
011707002	夜间施工	1. 夜间固定照明灯具和临时可移动照明灯具的设置、拆除 2. 夜间施工时，施工现场交通标志、安全标牌、警示灯等的设置、移动、拆除 3. 包括夜间照明设备及照明用电、施工人员夜班补助、夜间施工劳动效率降低等
011707003	非夜间施工照明	为保证工程施工正常进行，在地下室等特殊施工部位施工时所采用的照明设备的安拆、维护及照明用电等

续表

项目编码	项目名称	工作内容及包含范围
011707004	二次搬运	由于施工场地条件限制而发生的材料、成品、半成品等一次运输不能到达堆放地点，必须进行的二次或多次搬运
011707005	冬雨期施工	1. 冬雨(风)期施工时增加的临时设施(防寒保温、防雨、防风设施)的搭设、拆除 2. 冬雨(风)期施工时，对砌体、混凝土等采用的特殊加温、保温和养护措施 3. 冬雨(风)期施工时，施工现场的防滑处理、对影响施工的雨雪的清除 4. 包括冬雨(风)期施工时增加的临时设施、施工人员的劳动保护用品、冬雨(风)期施工劳动效率降低等
011707006	地上、地下设施、建筑物的临时保护设施	在工程施工过程中，对已建成的地上、地下设施和建筑物进行的遮盖、封闭、隔离等必要保护措施
011707007	已完工程及设备保护	对已完工程及设备采取的覆盖、包裹、封闭、隔离等必要保护措施

二、工程量计算规则相关说明

1. 脚手架工程

(1)使用综合脚手架时，不再使用外脚手架、里脚手架等单项脚手架；综合脚手架适用于能够按"建筑面积计算规则"计算建筑面积的建筑工程脚手架，不适用于房屋加层、构筑物及附属工程脚手架。

(2)同一建筑物有不同檐高时，按建筑物竖向切面分别按不同檐高编列清单项目。

(3)整体提升架已包括2m高的防护架体设施。

(4)脚手架材质可以不描述，但应注明由投标人根据工程实际情况按照国家现行标准《建筑施工扣件式钢管脚手架安全技术规范》(JGJ 130—2011)、《建筑施工附着升降脚手架管理暂行规定》(建建[2000]230号)等规范自行确定。

2. 混凝土模板及支架(撑)

(1)原槽浇灌的混凝土基础，不计算模板。

(2)混凝土模板及支撑(架)项目，只适用于以平方米计量，按模板与混凝土构件的接触面积计算。以立方米计量的模板及支撑(支架)，按混凝土及钢筋混凝土实体项目执行，其综合单价中应包含模板及支撑(支架)。

(3)采用清水模板时，应在特征中注明。

(4)若现浇混凝土梁、板支撑高度超过3.6m时，项目特征应描述支撑高度。

3. 垂直运输

(1)建筑物的檐口高度是指设计室外地坪至檐口滴水的高度(平屋顶系指屋面板底高度)，突出主体建筑物屋顶的电梯机房、楼梯出口间、水箱间、瞭望塔、排烟机房等不计入檐口高度。

(2)垂直运输指施工工程在合理工期内所需垂直运输机械。

(3)同一建筑物有不同檐高时,按建筑物的不同檐高做纵向分割,分别计算建筑面积,以不同檐高分别编码列项。

4. 超高施工增加

(1)单层建筑物檐口高度超过20 m,多层建筑物超过6层时,可按超高部分的建筑面积计算超高施工增加。计算层数时,地下室不计入层数。

(2)同一建筑物有不同檐高时,可按不同高度的建筑面积分别计算建筑面积,以不同檐高分别编码列项。

5. 施工排水、降水

相应专项设计不具备时,可按暂估量计算。

6. 安全文明施工及其他措施项目

表6-65所列项目应根据工程实际情况计算措施项目费用,需分摊的应合理计算摊销费用。

三、工程量清单计量

施工措施项目工程量清单计量基本步骤:熟悉施工图纸;熟悉工程量清单计价规范;列出清单项目名称、编码和计量单位;描述清单项目项目特征;计算工程量。

任务实施

根据上述相关知识的内容学习,任务实施过程见表6-42。

表6-42 施工措施项目工程量清单

序号	项目编码	项目名称	项目特征	单位	数量	工程量计算规则/计算式
1	011701006001	满堂脚手架	1. 搭设高度:3.8 m 2. 钢管扣件式脚手架	m²	54.84	按搭设的水平投影面积计算 (12－0.24×2)【净长】×(5－0.24)【净宽】=54.84(m²)
2	011701002001	外脚手架(建筑工程计算了综合脚手架时只计改架工)	1. 搭设高度:3.9 m 2. 钢管扣件式脚手架	m²	272.69	按所服务对象的垂直投影面积计算 (12.24×2＋5.24×2)×2×3.9【高】=272.69(m²)
3	011701003001	里脚手架(只计改架工)	1. 搭设高度:3.8 m 2. 钢管扣件式脚手架	m²	159.90	按所服务对象的垂直投影面积计算 (12－0.24×2＋5－0.24＋5－0.24)×2【内周长】×3.8【净高】=159.90(m²)

项目小结

装饰工程工程量清单计量基本步骤：熟悉施工图纸；熟悉工程量清单计价规范；列出清单项目名称、编码和计量单位；描述清单项目特征；计算工程量。

思考与练习

1. 某工程平面图如图 6-6 所示，砖混结构，室内净高 3.8 m，门洞尺寸为 1 000 mm×2 100 mm，窗洞尺寸为 1 500 mm×1 800 mm，窗台高为 900 mm。室内 900 mm 高以下内墙面做法为：底层厚度为 15 mm 水泥砂浆 1∶3，结合层厚度为 5 mm 水泥砂浆 1∶1，面层全瓷墙面砖 200 mm×300 mm；900 mm 高以上做法为：底层厚度为 15 mm 混合砂浆 1∶1∶6，面层厚度为 5 mm 混合砂浆 1∶1∶4。试计算墙柱面工程的清单工程量，并编制工程量清单。

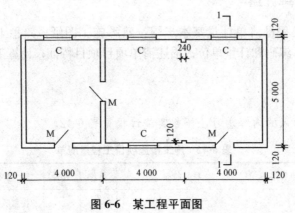

图 6-6 某工程平面图

2. 某工程台阶平面图、剖面图如图 6-7 所示，楼梯构造做法为：20 mm 厚 1∶3 水泥砂浆结合层；20 mm 厚芝麻白花岗石面层。试计算楼地面工程的清单工程量，并编制工程量清单。

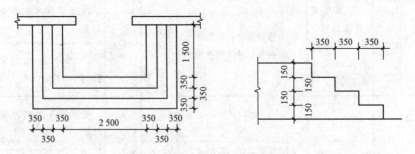

图 6-7 某工程台阶平面、剖面图

3. 某单层建筑物平面如图 6-8 所示，室内外高差 0.3 m，平屋面，预应力空心板厚度为 0.12 m，天棚抹灰，试根据以下条件计算内外墙、天棚脚手架费用：①檐口标高 3.3 m；②檐口标高 5.90 m。

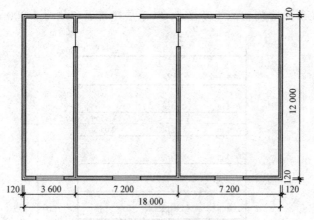

图 6-8 某建筑物平面图

4. 试计算图 6-9 所示有梁板的模板工程量(板厚 100 mm)。

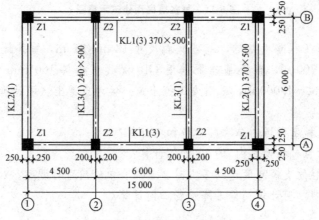

图 6-9 某框架结构平面图

5. 如图 6-10 所示，某多层现浇框架办公楼三层楼面，板厚为 120 mm，二层楼面至三层楼面高为 4.2 m。计算该层楼面④~⑤轴和©~Ⓓ轴范围内的(计算至 KL1、KL5 梁外侧)模板工程量(按接触面积计算)以及 KZ1 柱混凝土浇捣脚手架工程量。

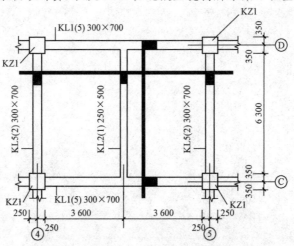

图 6-10 某多层现浇框架平面图

6. 计算图 6-11 所示建筑物的超高增加费（每层建筑面积均为 1 000 m²）。

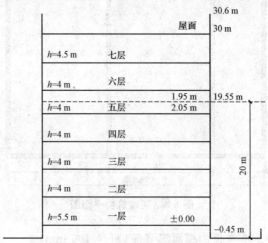

图 6-11 某多层民用建筑示意图

7. 某三类建筑工程整板基础，基础底面尺寸 12 m×15 m，室外地面标高－0.300 m，基础底面标高－1.700 m，整板基础下采用 C10 混凝土垫层 100 mm 厚，每边伸出基础 100 mm，地下常水位－1.000 m，采用人工挖土，土壤为三类土。用计价定额计算施工排水工程量并套价。

8. 垂直运输机械费和场内二次搬运费如何计算？

9. 其他措施项目包括哪些内容？应如何计算？

10. 梁、板、柱的支模高度达到多少时，其综合单价应进行调整？如何调整？

11. 施工排水费如何计算？施工降水费如何计算？

项目七　建筑工程合同价款管理

学习目标

通过本项目的学习，了解合同价款处理处理的相关规定，掌握工程造价鉴定的方法。

能力目标

能在实际工作中对合同价款进行相应处理。

任务一　合同价款处理

任务描述

"13计价规范"对合同价款的处理做了相关规定，包括规范了不同合同形式的计量与价款支付，同意了合同价款调整的分类内容，确立了施工全过程计价控制与工程结算的原则，提供了合同价款争议解决的方法。本任务即以"13计价规范"为依据，对建筑工程计量与计价中的合同价款处理规定进行概要介绍。

相关知识

一、合同价款约定

(一)一般规定

(1)工程合同价款的约定是建设工程合同的主要内容。根据有关法律条款的规定，实行招标的工程合同价款应在中标通知书发出之日起30天内，由发承包双方依据招标文件和中标人的投标文件在书面合同中约定。

工程合同价款的约定应满足以下几个方面的要求：
1)约定的依据要求：招标人向中标的投标人发出的中标通知书；
2)约定的时间要求：自招标人发出中标通知书之日起30天内；
3)约定的内容要求：招标文件和中标人的投标文件；
4)合同的形式要求：书面合同。

在工程招投标及建设工程合同签订过程中，招标文件应视为要约邀请，投标文件为要约，中标通知书为承诺。因此，在签订建设工程合同时，若招标文件与中标人的投标文件有不一致的地方，应以投标文件为准。

(2)实行招标的工程，合同约定不得违背招标文件中关于工期、造价、资质等方面的实质性内容。所谓合同实质性内容，按照《中华人民共和国合同法》第三十条规定："有关合同标的、数量、质量、价款或者报酬、履行期限、履行地点和方式、违约责任和解决争议方法等的变更，是对要约内容的实质性变更"。

(3)不实行招标的工程合同价款，应在发承包双方认可的工程价款基础上，由发承包双方在合同中约定。

(4)工程建设合同的形式对工程量清单计价的适用性不构成影响，无论是单价合同、总价合同，还是成本加酬金合同均可以采用工程量清单计价。当采用单价合同形式时，经标价的工程量清单是合同文件必不可少的组成内容，其中的工程量一般具备合同约束力(量可调)，工程款结算时按照合同中约定应予计量并实际完成的工程量计算进行调整，由招标人提供统一的工程量清单则彰显了工程量清单计价的主要优点。总价合同是指总价包干或总价不变合同，采用总价合同形式，工程量清单中的工程量不具备合同的约束力(量不可调)，工程量以合同图纸的标示内容为准，工程量以外的其他内容一般均赋予合同约束力，以方便合同变更的计量和计价。成本加酬金合同是承包人不承担任何价格变化风险的合同。

"13计价规范"中规定："实行工程量清单计价的工程，应采用单价合同；建设规模较小，技术难度较低，工期较短且施工图设计已审查批准的建设工程可采用总价合同；紧急抢险、救灾以及施工技术特别复杂的建设工程可采用成本加酬金合同。"单价合同约定的工程价款中所包含的工程量清单项目综合单价在约定条件内是固定的，不予调整，工程量允许调整。工程量清单项目综合单价在约定的条件外，允许调整。但调整方式、方法应在合同中约定。

(二)合同价款约定内容

(1)发承包双方应在合同条款中对下列事项进行约定：

1)预付工程款的数额、支付时间及抵扣方式。预付款是发包人为解决承包人在施工准备阶段资金周转问题提供的协助。如使用大宗材料，可根据工程具体情况设置工程材料预付款。

2)安全文明施工措施的支付计划，使用要求等；

3)工程计量与支付工程进度款的方式、数额及时间；

4)工程价款的调整因素、方法、程序、支付及时间；

5)施工索赔与现场签证的程序、金额确认与支付时间；

6)承担计价风险的内容、范围以及超出约定内容、范围的调整办法；

7)工程竣工价款结算编制与核对、支付及时间；

8)工程质量保证金的数额、预留方式及时间；

9)违约责任以及发生合同价款争议的解决方法及时间；

10)与履行合同、支付价款有关的其他事项等。

由于合同中涉及工程价款的事项较多，能够详细约定的事项应尽可能具体地约定，约定的用词应尽可能唯一，如有几种解释，最好对用词进行定义，尽量避免因理解上的歧义造成合同纠纷。

(2)合同中没有按照上述第(1)条的要求约定或约定不明的,若发承包双方在合同履行中发生争议由双方协商确定;当协商不能达成一致时,应按"13计价规范"的规定执行。

二、工程计量

(一)一般规定

(1)正确的计量是发包人向承包人支付合同价款的前提和依据,因此"13计价规范"中规定:"工程量必须按照相关工程现行国家计量规范规定的工程量计算规则计算。"这就明确了不论采用何种计价方式,其工程量必须按照相关工程的现行国家计量规范规定的工程量计算规则计算。采用统一的工程量计算规则,对于规范工程建设各方的计量计价行为,有效减少计量争议具有重要意义。

(2)选择恰当的工程计量方式对于正确计量十分必要。由于工程建设具有投资大、周期长等特点,因而"13计价规范"中规定:"工程计量可选择按月或按工程形象进度分段计量,当采用分段结算方式时,应在合同中约定具体的工程分段划分界限。"按工程形象进度分段计量与按月计量相比,其计量结果更具稳定性,可以简化竣工结算。但应注意工程形象进度分段的时间应与按月计量保持一定关系,不应过长。

(3)因承包人原因造成的超出合同工程范围施工或返工的工程量,发包人不予计量。

(4)成本加酬金合同应按单价合同的规定计量。

(二)单价合同的计量

(1)招标工程量清单标明的工程量是招标人根据拟建工程设计文件预计的工程量,不能作为承包人在实际工作中应予完成的实际和准确的工程量。招标工程量清单所列的工程量一方面是各投标人进行投标报价的共同基础,另一方面也是对各投标人的投标报价进行评审的共同平台,是招投标活动应当遵循公开、公平、公正和诚实、信用原则的具体体现。

发承包双方竣工结算的工程量应以承包人按照现行国家计量规范规定的工程量计算规则计算的实际完成应予计量的工程量确定,而非招标工程量清单所列的工程量。

(2)施工中进行工程计量,当发现招标工程量清单中出现缺项、工程量偏差或因工程变更引起工程量增减时,应按承包人在履行合同义务中完成的工程量计算。

(3)承包人应当按照合同约定的计量周期和时间向发包人提交当期已完工程量报告。发包人应在收到报告后7天内核实,并将核实计量结果通知承包人。发包人未在约定时间内进行核实的,承包人提交的计量报告中所列的工程量应视为承包人实际完成的工程量。

(4)发包人认为需要进行现场计量核实时,应在计量前24小时通知承包人,承包人应为计量提供便利条件并派人参加。当双方均同意核实结果时,双方应在上述记录上签字确认。承包人收到通知后不派人参加计量,可视为认可发包人的计量核实结果。发包人不按照约定时间通知承包人,致使承包人未能派人参加计量,则计量核实结果无效。

(5)当承包人认为发包人核实后的计量结果有误时,应在收到计量结果通知后的7天内向发包人提出书面意见,并应附上其认为正确的计量结果和详细的计算资料。发包人收到书面意见后,应在7天内对承包人的计量结果进行复核后通知承包人。承包人对复核计量结果仍有异议的,按照合同约定的争议解决办法处理。

(6)承包人完成已标价工程量清单中每个项目的工程量并经发包人核实无误后,发承包双方应对每个项目的历次计量报表进行汇总,以核实最终结算工程量,并应在汇总表上签字确认。

(三)总价合同的计量

(1)由于工程量是招标人提供的,招标人必须对其准确性和完整性负责,而且工程量必须按照相关工程现行国家计量规范规定的工程量计算规则计算,因而对于采用工程量清单方式形成的总价合同,若招标工程量清单中工程量与合同实施过程中的工程量存在差异时,都应按上述"(二)单价合同的计量"中的相关规定进行调整。

(2)采用经审定批准的施工图纸及其预算方式发包形成的总价合同,由于承包人自行对施工图纸进行计量,因此,除按照工程变更规定引起的工程量增减外,总价合同各项目的工程量是承包人用于结算的最终工程量。

(3)总价合同约定的项目计量应以合同工程经审定批准的施工图纸为依据,发承包双方应在合同中约定工程计量的形象目标或时间节点进行计量。

(4)承包人应在合同约定的每个计量周期内对已完成的工程进行计量,并向发包人提交达到工程形象目标完成的工程量和有关计量资料的报告。

(5)发包人应在收到报告后7天内对承包人提交的上述资料进行复核,以确定实际完成的工程量和工程形象目标。对其有异议的,应通知承包人进行共同复核。

三、合同价款调整

(一)一般规定

(1)下列事项(但不限于)发生,发承包双方应当按照合同约定调整合同价款:
1)法律法规变化;
2)工程变更;
3)项目特征不符;
4)工程量清单缺项;
5)工程量偏差;
6)计日工;
7)物价变化;
8)暂估价;
9)不可抗力;
10)提前竣工(赶工补偿);
11)误期赔偿;
12)索赔;
13)现场签证;
14)暂列金额;
15)发承包双方约定的其他调整事项。

(2)出现合同价款调增事项(不含工程量偏差、计日工、现场签证、索赔)后的14天内,承包人应向发包人提交合同价款调增报告并附上相关资料;承包人在14天内未提交合同价款调增报告的,应视为承包人对该事项不存在调整价款请求。

此处所指合同价款调增事项不包括工程量偏差，是因为工程量偏差的调整在竣工结算完成之前均可提出；不包括计日工、现场签证和索赔，是因为这三项的合同价款调增时限在"13 计价规范"中另有规定。

(3)出现合同价款调减事项(不含工程量偏差、索赔)后的 14 天内，发包人应向承包人提交合同价款调减报告并附相关资料；发包人在 14 天内未提交合同价款调减报告的，应视为发包人对该事项不存在调整价款请求。

基于与上述第(2)条同样的原因，此处合同价款调减事项中不包括工程量偏差和索赔两项。

(4)发(承)包人应在收到承(发)包人合同价款调增(减)报告及相关资料之日起 14 天内对其核实，予以确认的应书面通知承(发)包人。当有疑问时，应向承(发)包人提出协商意见。发(承)包人在收到合同价款调增(减)报告之日起 14 天内未确认也未提出协商意见的，应视为承(发)包人提交的合同价款调增(减)报告已被发(承)包人认可。发(承)包人提出协商意见的，承(发)包人应在收到协商意见后的 14 天内对其核实，予以确认的应书面通知发(承)包人。承(发)包人在收到发(承)包人的协商意见后 14 天内既不确认也未提出不同意见的，应视为发(承)包人提出的意见已被承(发)包人认可。

(5)发包人与承包人对合同价款调整的不同意见不能达成一致的，只要对发承包双方履约不产生实质影响，双方应继续履行合同义务，直到其按照合同约定的争议解决方式得到处理。

(6)根据财政部、建设部印发的《建设工程价款结算暂行办法》(财建[2004]369 号)的相关规定，如第十五条："发包人和承包人要加强施工现场的造价控制，及时对工程合同外的事项如实记录并履行书面手续。凡由发、承包双方授权的现场代表签字的现场签证以及发、承包双方协商确定的索赔等费用，应在工程竣工结算中如实办理，不得因发、承包双方现场代表的中途变更改变其有效性"，"13 计价规范"对发承包双方确定调整的合同价款的支付方法进行了约定，即："经发承包双方确认调整的合同价款，作为追加(减)合同价款，应与工程进度款或结算款同期支付"。

(二)法律法规变化

(1)工程建设过程中，发、承包双方都是国家法律、法规、规章及政策的执行者。因此，在发、承包双方履行合同的过程中，当国家的法律、法规、规章及政策发生变化，国家或省级、行业建设主管部门或其授权的工程造价管理机构据此发布工程造价调整文件，工程价款应当进行调整。"13 计价规范"中规定："招标工程以投标截止日前 28 天、非招标工程以合同签订前 28 天为基准日，其后因国家的法律、法规、规章和政策发生变化引起工程造价增减变化的，发、承包双方应按照省级或行业建设主管部门或其授权的工程造价管理机构据此发布的规定调整合同价款。"

(2)因承包人原因导致工期延误的，按上述第(1)条规定的调整时间，在合同工程原定竣工时间之后，合同价款调增的不予调整，合同价款调减的予以调整。这就说明由于承包人原因导致工期延误，将按不利于承包人的原则调整合同价款。

(三)工程变更

建设工程施工合同实施过程中，如果合同签订时所依赖的承包范围、设计标准、施工条件等发生变化,则必须在新的承包范围、新的设计标准或新的施工条件等前提下对发、承包双方的权利和义务进行重新分配,从而建立新的平衡,追求新的公平和合理。由于施工条件变化和发包人要求变化等原因,往往会发生合同约定的工程材料性质和品种、建筑物结构形式、施工工艺和方法等的变动,此时必须变更才能维护合同的公平。因此,"13计价规范"中对因分部分项工程量清单的漏项或非承包人原因引起的工程变更,造成增加新的工程量清单项目时,新增项目综合单价的确定原则进行了约定,具体如下:

(1)因工程变更引起已标价工程量清单项目或其工程数量发生变化时,应按照下列规定调整:

1)已标价工程量清单中有适用于变更工程项目的,应采用该项目的单价;但当工程变更导致该清单项目的工程数量发生变化,并且工程量偏差超过15%时,该项目单价应按照规定进行调整,即当工程量增加15%以上时,增加部分的工程量的综合单价应予调低;当工程量减少15%以上时,减少后剩余部分的工程量的综合单价应予调高。采用此条进行调整的前提条件是其采用的材料、施工工艺和方法相同,也不因此增加关键线路上工程的施工时间。

如:某桩基工程施工过程中,由于设计变更,新增加预制钢筋混凝土管柱3根(45m),已标价工程量清单中有预制钢筋混凝土管柱项目的综合单价,而且新增部分工程量偏差在15%以内,则就应采用该项目的综合单价。

2)已标价工程量清单中没有适用但有类似于变更工程项目的,可在合理范围内参照类似项目的单价。采用此条进行调整的前提条件是其采用的材料、施工工艺和方法基本相似,不增加关键线路上工程的施工时间,则可仅就其变更后的差异部分,参考类似的项目单价由发、承包双方协商新的项目单价。

如:某现浇混凝土设备基础的混凝土强度等级为C30,施工过程中设计单位将其调整为C35,此时则可将原综合单价组成中C30混凝土价格用C35混凝土价格替换,其余不变,组成新的综合单价。

3)已标价工程量清单中没有适用也没有类似于变更工程项目的,应由承包人根据变更工程资料、计量规则和计价办法、工程造价管理机构发布的信息价格和承包人报价浮动率提出变更工程项目的单价,并应报发包人确认后调整。承包人报价浮动率可按下列公式计算:

招标工程:

$$承包人报价浮动率 L=(1-中标价/招标控制价)\times 100\%$$

非招标工程:

$$承包人报价浮动率 L=(1-报价/施工图预算)\times 100\%$$

【例7-1】 某工程招标控制价为2 383 692元,中标人的投标报价为2 276 938元,试求该中标人的报价浮动率。

【解】 该中标人的报价浮动率为:

$$L=(1-2\ 276\ 938/2\ 383\ 692)\times 100\%=4.48\%$$

【例7-2】 若例7-1中工程项目,施工过程中屋面防水采用自粘橡胶沥青防水卷材,已标价清单项目中没有此类似项目,工程造价管理机构发布有该卷材单价为25元/m^2,试确定该项目综合单价。

【解】 由于已标价工程量清单中没有适用也没有类似于该工程项目的,故承包人应根据有关资料变更该工程项目的综合单价。查项目所在地该项目定额人工费为 5.85 元,除防水卷材外的其他材料费为 1.35 元,管理费和利润为 1.48 元,则

$$该项目综合单价=(5.85+25+1.35+1.48)\times(1-4.48\%)=32.17(元)$$

发、承包双方可按 32.17 元协商确定该项目综合单价。

4)已标价工程量清单中没有适用也没有类似于变更工程项目,并且工程造价管理机构发布的信息价格缺价的,应由承包人根据变更工程资料、计量规则、计价办法和通过市场调查等取得有合法依据的市场价格提出变更工程项目的单价,并应报发包人确认后调整。

(2)工程变更引起施工方案改变并使措施项目发生变化时,承包人提出调整措施项目费的,应事先将拟实施的方案提交发包人确认,并应详细说明与原方案措施项目相比的变化情况。拟实施的方案经发、承包双方确认后执行,并应按照下列规定调整措施项目费:

1)安全文明施工费应按照实际发生变化的措施项目依据国家或省级、行业建设主管部门的规定计算。

2)采用单价计算的措施项目费,应按照实际发生变化的措施项目,按上述第(1)条的规定确定单价。

3)按总价(或系数)计算的措施项目费,按照实际发生变化的措施项目调整,但应考虑承包人报价浮动因素,即调整金额按照实际调整金额乘以上述第(1)条规定的承包人报价浮动率计算。

如果承包人未事先将拟实施的方案提交给发包人确认,则应视为工程变更不引起措施项目费的调整或承包人放弃调整措施项目费的权利。

(3)当发包人提出的工程变更因非承包人原因删减了合同中的某项原定工作或工程,致使承包人发生的费用或(和)得到的收益不能被包括在其他已支付或应支付的项目中,也未被包含在任何替代的工作或工程中时,承包人有权提出并应得到合理的费用及利润补偿。这主要是为了维护合同的公平,防止发包人在签约后擅自取消合同中的工作,转而由发包人自己或其他承包人实施,而使本合同工程承包人蒙受损失。

(四)项目特征不符

工程量清单的项目特征是确定一个清单项目综合单价不可缺少的主要依据。对工程量清单项目的特征描述具有十分重要的意义,其主要体现在三个方面:

(1)项目特征是区分清单项目的依据。工程量清单项目特征是用来表述分部分项清单项目的实质内容,用于区分计价规范中同一清单条目下各个具体的清单项目。没有项目特征的准确描述,对于相同或相似的清单项目名称,就无从区分。

(2)项目特征是确定综合单价的前提。由于工程量清单项目的特征决定了工程实体的实质内容,必然直接决定了工程实体的自身价值。因此,工程量清单项目特征描述得准确与否,直接关系到工程量清单项目综合单价的准确确定。

(3)项目特征是履行合同义务的基础。实行工程量清单计价,工程量清单及其综合单价是施工合同的组成部分,因此,如果工程量清单项目特征的描述不清甚至漏项、错误,就会引起在施工过程中的更改,从而引起分歧,导致纠纷。

在按工程计量规范对工程量清单项目的特征进行描述时,应注意"项目特征"与"工作内容"的区别。"项目特征"是工程项目的实质,决定着工程量清单项目的价值大小,而"工作内容"主要讲的是操作程序,是承包人完成能通过验收的工程项目所必须要操作的工序。在

工程计量规范中，工程量清单项目与工程量计算规则、工作内容具有一一对应的关系。当采用"13计价规范"进行计价时，工作内容即有规定，无须再对其进行描述。而"项目特征"栏中的任何一项都影响着清单项目的综合单价的确定，招标人应高度重视分部分项工程项目清单项目特征的描述，任何不描述或描述不清均会在施工合同履约过程中产生分歧，导致纠纷、索赔。例如，屋面卷材防水，按照《房屋建筑与装饰工程工程量计算规范》(GB 50854—2013)编码为010902001项目中"项目特征"栏的规定，发包人在对工程量清单项目进行描述时，就必须要对卷材的品种、规格、厚度、防水层数及防水层做法等进行详细的描述，因为这其中任何一项的不同都直接影响到屋面卷材防水的综合单价。而在该项"工作内容"栏中阐述了屋面卷材防水应包括基层处理、刷底油、铺油毡卷材、接缝等施工工序，这些工序即便发包人不提，承包人为完成合格屋面卷材防水工程也必然要经过，因而发包人在对工程量清单项目进行描述时，就没有必要针对屋面卷材防水的施工工序对承包人提出规定。

正因为此，在编制工程量清单时，必须对项目特征进行准确而全面的描述，准确地描述工程量清单的项目特征对于准确地确定工程量清单项目的综合单价具有决定性的作用。

"13计价规范"中对清单项目特征描述及项目特征发生变化后重新确定综合单价的有关要求进行了如下约定：

(1)发包人在招标工程量清单中对项目特征的描述，应被认为是准确的和全面的，并且与实际施工要求相符合。承包人应按照发包人提供的招标工程量清单，根据项目特征描述的内容及有关要求实施合同工程，直到项目被改变为止。

(2)承包人应按照发包人提供的设计图纸实施合同工程，若在合同履行期间出现设计图纸(含设计变更)与招标工程量清单任一项目的特征描述不符，而且该变化引起该项目工程造价增减变化的，应按照实际施工的项目特征，按前述"工程计量"中的有关规定重新确定相应工程量清单项目的综合单价，并调整合同价款。

(五)工程量清单缺项

导致工程量清单缺项的原因主要包括：设计变更；施工条件改变；工程量清单编制错误。工程量清单的增减变化必然使合同价款发生增减变化。

(1)合同履行期间，由于招标工程量清单中缺项，新增分部分项工程清单项目的，应按照前述"(三)工程变更"中的第(1)条的有关规定确定单价，并调整合同价款。

(2)新增分部分项工程清单项目后，引起措施项目发生变化的，应按照前述"(三)工程变更"中的第(2)条的有关规定，在承包人提交的实施方案被发包人批准后调整合同价款。

(3)由于招标工程量清单中措施项目缺项，承包人应将新增措施项目实施方案提交发包人批准后，按照前述"(三)工程变更"中的第(1)、(2)条的有关规定调整合同价款。

(六)工程量偏差

施工过程中，由于施工条件、地质水文、工程变更等变化以及招标工程量清单编制人专业水平的差异，往往会造成实际工程量与招标工程量清单出现偏差，工程量偏差过大，对综合成本的分摊带来影响。如突然增加太多，仍按原综合单价计价，对发包人不公平；如突然减少太多，仍按原综合单价计价，对承包人不公平。并且，这给有经验的承包人的不平衡报价打开了大门。为维护合同的公平，"13计价规范"中进行了如下规定：

(1) 合同履行期间,当应予计算的实际工程量与招标工程量清单出现偏差,且符合下述第(2)、(3)条规定时,发、承包双方应调整合同价款。

(2) 对于任一招标工程量清单项目,当因工程量偏差和前述"(三)工程变更"中规定的工程变更等原因导致工程量偏差超过15%时,可进行调整。当工程量增加15%以上时,增加部分的工程量的综合单价应予调低;当工程量减少15%以上时,减少后剩余部分的工程量的综合单价应予调高。调整后的某一分部分项工程费结算价可参照以下公式计算:

1) 当 $Q_1 > 1.15Q_0$ 时:

$$S = 1.15Q_0 \times P_0 + (Q_1 - 1.15Q_0) \times P_1$$

2) 当 $Q_1 < 0.85Q_0$ 时:

$$S = Q_1 \times P_1$$

式中 S——调整后的某一分部分项工程费结算价;

Q_1——最终完成的工程量;

Q_0——招标工程量清单中列出的工程量;

P_1——按照最终完成工程量重新调整后的综合单价;

P_0——承包人在工程量清单中填报的综合单价。

由上述两式可以看出,计算调整后的某一分部分项工程费结算价的关键是确定新的综合单价 P_1。确定的方法,一是发、承包双方协商确定,二是与招标控制价相联系,当工程量偏差项目出现承包人在工程量清单中填报的综合单价与发包人招标控制价相应清单项目的综合单价偏差超过15%时,工程量偏差项目综合单价的调整可参考以下公式确定:

1) 当 $P_0 < P_2 \times (1-L) \times (1-15\%)$ 时,该类项目的综合单价 P_1 按 $P_2 \times (1-L) \times (1-15\%)$ 进行调整;

2) 当 $P_0 > P_2 \times (1+15\%)$ 时,该类项目的综合单价 P_1 按 $P_2 \times (1+15\%)$ 进行调整;

3) 当 $P_0 > P_2 \times (1-L) \times (1-15\%)$ 或 $P_0 < P_2 \times (1+15\%)$ 时,可不进行调整。

以上各式中 P_0——承包人在工程量清单中填报的综合单价;

P_2——发包人招标控制价相应项目的综合单价;

L——承包人报价浮动率。

【例 7-3】 某工程项目投标报价浮动率为8%,各项目招标控制价及投标报价的综合单价见表7-1,试确定当招标工程量清单中工程量偏差超过15%时,其综合单价是否应进行调整?应怎样调整?

【解】 该工程综合单价调整情况见表7-1。

表7-1 工程量偏差项目综合单价调整

项目	综合单价/元		投标报价浮动率 L	综合单价偏差	$P_2 \times (1-L) \times (1-15\%)$	$P_2 \times (1+15\%)$	结 论
	招标控制价 P_2	投标报价 P_0					
1	540	432	8%	20%	422.28	—	由于 $P_0 > 422.28$ 元,故当该项目工程量偏差超过15%时,其综合单价不予调整
2	450	531	8%	18%	—	517.5	由于 $P_0 > 517.5$ 元,故当该项目工程量偏差超过15%时,其综合单价应调整为517.5元

【例 7-4】 若例 7-3 中工程,其招标工程量清单中项目 1 的工程数量为 500 m,施工中由于设计变更调整为 410 m;招标工程量清单中项目 2 的工程数量为 785 m^3,施工中由于设计变更调整为 942 m^3。试确定其分部分项工程费结算价应怎样进行调整。

【解】 该工程分部分项工程费结算价调整情况见表 7-2。

表 7-2 分部分项工程费结算价调整

项目	工程量数量		工程量偏差	调整后的综合单价①	调整后的分部分项工程结算价
	清单数量 Q_0	调整后数量 Q_1			
1	500	410	18%	432	$S=410×432=177\ 120(元)$
2	785	942	20%	517.5	$S=1.15×785×531+(942-1.15×785)×517.5=499\ 672.13(元)$

①调整后的综合单价取自例 7-3。

(3)如果工程量出现变化引起相关措施项目相应发生变化时,按系数或单一总价方式计价的,工程量增加的措施项目费调增,工程量减少的措施项目费调减;反之,如未引起相关措施项目发生变化,则不予调整。

(七)计日工

(1)发包人通知承包人以计日工方式实施的零星工作,承包人应予执行。

(2)采用计日工计价的任何一项变更工作,在该项变更的实施过程中,承包人应按合同约定提交下列报表和有关凭证给发包人复核:

1)工作名称、内容和数量;
2)投入该工作所有人员的姓名、工种、级别和耗用工时;
3)投入该工作的材料名称、类别和数量;
4)投入该工作的施工设备型号、台数和耗用台时;
5)发包人要求提交的其他资料和凭证。

(3)任一计日工项目持续进行时,承包人应在该项工作实施结束后的 24 小时内向发包人提交有计日工记录汇总的现场签证报告一式三份。发包人在收到承包人提交现场签证报告后的 2 天内予以确认并将其中一份返还给承包人,作为计日工计价和支付的依据。发包人逾期未确认也未提出修改意见的,应视为承包人提交的现场签证报告已被发包人认可。

(4)任一计日工项目实施结束后,承包人应按照确认的计日工现场签证报告核实该类项目的工程数量,并应根据核实的工程数量和承包人已标价工程量清单中的计日工单价计算,提出应付价款;已标价工程量清单中没有该类计日工单价的,由发承包双方按前述"(三)工程变更"中的相关规定商定计日工单价计算。

(5)每个支付期末,承包人应按规定向发包人提交本期间所有计日工记录的签证汇总表,并应说明本期间自己认为有权得到的计日工金额,调整合同价款,列入进度款支付。

(八)物价变化

1. 物价变化合同价款调整方法

(1)价格指数调整价格差额。

1)价格调整公式。因人工、材料和设备等价格波动影响合同价格时,根据投标函附录中的价格指数和权重表约定的数据,按以下公式计算差额并调整合同价格:

$$\Delta P = P_0 \left[A + \left(B_1 \times \frac{F_{t1}}{F_{01}} + B_2 \times \frac{F_{t2}}{F_{02}} + B_3 \times \frac{F_{t3}}{F_{03}} + \cdots + B_n \times \frac{F_{tn}}{F_{0n}} \right) - 1 \right]$$

式中 ΔP——需调整的价格差额;

P_0——约定的付款证书中承包人应得到的已完成工程量的金额。此项金额应不包括价格调整、不计质量保证金的扣留和支付、预付款的支付和扣回。约定的变更及其他金额已按现行价格计价的,也不计在内;

A——定值权重(即不调部分的权重);

$B_1, B_2, B_3, \cdots, B_n$——各可调因子的变值权重(即可调部分的权重),为各可调因子在投标函投标总报价中所占的比例;

$F_{t1}, F_{t2}, F_{t3}, \cdots, F_{tn}$——各可调因子的现行价格指数,指约定的付款证书相关周期最后一天的前42天的各可调因子的价格指数;

$F_{01}, F_{02}, F_{03}, \cdots, F_{0n}$——各可调因子的基本价格指数,指基准日期的各可调因子的价格指数。

以上价格调整公式中的各可调因子、定值和变值权重,以及基本价格指数及其来源在投标函附录价格指数和权重表中约定。价格指数应首先采用有关部门提供的价格指数。缺乏上述价格指数时,可采用有关部门提供的价格代替。

2)暂时确定调整差额。在计算调整差额时得不到现行价格指数的,可暂用上一次价格指数计算,并在以后的付款中再按实际价格指数进行调整。

3)权重的调整。约定的变更导致原定合同中的权重不合理时,由监理人与承包人和发包人协商后进行调整。

4)承包人工期延误后的价格调整。由于承包人原因未在约定的工期内竣工的,则对原约定竣工日期后继续施工的工程,在使用第1)条的价格调整公式时,应采用原约定竣工日期与实际竣工日期的两个价格指数中较低的一个作为现行价格指数。

5)若人工因素已作为可调因子包括在变值权重内,则不再对其进行单项调整。

【例 7-5】 某工程项目合同约定采用价格指数调整价格差额,由发、承包双方确认的《承包人提供主要材料和工程设备一览表》见表 7-3。已知本期完成合同价款为 589 073 元,其中包括已按现行价格计算的计日工价款为 2 600 元,发、承包双方确认应增加的索赔金额为 2 879 元。试对此工程项目该期应调整的合同价款差额进行计算。

表 7-3 承包人提供主要材料和工程设备一览表
(适用于价格指数调整法)

工程名称:某工程　　　　　　　　　标段:　　　　　　　　　第1页 共1页

序号	名称、规格、型号	变值权重 B	基本价格指数 F_0	现行价格指数 F_t	备注
1	人工费	0.15	120%	128%	

续表

序号	名称、规格、型号	变值权重 B	基本价格指数 F_0	现行价格指数 F_t	备注
2	钢材	0.23	4 500 元/t	4 850 元/t	
3	水泥	0.11	420 元/t	445 元/t	
4	烧结普通砖	0.05	350 元/千块	320 元/千块	
5	施工机械费	0.08	100%	110%	
	定值权重 A	0.38	—	—	
	合 计	1	—	—	

【解】(1)本期完成的合同价款应扣除已按现行价格计算的计日工价款和双方确认的索赔金额,即

$$P_0 = 589\,073 - 2\,600 - 2\,879 = 583\,594(元)$$

(2)按公式计算应调整的合同价款差额。

$$\Delta P = 583\,594 \times \left[0.38 + \left(0.15 \times \frac{128}{120} + 0.23 \times \frac{4\,850}{4\,500} + 0.11 \times \frac{445}{420} + 0.05 \times \frac{320}{350} + 0.08 \times \frac{110}{100}\right) - 1\right]$$

$$= 22\,264.57(元)$$

即本期应增加合同价款 22 264.57 元。

若本期合同价款中人工费单独按有关规定进行调整,则应扣除人工费所占变值权重,将其列入定值权重,即

$$\Delta P = 583\,594 \times \left[(0.38 + 0.15) + \left(0.23 \times \frac{4\,850}{4\,500} + 0.11 \times \frac{445}{420} + 0.05 \times \frac{320}{350} + 0.08 \times \frac{110}{100}\right) - 1\right]$$

$$= 16\,428.63(元)$$

即本期应增加合同价款 16 428.63 元。

(2)造价信息调整价格差额。

1)施工期内,因人工、材料和工程设备、施工机械台班价格波动影响合同价格时,人工、机械使用费按照国家或省、自治区、直辖市建设行政管理部门、行业建设管理部门或其授权的工程造价管理机构发布的人工成本信息、机械台班单价或机械使用费系数进行调整;需要进行价格调整的材料,其单价和采购数应由发包人复核,发包人确认需调整的材料单价及数量,作为调整合同价款差额的依据。

2)人工单价发生变化且该变化因省级或行业建设主管部门发布的人工费调整文件所致时,承包双方应按省级或行业建设主管部门或其授权的工程造价管理机构发布的人工成本文件调整合同价款。人工费调整时应以调整文件的时间为界限进行。

3)材料、工程设备价格变化按照发包人提供的《承包人提供主要材料和工程设备一览表(适用于造价信息差额调整法)》,由发、承包双方约定的风险范围按下列规定调整合同价款:

①承包人投标报价中材料单价低于基准单价:施工期间材料单价涨幅以基准单价为基础超过合同约定的风险幅度值,或材料单价跌幅以投标报价为基础超过合同约定的风险幅度值时,其超过部分按实调整。

②承包人投标报价中材料单价高于基准单价:施工期间材料单价跌幅以基准单价为基础超过合同约定的风险幅度值,或材料单价涨幅以投标报价为基础超过合同约定的风险幅度值时,其超过部分按实调整。

③承包人投标报价中材料单价等于基准单价:施工期间材料单价涨、跌幅以基准单价为基础超过合同约定的风险幅度值时,其超过部分按实调整。

④承包人应在采购材料前将采购数量和新的材料单价报送发包人核对,确认用于本合同工程时,发包人应确认采购材料的数量和单价。发包人在收到承包人报送的确认资料后3个工作日不予答复的视为已经认可,作为调整合同价款的依据。如果承包人未报经发包人核对即自行采购材料,再报发包人确认调整合同价款的,如发包人不同意,则不作调整。

4)施工机械台班单价或施工机械使用费发生变化超过省级或行业建设主管部门或其授权的工程造价管理机构规定的范围时,按其规定调整合同价款。

【例7-6】 某工程项目合同中约定工程中所用钢材由承包人提供,所需品种见表7-4。在施工期间,采购的各品种钢材的单价分别为 Φ6:4 800 元/t,Φ16:4 750 元/t,Φ22:4 900 元/t。试对合同约定的钢材单价进行调整。

表7-4 承包人提供主要材料和工程设备一览表
(适用于造价信息差额调整法)

工程名称:某工程　　　　　　　　标段:　　　　　　　　第1页 共1页

序号	名称、规格、型号	单位	数量	风险系数/%	基准单价/元	投标单价/元	发承包人确认单价/元	备注
1	钢筋 Φ6	t	15	≤5	4 400	4 500	4 575	
2	钢筋 Φ16	t	38	≤5	4 600	4 550	4 550	
3	钢筋 Φ22	t	26	≤5	4 700	4 700	4 700	
4								
5								
6								

【解】 (1)钢筋 Φ6:投标单价高于基准单价,现采购单价为 4 800 元/t,则以投标单价为基准的钢材涨幅为

$$(4\ 800-4\ 500)\div 4\ 500=6.67\%$$

由于涨幅已超过约定的风险系数,故应对单价进行调整:
$$4\ 500+4\ 500\times(6.67\%-5\%)=4\ 575(元)$$

(2)钢筋Φ16:投标单价低于基准单价,现采购单价为4 750元/t,则以基准单价为基准的钢材涨幅为
$$(4\ 750-4\ 600)\div 4\ 600=3.26\%$$

由于涨幅未超过约定的风险系数,故不应对单价进行调整。

(3)钢筋Φ22:投标单价等于基准单价,现采购单价为4 900元/t,则以基准单价为基准的钢材涨幅为
$$(4\ 900-4\ 700)\div 4\ 700=4.26\%$$

由于涨幅超过约定的风险系数,故不应对单价进行调整。

2. 物价变化合同价款调整要求

(1)合同履行期间,因人工、材料、工程设备、机械台班价格波动影响合同价款时,应根据合同约定,按上述"1."中介绍的方法之一调整合同价款。

(2)承包人采购材料和工程设备的,应在合同中约定主要材料、工程设备价格变化的范围或幅度;当没有约定且材料、工程设备单价变化超过5%时,超过部分的价格应按照上述"1."中介绍的方法计算调整材料、工程设备费。

(3)发生合同工程工期延误的,应按照下列规定确定合同履行期的价格调整:

1)因非承包人原因导致工期延误的,计划进度日期后续工程的价格,应采用计划进度日期与实际进度日期两者的较高者。

2)因承包人原因导致工期延误的,计划进度日期后续工程的价格,应采用计划进度日期与实际进度日期两者的较低者。

(4)发包人供应材料和工程设备的,不适用上述第(1)和第(2)条规定,应由发包人按照实际变化调整,列入合同工程的工程造价内。

(九)暂估价

(1)按照《工程建设项目货物招标投标办法》(国家发改委、建设部等七部委27号令)第五条规定:"以暂估价形式包括在总承包范围内的货物达到国家规定规模标准的,应当由总承包中标人和工程建设项目招标人共同依法组织招标"。若发包人在招标工程量清单中给定暂估价的材料、工程设备属于依法必须招标的,应由发、承包双方以招标的方式选择供应商,确定价格,并应以此为依据取代暂估价,调整合同价款。

所谓共同招标,不能简单理解为发、承包双方共同作为招标人,最后共同与招标人签订合同。恰当的做法应当是仍由总承包中标人作为招标人,采购合同应当由总承包人签订。建设项目招标人参与的所谓共同招标可以通过恰当的途径体现建设项目招标人对这类招标组织的参与、决策和控制。建设项目招标人约束总承包人的最佳途径就是通过合同约定相关的程序。建设项目招标人的参与主要体现在对相关项目招标文件、评标标准和方法等能够体现招标目的和招标要求的文件进行审批,未经审批不得发出招标文件;评标时建设项目招标人也可以派代表进入评标委员会参与评标;否则,中标结果对建设项目招标人没有约束力;并且,建设项目招标人有权拒绝对相应项目拨付工程款,对相关工程拒绝验收。

(2)发包人在招标工程量清单中给定暂估价的材料、工程设备不属于依法必须招标的，应由承包人按照合同约定采购，经发包人确认单价后取代暂估价，调整合同价款。暂估材料或工程设备的单价确定后，在综合单价中只应取代暂估单价，不应再在综合单价中涉及企业管理费或利润等其他费用的变动。

(3)发包人在工程量清单中给定暂估价的专业工程不属于依法必须招标的，应按照前述"(三)工程变更"中的相关规定确定专业工程价款，并应以此为依据取代专业工程暂估价，调整合同价款。

(4)发包人在招标工程量清单中给定暂估价的专业工程，依法必须招标的，应当由发、承包双方依法组织招标选择专业分包人，并接受有管辖权的建设工程招标投标管理机构的监督，还应符合下列要求：

1)除合同另有约定外，承包人不参加投标的专业工程发包招标，应由承包人作为招标人，但拟定的招标文件、评标工作、评标结果应报送发包人批准。与组织招标工作有关的费用，应当被认为已经包括在承包人的签约合同价(投标总报价)中。

2)承包人参加投标的专业工程发包招标，应由发包人作为招标人，与组织招标工作有关的费用应由发包人承担。同等条件下，应优先选择承包人中标。

3)应以专业工程发包中标价为依据取代专业工程暂估价，调整合同价款。

(十)不可抗力

(1)因不可抗力事件导致的人员伤亡、财产损失及其费用增加，发承包双方应按下列原则分别承担并调整合同价款和工期：

1)合同工程本身的损害、因工程损害导致第三方人员伤亡和财产损失以及运至施工场地用于施工的材料和待安装的设备的损害，应由发包人承担；

2)发包人、承包人人员伤亡应由其所在单位负责，并应承担相应费用；

3)承包人的施工机械设备损坏及停工损失，应由承包人承担；

4)停工期间，承包人应发包人要求留在施工场地的必要的管理人员及保卫人员的费用应由发包人承担；

5)工程所需清理、修复费用，应由发包人承担。

(2)不可抗力解除后复工的，若不能按期竣工，应合理延长工期。发包人要求赶工的，赶工费用应由发包人承担。

(十一)提前竣工(赶工补偿)

《建设工程质量管理条例》第十条规定："建设工程发包单位不得迫使承包方以低于成本的价格竞标，不得任意压缩合理工期"。因此，为了保证工程质量，承包人除了根据标准、规范、施工图纸进行施工外，还应当按照科学、合理的施工组织设计，按部就班地进行施工作业。

(1)招标人应依据相关工程的工期定额合理计算工期，压缩的工期天数不得超过定额工期的 20%；超过者，应在招标文件中明示增加赶工费用。赶工费用主要包括：

1)人工费的增加，如新增加投入人工的报酬、不经济使用人工的补贴等；

2)材料费的增加，如可能造成不经济使用材料而损耗过大、材料运输费的增加等；

3)机械费的增加，例如可能增加机械设备投入、不经济的使用机械等。

(2)发包人要求合同工程提前竣工的,应征得承包人同意后与承包人商定采取加快工程进度的措施,并应修订合同工程进度计划。发包人应承担承包人由此增加的提前竣工(赶工补偿)费用,除合同另有约定外,提前竣工补偿的金额可为合同价款的5%。

(3)发、承包双方应在合同中约定提前竣工每日历天应补偿额度,此项费用应作为增加合同价款列入竣工结算文件中,应与结算款一并支付。

(十二)误期赔偿

(1)如果承包人未按照合同约定施工,导致实际进度迟于计划进度的,承包人应加快进度,实现合同工期。即使承包人采取了赶工措施,赶工费用仍应由承包人承担。如合同工程仍然误期,承包人应赔偿发包人由此造成的损失,并按照合同约定向发包人支付误期赔偿费,除合同另有约定外,误期赔偿可为合同价款的5%。即使承包人支付误期赔偿费,也不能免除承包人按照合同约定应承担的任何责任和应履行的任何义务。

(2)发、承包双方应在合同中约定误期赔偿费,并应明确每日历天应赔额度。误期赔偿费应列入竣工结算文件中,并应在结算款中扣除。

(3)在工程竣工之前,合同工程内的某单项(位)工程已通过了竣工验收,且该单项(位)工程接收证书中表明的竣工日期并未延误,而是合同工程的其他部分产生了工期延误时,误期赔偿费应按照已颁发工程接收证书的单项(位)工程造价占合同价款的比例幅度予以扣减。

(十三)索赔

索赔是合同双方依据合同约定维护自身合法利益的行为,它的性质属于经济补偿行为,而非惩罚。

1. 索赔的条件

当合同一方向另一方提出索赔时,应有正当的索赔理由和有效证据,并应符合合同的相关约定。建设工程施工中的索赔是发、承包双方行使正当权利的行为,承包人可向发包人索赔,发包人也可向承包人索赔。任何索赔事件的确立,其前提条件是必须有正当的索赔理由。对正当索赔理由的说明必须具有证据,因为进行索赔主要是靠证据说话。没有证据或证据不足,索赔是难以成功的。

2. 索赔的证据

(1)索赔证据的要求。一般来说,有效的索赔证据都具有以下几个特征:

1)及时性:既然干扰事件已发生,又意识到需要索赔,就应在有效时间内提出索赔意向。在规定的时间内报告事件的发展影响情况,在规定时间内提交索赔的详细额外费用计算账单,对发包人或工程师提出的疑问及时补充有关材料。如果拖延太久,将增加索赔工作的难度。

2)真实性:索赔证据必须是在实际过程中产生,完全反映实际情况,能经得住对方的推敲。由于在工程过程中合同双方都在进行合同管理,收集工程资料,所以,双方应有相同的证据。使用不实的、虚假证据是违反商业道德甚至法律的。

3)全面性:所提供的证据应能说明事件的全过程。索赔报告中所涉及的干扰事件、索赔理由、索赔值等都应有相应的证据,不能凌乱和支离破碎,否则发包人将退回索赔报告,要求重新补充证据。这会拖延索赔的解决,损害承包商在索赔中的有利地位。

4)关联性：索赔的证据应当能互相说明，相互具有关联性，不能互相矛盾。

5)法律证明效力：索赔证据必须有法律证明效力，特别对准备递交仲裁的索赔报告更要注意这一点。

①证据必须是当时的书面文件，一切口头承诺、口头协议不算。

②合同变更协议必须由双方签署，或以会谈纪要的形式确定且为决定性决议。一切商讨性、意向性的意见或建议都不算。

③工程中的重大事件、特殊情况的记录、统计，应由工程师签署认可。

(2)索赔证据的种类。

1)招标文件、工程合同、发包人认可的施工组织设计、工程图纸、技术规范等。

2)工程各项有关的设计交底记录、变更图纸、变更施工指令等。

3)工程各项经发包人或合同中约定的发包人现场代表或监理工程师签认的签证。

4)工程各项往来信件、指令、信函、通知、答复等。

5)工程各项会议纪要。

6)施工计划及现场实施情况记录。

7)施工日报及工长工作日志、备忘录。

8)工程送电、送水、道路开通、封闭的日期及数量记录。

9)工程停电、停水和干扰事件影响的日期及恢复施工的日期记录。

10)工程预付款、进度款拨付的数额及日期记录。

11)工程图纸、图纸变更、交底记录的送达份数及日期记录。

12)工程有关施工部位的照片及录像等。

13)工程现场气候记录，如有关天气的温度、风力、雨雪等。

14)工程验收报告及各项技术鉴定报告等。

15)工程材料采购、订货、运输、进场、验收、使用等方面的凭据。

16)国家和省级或行业建设主管部门有关影响工程造价、工期的文件、规定等。

(3)索赔时效的功能。索赔时效是指合同履行过程中，索赔方在索赔事件发生后的约定期限内不行使索赔权即视为放弃索赔权利，其索赔权归于消灭的制度。一方面，索赔时效届满，即视为承包人放弃索赔权利，发包人可以此作为证据的代用，避免举证的困难；另一方面，只有促使承包人及时提出索赔要求，才能警示发包人充分履行合同义务，避免类似索赔事件的再次发生。

3. 承包人的索赔

(1)若承包人认为非承包人原因发生的事件造成了承包人的损失，承包人应在确认该事件发生后，持证明索赔事件发生的有效证据和依据正当的索赔理由，按合同约定的时间向发包人发出索赔通知。发包人应按合同约定的时间对承包人提出的索赔进行答复和确认。若发包人在收到最终索赔报告后并在合同约定时间内，未向承包人作出答复，则视为该项索赔已经认可。这种索赔方式称为单项索赔，即在每一件索赔事项发生后，递交索赔通知书，编报索赔报告书，要求单项解决支付，不与其他的索赔事项混在一起。单项索赔是施工索赔通常采用的方式。它避免了多项索赔的相互影响制约，所以解决起来比较容易。

当施工过程中受到非常严重的干扰，以致承包人的全部施工活动与原来的计划不大相同，原合同规定的工作与变更后的工作相互混淆，承包人无法为索赔保持准确而详细的成本记录资料，无法采用单项索赔的方式，而只能采用综合索赔。综合索赔俗称一揽子索赔。

即对整个工程(或某项工程)中所发生的数起索赔事项,综合在一起进行索赔。采取这种方式进行索赔,是在特定的情况下被迫采用的一种索赔方法。

采取综合索赔时,承包人必须提出以下证明:承包商的投标报价是合理的;实际发生的总成本是合理的;承包商对成本增加没有任何责任;不可能采用其他方法准确地计算出实际发生的损失数额。

据合同约定,承包人应按下列程序向发包人提出索赔:

1)承包人应在知道或应当知道索赔事件发生后 28 天内,向发包人提交索赔意向通知书,说明发生索赔事件的事由。承包人逾期未发出索赔意向通知书的,丧失索赔的权利。

2)承包人应在发出索赔意向通知书后 28 天内,向发包人正式提交索赔通知书。索赔通知书应详细说明索赔理由和要求,并应附必要的记录和证明材料。

3)索赔事件具有连续影响的,承包人应继续提交延续索赔通知,说明连续影响的实际情况和记录。

4)在索赔事件影响结束后的 28 天内,承包人应向发包人提交最终索赔通知书,说明最终索赔要求,并应附必要的记录和证明材料。

(2)承包人索赔应按下列程序处理:

1)发包人收到承包人的索赔通知书后,应及时查验承包人的记录和证明材料。

2)发包人应在收到索赔通知书或有关索赔的进一步证明材料后的 28 天内,将索赔处理结果答复承包人。如果发包人逾期未作出答复,则视为承包人索赔要求已被发包人认可。

3)承包人接受索赔处理结果的,索赔款项应作为增加合同价款,在当期进度款中进行支付;承包人不接受索赔处理结果的,应按合同约定的争议解决方式办理。

(3)承包人要求赔偿时,可以选择下列一项或几项方式获得赔偿:

1)延长工期;

2)要求发包人支付实际发生的额外费用;

3)要求发包人支付合理的预期利润;

4)要求发包人按合同的约定支付违约金。

(4)索赔事件发生后,在造成费用损失时,往往会造成工期的变动。当索赔事件造成的费用损失与工期相关联时,承包人应根据发生的索赔事件向发包人提出费用索赔要求的同时,提出工期延长的要求。发包人在批准承包人的索赔报告时,应将索赔事件造成的费用损失和工期延长联系起来,综合做出批准费用索赔和工期延长的决定。

(5)发、承包双方在按合同约定办理了竣工结算后,应被认为承包人已无权再提出竣工结算前所发生的任何索赔。承包人在提交的最终结清申请中,只限于提出竣工结算后的索赔,提出索赔的期限应自发、承包双方最终结清时终止。

4. 发包人的索赔

(1)根据合同约定,发包人认为由于承包人的原因造成发包人的损失,宜按承包人索赔的程序进行索赔。当合同中未就发包人的索赔事项作具体约定,按以下规定处理:

1)发包人应在确认引起索赔的事件发生后 28 天内向承包人发出索赔通知;否则,承包人免除该索赔的全部责任。

2)承包人在收到发包人索赔报告后的 28 天内,应作出回应,表示同意或不同意并附具体意见。如在收到索赔报告后的 28 天内,未向发包人作出答复,则视为该项索赔报告已经认可。

(2)发包人要求赔偿时,可以选择下列一项或几项方式获得赔偿:
1)延长质量缺陷修复期限;
2)要求承包人支付实际发生的额外费用;
3)要求承包人按合同的约定支付违约金。

(3)承包人应付给发包人的索赔金额可从拟支付给承包人的合同价款中扣除,或由承包人以其他方式支付给发包人。

(十四)现场签证

由于施工生产的特殊性,施工过程中往往会出现一些与合同工程或合同约定不一致或未约定的事项,这时就需要发承包双方用书面形式记录下来,这就是现场签证。签证有多种情形,一是发包人的口头指令,需要承包人将其提出,由发包人转换成书面签证;二是发包人的书面通知,如涉及工程实施,需要承包人就完成此通知需要的人工、材料、机械设备等内容向发包人提出,取得发包人的签证确认;三是合同工程招标工程量清单中已有,但施工中发现与其不符,比如土方类别、出现流砂等,需承包人及时向发包人提出签证确认,以便调整合同价款;四是由于发包人原因未按合同约定提供场地、材料、设备或停水、停电等造成承包人停工,需承包人及时向发包人提出签证确认,以便计算索赔费用;五是合同中约定材料、设备等价格,由于市场发生变化,需承包人向发包人提出采纳数量及其单价,以便发包人核对后取得发包人的签证确认;六是其他由于施工条件、合同条件变化需现场签证的事项等。

(1)承包人应发包人要求完成合同以外的零星项目、非承包人责任事件等工作的,发包人应及时以书面形式向承包人发出指令,并应提供所需的相关资料;承包人在收到指令后,应及时向发包人提出现场签证要求。

(2)承包人应在收到发包人指令后的7天内向发包人提交现场签证报告,发包人应在收到现场签证报告后的48小时内对报告内容进行核实,予以确认或提出修改意见。发包人在收到承包人现场签证报告后的48小时内未确认也未提出修改意见的,应视为承包人提交的现场签证报告已被发包人认可。

(3)现场签证的工作如已有相应的计日工单价,现场签证中应列明完成该类项目所需的人工、材料、工程设备和施工机械台班的数量。

如现场签证的工作没有相应的计日工单价,应在现场签证报告中列明完成该签证工作所需的人工、材料设备和施工机械台班的数量及单价。

(4)合同工程发生现场签证事项,未经发包人签证确认,承包人便擅自施工的,除非征得发包人书面同意,否则发生的费用应由承包人承担。

(5)按照财政部、建设部印发的《建设工程价款结算办法》(财建〔2004〕369号)等十五条的规定:"发包人和承包人要加强施工现场的造价控制,及时对工程合同外的事项如实记录并履行书面手续。凡由发、承包双方授权的现场代表签字的现场签证以及发、承包双方协商确定的索赔等费用,应在工程竣工结算中如实办理,不得因发、承包双方现场代表的中途变更改变其有效性。""13计价规范"中规定:"现场签证工作完成后的7天内,承包人应按照现场签证内容计算价款,报送发包人确认后,作为增加合同价款,与进度款同期支付。"此举可避免发包方变相拖延工程款以及发包人以现场代表变更而不承认某些索赔或签证的事件发生。

(6)在施工过程中,当发现合同工程内容因场地条件、地质水文、发包人要求等不一致时,承包人应提供所需的相关资料,并提交发包人签证认可,作为合同价款调整的依据。

(十五)暂列金额

(1)已签约合同价中的暂列金额应由发包人掌握使用。

(2)暂列金额虽然列入合同价款,但并不属于承包人所有,也并不必然发生。只有按照合同约定实际发生后,才能成为承包人的应得金额,纳入工程合同结算价款中。发包人按照前述相关规定与要求进行支付后,暂列金额余额仍归发包人所有。

四、合同价款期中支付

(一)预付款

(1)预付款是指发包人为解决承包人在施工准备阶段资金周转问题提供的协助。预付款用于承包人为合同工程施工购置材料、工程设备,购置或租赁施工设备以及组织施工人员进场。预付款应专用于合同工程。

(2)按照财政部、原建设部印发的《建设工程价款结算暂行办法》的相关规定,"13计价规范"中对预付款的支付比例进行了约定:包工包料工程的预付款的支付比例不得低于签约合同价(扣除暂列金额)的10%,不宜高于签约合同价(扣除暂列金额)的30%。预付款的总金额、分期拨付次数、每次付款金额、付款时间等应根据工程规模、工期长短等具体情况,在合同中约定。

(3)承包人应在签订合同或向发包人提供与预付款等额的预付款保函(如有)后向发包人提交预付款支付申请。

(4)发包人应在收到支付申请的7天内进行核实,向承包人发出预付款支付证书,并在签发支付证书后的7天内向承包人支付预付款。

(5)发包人没有按合同约定按时支付预付款的,承包人可催告发包人支付;发包人在预付款期满后的7天内仍未支付的,承包人可在付款期满后的第8天起暂停施工。发包人应承担由此增加的费用和延误的工期,并应向承包人支付合理利润。

(6)当承包人取得相应的合同价款时,预付款应从每一个支付期应支付给承包人的工程进度款中扣回,直到扣回的金额达到合同约定的预付款金额为止。通常约定承包人完成签约合同价款的比例在20%~30%时,开始从进度款中按一定比例扣还。

(7)承包人的预付款保函(如有)的担保金额根据预付款扣回的数额相应递减,但在预付款全部扣回之前一直保持有效。发包人应在预付款扣完后的14天内将预付款保函退还给承包人。

(二)安全文明施工费

(1)财政部、国家安全生产监督管理总局印发的《企业安全生产费用提取和使用管理办法》(财企〔2012〕16号)第十九条规定:"建设工程施工企业安全费用应当按照以下范围使用:
1)完善、改造和维护安全防护设施设备支出(不含'三同时'要求初期投入的安全设施),包括施工现场临时用电系统、洞口、临边、机械设备、高处作业防护、交叉作业防护、防火、防爆、防尘、防毒、防雷、防台风、防地质灾害、地下工程有害气体监测、通风、临时安全防护等设施设备支出；

2）配备、维护、保养应急救援器材、设备支出和应急演练支出；

3）开展重大危险源和事故隐患评估、监控和整改支出；

4）安全生产检查、评价（不包括新建、改建、扩建项目安全评价）、咨询和标准化建设支出；

5）配备和更新现场作业人员安全防护用品支出；

6）安全生产宣传、教育、培训支出；

7）安全生产适用的新技术、新标准、新工艺、新装备的推广应用支出；

8）安全设施及特种设备检测检验支出；

9）其他与安全生产直接相关的支出。"

由于工程建设项目因专业及施工阶段的不同，对安全文明施工措施的要求也不一致，因此，"13 工程计量规范"针对不同的专业工程特点，规定了安全文明施工的内容和包含的范围。在实际执行过程中，安全文明施工费包括的内容及使用范围，既应符合国家现行有关文件的规定，也应符合"13 工程计量规范"中的规定。

（2）发包人应在工程开工后的 28 天内预付不低于当年施工进度计划的安全文明施工费总额的 60%，其余部分应按照提前安排的原则进行分解并应与进度款同期支付。

（3）发包人没有按时支付安全文明施工费的，承包人可催告发包人支付；发包人在付款期满后的 7 天内仍未支付的，若发生安全事故，发包人应承担相应责任。

（4）承包人对安全文明施工费应专款专用，在财务账目中应单独列项备查，不得挪作他用，否则发包人有权要求其限期改正；逾期未改正的，造成的损失和延误的工期应由承包人承担。

（三）进度款

（1）发、承包双方应按照合同约定的时间、程序和方法，根据工程计量结果，办理期中价款结算，支付进度款。

（2）发包人支付工程进度款，其支付周期应与合同约定的工程计量周期一致。工程量的正确计量是发包人向承包人支付工程进度款的前提和依据。计量和付款周期可采用分段或按月结算的方式。

1）按月结算与支付。即实行按月支付进度款，竣工后结算的办法。合同工期在两个年度以上的工程，在年终进行工程盘点，办理年度结算。

2）分段结算与支付。即当年开工、当年不能竣工的工程按照工程形象进度，划分不同阶段，支付工程进度款。

当采用分段结算方式时，应在合同中约定具体的工程分段划分，付款周期应与计量周期一致。

（3）已标价工程量清单中的单价项目，承包人应按工程计量确认的工程量与综合单价计算；综合单价发生调整的，以发、承包双方确认调整的综合单价计算进度款。

（4）已标价工程量清单中的总价项目和采用经审定批准的施工图纸及其预算方式发包形成的总价合同，应由承包人根据施工进度计划和总价构成、费用性质、计划发生时间和相应的工程量等因素按计量周期进行分解，分别列入进度款支付申请中的安全文明施工费和本周期应支付的总价项目的金额中，并形成进度款支付分解表。进度款支付分解表应在投标时提交，非招标工程在合同洽商时提交。在施工过程中，由于进度计划的调整，发、承包双方应对支付分解表进行调整。

1)已标价工程量清单中的总价项目进度款支付分解方法可选择以下之一(但不限于)：

①将各个总价项目的总金额按合同约定的计量周期平均支付；

②按照各个总价项目的总金额占签约合同价的百分比，以及各个计量支付周期内所完成的单价项目的总金额，以百分比方式均摊支付；

③按照各个总价项目组成的性质(如时间、与单价项目的关联性等)分解到形象进度计划或计量周期中，与单价项目一起支付。

2)采用经审定批准的施工图纸及其预算方式发包形成的总价合同，除由于工程变更形成的工程量增减予以调整外，其工程量不予调整。因此，总价合同的进度款支付应按照计量周期进行支付分解，以便进度款有序支付。

(5)发包人提供的甲供材料金额，应按照发包人签约提供的单价和数量从进度款支付中扣除，列入本周期应扣减的金额中。

(6)承包人现场签证和得到发包人确认的索赔金额应列入本周期应增加的金额中。

(7)进度款的支付比例按照合同约定，按期中结算价款总额计，不低于60%，不高于90%。

(8)承包人应在每个计量周期到期后的7天内向发包人提交已完工程进度款支付申请一式四份，详细说明此周期认为有权得到的款额，包括分包人已完工程的价款。支付申请应包括下列内容：

1)累计已完成的合同价款。

2)累计已实际支付的合同价款。

3)本周期合计完成的合同价款。

①本周期已完成单价项目的金额；

②本周期应支付的总价项目的金额；

③本周期已完成的计日工价款；

④本周期应支付的安全文明施工费；

⑤本周期应增加的金额；

4)本周期合计应扣减的金额。

①本周期应扣回的预付款；

②本周期应扣减的金额；

5)本周期实际应支付的合同价款。

上述"本周期应增加的金额"中包括除单价项目、总价项目、计日工、安全文明施工费外的全部应增金额，如索赔、现场签证金额，"本周期应扣减的金额"包括除预付款外的全部应减金额。

由于进度款的支付比例最高不超过90%，而且根据建设部、财政部印发的《建设工程质量保证金管理暂行办法》第七条规定："全部或者部分使用政府投资的建设项目，按工程价款结算总额5%左右的比例预留保证金"，因此，"13计价规范"未在进度款支付中要求扣减质量保证金，而是在竣工结算价款中预留保证金。

(9)发包人应在收到承包人进度款支付申请后的14天内，根据计量结果和合同约定对申请内容予以核实，确认后向承包人出具进度款支付证书。若发、承包双方对部分清单项目的计量结果出现争议，发包人应对无争议部分的工程计量结果向承包人出具进度款支付证书。

(10)发包人应在签发进度款支付证书后的14天内，按照支付证书列明的金额向承包人支付进度款。

(11)若发包人逾期未签发进度款支付证书，则视为承包人提交的进度款支付申请已被发包人认可，承包人可向发包人发出催告付款的通知。发包人应在收到通知后的14天内，按照承包人支付申请的金额向承包人支付进度款。

(12)发包人未按照规定支付进度款的，承包人可催告发包人支付，并有权获得延迟支付的利息；发包人在付款期满后的7天内仍未支付的，承包人可在付款期满后的第8天起暂停施工。发包人应承担由此增加的费用和延误的工期，向承包人支付合理利润，并应承担违约责任。

(13)发现已签发的任何支付证书有错、漏或重复的数额，发包人有权予以修正，承包人也有权提出修正申请。经发、承包双方复核同意修正的，应在本次到期的进度款中支付或扣除。

五、竣工结算与支付

(一)一般规定

(1)工程完工后，发承包双方必须在合同约定时间内办理工程竣工结算。合同中没有约定或约定不清的，按"13计价规范"中有关规定处理。

(2)工程竣工结算应由承包人或受其委托具有相应资质的工程造价咨询人编制，并应由发包人或受其委托具有相应资质的工程造价咨询人核对。实行总承包的工程，由总承包人对竣工结算的编制负总责。

(3)当发承包双方或一方对工程造价咨询人出具的竣工结算文件有异议时，可向工程造价管理机构投诉，申请对其进行执业质量鉴定。

(4)工程造价管理机构对投诉的竣工结算文件进行质量鉴定，宜按相关规定进行。

(5)根据《中华人民共和国建筑法》第六十一条规定："交付竣工验收的建筑工程，必须符合规定的建筑工程质量标准，有完整的工程技术经济资料和经签署的工程保修书，并具备国家规定的其他竣工条件"，由于竣工结算是反映工程造价计价规定执行情况的最终文件，竣工结算办理完毕，发包人应将竣工结算文件报送工程所在地或有该工程管辖权的行业管理部门的工程造价管理机构备案。竣工结算文件应作为工程竣工验收备案、交付使用的必备文件。

(二)编制与复核

(1)工程竣工结算应根据下列依据编制和复核：
1)"13计价规范"；
2)工程合同；
3)发、承包双方在实施过程中已确认的工程量及其结算的合同价款；
4)发、承包双方在实施过程中已确认调整后追加(减)的合同价款；
5)建设工程设计文件及相关资料；

6）投标文件；
7）其他依据。

（2）分部分项工程和措施项目中的单价项目应依据发、承包双方确认的工程量与已标价工程量清单的综合单价计算；发生调整的，应以发、承包双方确认调整的综合单价计算。

（3）措施项目中的总价项目应依据已标价工程量清单的项目和金额计算；发生调整的，应以发、承包双方确认调整的金额计算，其中安全文明施工费应按照国家或省级、行业建设主管部门的规定计算。施工过程中，国家或省级、行业建设主管部门对安全文明施工费进行了调整的，措施项目费中和安全文明施工费应作相应调整。

（4）办理竣工结算时，其他项目费的计算应按以下要求进行计价：

1）计日工的费用应按发包人实际签证确认的数量和合同约定的相应项目综合单价计算。

2）当暂估价中的材料、工程设备是招标采购的，其单价按中标价在综合单价中调整。当暂估价中的材料、设备为非招标采购的，其单价按发、承包双方最终确认的单价在综合单价中调整。当暂估价中的专业工程是招标发包的，其专业工程费按中标价计算。当暂估价中的专业工程为非招标发包的，其专业工程费按发、承包双方与分包人最终确认的金额计算。

3）总承包服务费应依据已标价工程量清单金额计算，发、承包双方依据合同约定对总承包服务进行了调整，应按调整后的金额计算。

4）索赔事件产生的费用在办理竣工结算时应在其他项目费中反映。索赔费用的金额应依据发、承包双方确认的索赔事项和金额计算。

5）现场签证发生的费用在办理竣工结算时应在其他项目费中反映。现场签证费用金额依据发、承包双方签证资料确认的金额计算。

6）合同价款中的暂列金额在用于各项价款调整、索赔与现场签证后，若有余额，则余额归发包人；若出现差额，则由发包人补足并反映在相应的工程价款中。

（5）规费和税金应按国家或省级、行业建设主管部门对规费和税金的计取标准计算。规费中的工程排污费应按工程所在地环境保护部门规定的标准缴纳后按实列入。

（6）由于竣工结算与合同工程实施过程中的工程计量及其价款结算、进度款支付、合同价款调整等具有内在联系，因此，发、承包双方在合同工程实施过程中已经确认的工程计量结果和合同价款，在竣工结算办理中应直接进入结算，从而简化结算流程。

（三）竣工结算

竣工结算的编制与核对是工程造价计价中发、承包双方应共同完成的重要工作。按照交易的一般原则，任何交易结束，都应做到钱、货两清，工程建设也不例外。工程施工的发、承包活动作为期货交易行为，当工程竣工验收合格后，承包人将工程移交给发包人时，发、承包双方应将工程价款结算清楚，即竣工结算办理完毕。

（1）合同工程完工后，承包人应在经发、承包双方确认的合同工程期中价款结算的基础上汇总编制完成竣工结算文件，应在提交竣工验收申请的同时向发包人提交竣工结算文件。

承包人未在合同约定的时间内提交竣工结算文件，经发包人催告后14天内仍未提交或没有明确答复的，发包人有权根据已有资料编制竣工结算文件，作为办理竣工结算和支付结算款的依据，承包人应予以认可。

因承包人无正当理由在约定时间内未递交竣工结算书，造成工程结算价款延期支付的，责任由承包人承担。

（2）发包人应在收到承包人提交的竣工结算文件后的28天内核对。发包人经核实，认为承包人还应进一步补充资料和修改结算文件，应在上述时限内向承包人提出核实意见，承包人在收到核实意见后的28天内应按照发包人提出的合理要求补充资料，修改竣工结算文件，并应再次提交给发包人复核后批准。

（3）发包人应在收到承包人再次提交的竣工结算文件后的28天内予以复核，将复核结果通知承包人，并应遵守下列规定：

1）发包人、承包人对复核结果无异议的，应在7天内在竣工结算文件上签字确认，竣工结算办理完毕；

2）发包人或承包人对复核结果认为有误的，无异议部分按照本条第1）款规定办理不完全竣工结算；有异议部分由发、承包双方协商解决；协商不成的，应按照合同约定的争议解决方式处理。

（4）《最高人民法院关于审理建设工程施工合同纠纷案件适用法律问题的解释》（法释〔2004〕14号）第二十条规定："当事人约定，发包人收到竣工结算文件后，在约定期限内不予答复，视为认可竣工结算文件的，按照约定处理。承包人请求按照竣工结算文件结算工程价款的，应予支持"。根据这一规定，要求发、承包双方不仅应在合同中约定竣工结算的核对时间，并应约定发包人在约定时间内对竣工结算不予答复，视为认可承包人递交的竣工结算。"13计价规范"对发包人未在竣工结算中履行核对责任的后果进行了规定，即：发包人在收到承包人竣工结算文件后的28天内，不核对竣工结算或未提出核对意见的，应视为承包人提交的竣工结算文件已被发包人认可，竣工结算办理完毕。

（5）承包人在收到发包人提出的核实意见后的28天内，不确认也未提出异议的，应视为发包人提出的核实意见已被承包人认可，竣工结算办理完毕。

（6）发包人委托工程造价咨询人核对竣工结算的，工程造价咨询人应在28天内核对完毕，核对结论与承包人竣工结算文件不一致的，应提交给承包人复核；承包人应在14天内将同意核对结论或不同意见的说明提交工程造价咨询人。工程造价咨询人收到承包人提出的异议后，应再次复核。复核无异议的，应在7天内在竣工结算文件上签字确认，竣工结算办理完毕；复核后仍有异议的，对于无异议部分按照规定办理不完全竣工结算；有异议部分由发、承包双方协商解决；协商不成的，应按照合同约定的争议解决方式处理。

承包人逾期未提出书面异议的，应视为工程造价咨询人核对的竣工结算文件已经承包人认可。

（7）对发包人或发包人委托的工程造价咨询人指派的专业人员与承包人指派的专业人员经核对后无异议并签名确认的竣工结算文件，除非发承包人能提出具体、详细的不同意见，发承包人都应在竣工结算文件上签名确认，如其中一方拒不签认的，按下列规定办理：

1）若发包人拒不签认的，承包人可不提供竣工验收备案资料，并有权拒绝与发包人或其上级部门委托的工程造价咨询人重新核对竣工结算文件。

2）若承包人拒不签认的，发包人要求办理竣工验收备案的，承包人不得拒绝提供竣工验收资料；否则，由此造成的损失，承包人承担相应责任。

（8）合同工程竣工结算核对完成，发、承包双方签字确认后，发包人不得要求承包人与另一个或多个工程造价咨询人重复核对竣工结算。这可以有效地解决工程竣工结算中存在的一审再审、以审代拖、久审不结的现象。

(9)发包人对工程质量有异议,拒绝办理工程竣工结算的,已竣工验收或已竣工未验收但实际投入使用的工程,其质量争议应按该工程保修合同执行,竣工结算应按合同约定办理;已竣工未验收且未实际投入使用的工程以及停工、停建工程的质量争议,双方应就有争议的部分委托有资质的检测鉴定机构进行检测,并应根据检测结果确定解决方案,或按工程质量监督机构的处理决定执行后办理竣工结算,无争议部分的竣工结算应按合同约定办理。

(四)结算款支付

(1)承包人应根据办理的竣工结算文件向发包人提交竣工结算款支付申请。申请应包括下列内容:

1)竣工结算合同价款总额;

2)累计已实际支付的合同价款;

3)应预留的质量保证金;

4)实际应支付的竣工结算款金额。

(2)发包人应在收到承包人提交竣工结算款支付申请后7天内予以核实,向承包人签发竣工结算支付证书。

(3)发包人签发竣工结算支付证书后的14天内,应按照竣工结算支付证书列明的金额向承包人支付结算款。

(4)发包人在收到承包人提交的竣工结算款支付申请后7天内不予核实,不向承包人签发竣工结算支付证书的,视为承包人的竣工结算款支付申请已被发包人认可;发包人应在收到承包人提交的竣工结算款支付申请7天后的14天内,按照承包人提交的竣工结算款支付申请列明的金额向承包人支付结算款。

(5)工程竣工结算办理完毕后,发包人应按合同约定向承包人支付工程价款。发包人按合同约定应向承包人支付而未支付的工程款视为拖欠工程款。根据《最高人民法院关于审理建设工程施工合同纠纷案件适用法律问题的解释》(法释〔2004〕14号)第十七条:"当事人对欠付工程价款利息计付标准有约定的,按照约定处理;没有约定的,按照中国人民银行发布的同期同类贷款利率信息。发包人应向承包人支付拖欠工程款的利息,并承担违约责任。"和《中华人民共和国合同法》第二百八十六条:"发包人未按照合同约定支付价款的,承包人可以催告发包人在合理期限内支付价款。发包人逾期不支付的,除按照建设工程的性质不宜折价、拍卖的以外,承包人可以与发包人协议将该工程折价,也可以申请人民法院将该工程依法拍卖。建设工程的价款就该工程折价或者拍卖的价款优先受偿。"等规定,"13计价规范"中指出:"发包人未按照上述第(3)条和第(4)条规定支付竣工结算款的,承包人可催告发包人支付,并有权获得延迟支付的利息。发包人在竣工结算支付证书签发后或者在收到承包人提交的竣工结算款支付申请7天后的56天内仍未支付的,除法律另有规定外,承包人可与发包人协商将该工程折价,也可直接向人民法院申请将该工程依法拍卖。承包人应就该工程折价或拍卖的价款优先受偿。"

所谓优先受偿,最高人民法院在《关于建设工程价款优先受偿权的批复》(法释〔2002〕16号)中规定如下:

1)人民法院在审理房地产纠纷案件和办理执行案件中,应当依照《中华人民共和国合同法》第二百八十六条的规定,认定建筑工程的承包人的优先受偿权优于抵押权和其他债权。

2)消费者交付购买商品房的全部或者大部分款项后,承包人就该商品房享有的工程价款优先受偿权不得对抗买受人。

3)建筑工程价款包括承包人为建设工程应当支付的工作人员报酬、材料款等实际支出的费用,不包括承包人因发包人违约所造成的损失。

4)建设工程承包人行使优先权的期限为六个月,自建设工程竣工之日或者建设工程合同约定的竣工之日起计算。

(五)质量保证金

(1)发包人应按照合同约定的质量保证金比例从结算款中预留质量保证金。质量保证金用于承包人按照合同约定履行属于自身责任的工程缺陷修复义务的,为发包人有效监督承包人完成缺陷修复提供资金保证。建设部、财政部印发的《建设工程质量保证金管理暂行办法》(建质〔2005〕7号)第七条规定:"全部或者部分使用政府投资的建设项目,按工程价款结算总额5%左右的比例预留保证金。社会投资项目采用预留保证金方式的,预留保证金的比例可参照执行。"

(2)承包人未按照合同约定履行属于自身责任的工程缺陷修复义务的,发包人有权从质量保证金中扣除用于缺陷修复的各项支出。经查验,工程缺陷属于发包人原因造成的,应由发包人承担查验和缺陷修复的费用。

(3)在合同约定的缺陷责任期终止后,发包人应按照规定,将剩余的质量保证金返还给承包人。建设部、财政部印发的《建设工程质量保证金管理暂行办法》(建质〔2005〕7号)第九条规定:"缺陷责任期内,承包人认真履行合同约定的责任,到期后,承包人向发包人申请返还保证金。"

(六)最终结清

(1)缺陷责任期终止后,承包人已完成合同约定的全部承包工作,但合同工程的财务账目需要结清,因此,承包人应按照合同约定向发包人提交最终结清支付申请。发包人对最终结清支付申请有异议的,有权要求承包人进行修正和提供补充资料。承包人修正后,应再次向发包人提交修正后的最终结清支付申请。

(2)发包人应在收到最终结清支付申请后的14天内予以核实,并应向承包人签发最终结清支付证书。

(3)发包人应在签发最终结清支付证书后的14天内,按照最终结清支付证书列明的金额向承包人支付最终结清款。

(4)发包人未在约定的时间内核实,又未提出具体意见的,应视为承包人提交的最终结清支付申请已被发包人认可。

(5)发包人未按期最终结清支付的,承包人可催告发包人支付,并有权获得延迟支付的利息。

(6)最终结清时,承包人被预留的质量保证金不足以抵减发包人工程缺陷修复费用的,承包人应承担不足部分的补偿责任。

(7)承包人对发包人支付的最终结清款有异议的,应按照合同约定的争议解决方式处理。

六、合同解除的价款结算与支付

合同解除是合同非常态的终止,为了限制合同的解除,法律规定了合同解除制度。根据解除权来源划分,可分为协议解除和法定解除。鉴于建设工程施工合同的特性,为了防止社会资源浪费,法律不赋予发承包人享有任意单方解除权,因此,除了协议解除,按照《最高人民法院关于审理建设工程施工合同纠纷案件适用法律问题的解释》第八条、第九条的规定,施工合同的解除分为承包人根本违约的解除和发包人根本违约的解除两种。

(1)发、承包双方协商一致解除合同的,应按照达成的协议办理结算和支付合同价款。

(2)由于不可抗力致使合同无法履行解除合同的,发包人应向承包人支付合同解除之日前已完成工程但尚未支付的合同价款,此外,还应支付下列金额:

1)招标文件中明示应由发包人承担的赶工费用;

2)已实施或部分实施的措施项目应付价款;

3)承包人为合同工程合理订购且已交付的材料和工程设备货款;

4)承包人撤离现场所需的合理费用,包括员工遣送费和临时工程拆除、施工设备运离现场的费用;

5)承包人为完成合同工程而预期开支的任何合理费用,且该项费用未包括在本款其他各项支付之内。

发、承包双方办理结算合同价款时,应扣除合同解除之日前发包人应向承包人收回的价款。当发包人应扣除的金额超过了应支付的金额,承包人应在合同解除后的 86 天内将其差额退还给发包人。

(3)由于承包人违约解除合同的,对于价款结算与支付应按以下规定处理:

1)发包人应暂停向承包人支付任何价款。

2)发包人应在合同解除后 28 天内核实合同解除时承包人已完成的全部合同价款以及按施工进度计划已运至现场的材料和工程设备货款,按合同约定核算承包人应支付的违约金以及造成损失的索赔金额,并将结果通知承包人。发、承包双方应在 28 天内予以确认或提出意见,并办理结算合同价款。如果发包人应扣除的金额超过了应支付的金额,则承包人应在合同解除后的 56 天内将其差额退还给发包人。

3)发、承包双方不能就解除合同后的结算达成一致的,按照合同约定的争议解决方式处理。

(4)由于发包人违约解除合同的,对于价款结算与支付应按以下规定处理:

1)发包人除应按照上述第(2)条的有关规定向承包人支付各项价款外,应按合同约定核算发包人应支付的违约金以及给承包人造成损失或损害的索赔金额费用。该笔费用由承包人提出,发包人核实后与承包人协商确定后的 7 天内向承包人签发支付证书。

2)发、承包双方协商不能达成一致的,按照合同约定的争议解决方式处理。

七、合同价款争议的解决

施工合同履行过程中出现争议是在所难免的,解决合同履行过程中争议的主要方法包括协商、调解、仲裁和诉讼四种。当发、承包双方发生争议后,可以先进行协商和解从而达到消除争议的目的,也可以请第三方进行调解;若争议继续存在,发、承包双方可以继续通过仲裁或诉讼的途径解决。当然,也可以直接进入仲裁或诉讼程序解决争议。无论采用何种方式解决发、承包双方的争议，只有及时并有效地解决施工过程中的合同价款争议，才是工程建设顺利进行的必要保证。

(一)监理或造价工程师暂定

从我国现行施工合同示范文本、监理合同示范文本、造价咨询合同示范文本的内容可以看出，合同中一般均会对总监理工程师或造价工程师在合同履行过程中发、承包双方的争议如何处理有所约定。为使合同争议在施工过程中就能够由总监理工程师或造价工程师予以解决，"13 计价规范"对总监理工程师或造价工程师的合同价款争议处理流程及职责权限进行了如下约定：

(1)若发包人和承包人之间就工程质量、进度、价款支付与扣除、工期延期、索赔、价款调整等发生任何法律上、经济上或技术上的争议，首先应根据已签约合同的规定，提交合同约定职责范围内的总监理工程师或造价工程师解决，并应抄送另一方。总监理工程师或造价工程师在收到此提交件后 14 天内应将暂定结果通知发包人和承包人。发、承包双方对暂定结果认可的，应以书面形式予以确认，使暂定结果成为最终决定。

(2)发、承包双方在收到总监理工程师或造价工程师的暂定结果通知之后的 14 天内未对暂定结果予以确认也未提出不同意见的，应视为发、承包双方已认可该暂定结果。

(3)发、承包双方或一方不同意暂定结果的，应以书面形式向总监理工程师或造价工程师提出，说明自己认为正确的结果，同时抄送另一方，此时该暂定结果成为争议。在暂定结果对发、承包双方当事人履约不产生实质影响的前提下，发、承包双方应实施该结果，直到按照发、承包双方认可的争议解决办法被改变为止。

(二)管理机构的解释和认定

(1)合同价款争议发生后，发、承包双方可就工程计价依据的争议以书面形式提请工程造价管理机构对争议以书面文件进行解释或认定。工程造价管理机构是工程造价计价依据、办法以及相关政策的制定和管理机构。对发包人、承包人或工程造价咨询人在工程计价中，对计价依据、办法以及相关政策规定发生的争议进行解释是工程造价管理机构的职责。

(2)工程造价管理机构应在收到申请的 10 个工作日内就发、承包双方提请的争议问题进行解释或认定。

(3)发、承包双方或一方在收到工程造价管理机构书面解释或认定后仍可按照合同约定的争议解决方式提请仲裁或诉讼。除工程造价管理机构的上级管理部门作出了不同的解释或认定，或在仲裁裁决或法院判决中不予采信的外，工程造价管理机构作出的书面解释或认定应为最终结果，并应对发、承包双方均有约束力。

(三)协商和解

(1)合同价款争议发生后，发、承包双方任何时候都可以进行协商。协商达成一致的，双方应签订书面和解协议，并明确和解协议对发、承包双方均有约束力。

(2)如果协商不能达成一致协议，发包人或承包人都可以按合同约定的其他方式解决争议。

(四)调解

按照《中华人民共和国合同法》的规定,当事人可以通过调解解决合同争议,但在工程建设领域,目前的调解主要出现在仲裁或诉讼中,即所谓司法调解;有的通过住房城乡建设主管部门或工程造价管理机构处理,双方认可,即所谓行政调解。司法调解耗时较长,且增加了诉讼成本;行政调解受行政管理人员专业水平、处理能力等的影响,其效果也受到限制。因此,"13 计价规范"提出了由发、承包双方约定相关工程专家作为合同工程争议调解人的思路,类似于国外的争议评审或争端裁决,可定义为专业调解,这在我国合同法的框架内,为有法可依,使争议尽可能在合同履行过程中得到解决,确保工程建设顺利进行。

(1)发、承包双方应在合同中约定或在合同签订后共同约定争议调解人,负责双方在合同履行过程中发生争议的调解。

(2)合同履行期间,发、承包双方可协议调换或终止任何调解人,但发包人或承包人都不能单独采取行动。除非双方另有协议,在最终结清支付证书生效后,调解人的任期应即终止。

(3)如果发承包双方发生了争议,任何一方可将该争议以书面形式提交调解人,并将副本抄送另一方,委托调解人调解。

(4)发、承包双方应按照调解人提出的要求,给调解人提供所需要的资料、现场进入权及相应设施。调解人应被视为不是在进行仲裁人的工作。

(5)调解人应在收到调解委托后 28 天内或由调解人建议并经发、承包双方认可的其他期限内提出调解书,发、承包双方接受调解书的,经双方签字后作为合同的补充文件。该文件对发、承包双方均具有约束力,双方都应立即遵照执行。

(6)当发、承包双方中任一方对调解人的调解书有异议时,应在收到调解书后 28 天内向另一方发出异议通知,并应说明争议的事项和理由。除非调解书在协商和解或仲裁裁决、诉讼判决中作出修改,或合同已经解除,否则承包人应继续按照合同实施工程。

(7)当调解人已就争议事项向发、承包双方提交了调解书,而任一方在收到调解书后 28 天内均未发出表示异议的通知时,调解书对发、承包双方应均具有约束力。

(五)仲裁、诉讼

(1)发、承包双方的协商和解或调解均未达成一致意见,其中的一方已就此争议事项根据合同约定的仲裁协议申请仲裁,应同时通知另一方。进行协议仲裁时,应遵守《中华人民共和国仲裁法》的有关规定,如第四条:"当事人采用仲裁方式解决纠纷,应当双方自愿,达成仲裁协议。没有仲裁协议,一方申请仲裁的,仲裁委员会不予受理";第五条:"当事人达成仲裁协议,一方向人民法院起诉的,人民法院不予受理,但仲裁协议无效的除外";第六条:"仲裁委员会应当由当事人协议选定。仲裁不实行级别管辖和地域管辖"。

(2)仲裁可在竣工之前或之后进行,但发包人、承包人、调解人各自的义务不得因在工程实施期间进行仲裁而有所改变。当仲裁是在仲裁机构要求停止施工的情况下进行时,承包人应对合同工程采取保护措施,由此增加的费用应由败诉方承担。

(3)在前述(一)至(四)中规定的期限之内,暂定或和解协议或调解书已经有约束力的情况下,当发、承包中一方未能遵守暂定或和解协议或调解书时,另一方可在不损害他可能具有的任何其他权利的情况下,将未能遵守暂定或不执行和解协议或调解书达成的事项提交仲裁。

(4)发包人、承包人在履行合同时发生争议,双方不愿和解、调解或者和解、调解不成,又没有达成仲裁协议的,可依法向人民法院提起诉讼。

📝 任务实施

根据上述相关知识的内容学习,在日后的实践活动中,灵活运用相关合同价款处理规定,进行建筑工程合同价款的管理活动。

任务二　工程造价鉴定

📄 任务描述

工程造价鉴定是工程造价咨询人接受人民法院、仲裁机关委托,对施工合同纠纷案件中的工程造价争议,运用专门知识进行鉴别、判断和评定,并提供鉴定意见的活动,也称为工程造价司法鉴定。由于不同的利益诉求,一些施工合同纠纷采用仲裁、诉讼费的方式解决,这时,工程造价鉴定意见就成了一些施工合同纠纷案件裁决或判决的主要依据。本任务即要求学生掌握工程造价鉴定的方法。

📋 相关知识

发、承包双方在履行施工合同过程中,由于不同的利益诉求,有一些施工合同纠纷需要采用仲裁、诉讼的方式解决,工程造价鉴定在一些施工合同纠纷案件处理中就成了裁决、判决的主要依据。

一、一般规定

(1)在工程合同价款纠纷案件处理中,需做工程造价司法鉴定的,应根据《工程造价咨询企业管理办法》(建设部令第149号)第二十条的规定,委托具有相应资质的工程造价咨询人进行。

(2)工程造价咨询人接受委托时提供工程造价司法鉴定服务,不仅应符合建设工程造价方面的规定,还应按仲裁、诉讼程序和要求进行,并应符合国家关于司法鉴定的规定。

(3)按照《注册造价工程师管理办法》(建设部令第150号)的规定,工程计价活动应由造价工程师担任。《建设部关于对工程造价司法鉴定有关问题的复函》(建办标函〔2005〕155号)第二条:"从事工程造价司法鉴定的人员,必须具备注册造价工程师执业资格,并只得在其注册的机构从事工程造价司法鉴定工作,否则不具有在该机构的工程造价成果文件上签字的权力。"鉴于进入司法程序的工程造价鉴定的难度一般较大,因此,工程造价咨询人进行工程造价司法鉴定时,应指派专业对口、经验丰富的注册造价工程师承担鉴定工作。

(4)工程造价咨询人应在收到工程造价司法鉴定资料后10天内,根据自身专业能力和证据资料判断能否胜任该项委托;如不能,应辞去该项委托。工程造价咨询人不得在鉴定期满后以上述理由不作出鉴定结论,影响案件处理。

(5)为保证工程造价司法鉴定的公正进行,接受工程造价司法鉴定委托的工程造价咨询人或造价工程师如是鉴定项目一方当事人的近亲属或代理人、咨询人以及其他关系可能影响鉴定公正的,应当自行回避;未自行回避,鉴定项目委托人以该理由要求其回避的,必须回避。

(6)《最高人民法院关于民事诉讼证据的若干规定》(法释〔2001〕33号)第五十九条规定:"鉴定人应当出庭接受当事人质询",因此,工程造价咨询人应当依法出庭接受鉴定项目当事人对工程造价司法鉴定意见书的质询。如确因特殊原因无法出庭的,经审理该鉴定项目的仲裁机关或人民法院准许,可以书面形式答复当事人的质询。

二、取证

(1)工程造价的确定与当时的法律法规、标准定额以及各种要素价格具有密切关系,为做好一些基础资料不完备的工程鉴定,工程造价咨询人进行工程造价鉴定工作,应自行收集以下(但不限于)鉴定资料:

1)适用于鉴定项目的法律、法规、规章、规范性文件以及规范、标准、定额;

2)鉴定项目同时期同类型工程的技术经济指标及其各类要素价格等。

(2)真实、完整、合法的鉴定依据是做好鉴定项目工程造价司法工作鉴定的前提。工程造价咨询人收集鉴定项目的鉴定依据时,应向鉴定项目委托人提出具体书面要求,其内容包括:

1)与鉴定项目相关的合同、协议及其附件;

2)相应的施工图纸等技术经济文件;

3)施工过程中的施工组织、质量、工期和造价等工程资料;

4)存在争议的事实及各方当事人的理由;

5)其他有关资料。

(3)根据最高人民法院规定"证据应当在法庭上出示,由当事人质证。未经质证的证据,不能作为认定案件事实的依据(法释〔2001〕33号)",工程造价咨询人在鉴定过程中要求鉴定项目当事人对缺陷资料进行补充的,应征得鉴定项目委托人同意,或者协调鉴定项目各方当事人共同签认。

(4)根据鉴定工作需要现场勘验的,工程造价咨询人应提请鉴定项目委托人组织各方当事人对被鉴定项目所涉及的实物标的进行现场勘验。

(5)勘验现场应制作勘验记录、笔录或勘验图表,记录勘验的时间、地点、勘验人、在场人、勘验经过、结果,由勘验人、在场人签名或者盖章确认。绘制的现场图应注明绘制的时间、测绘人姓名、身份等内容。必要时应采取拍照或摄像取证,留下影像资料。

(6)鉴定项目当事人未对现场勘验图表或勘验笔录等签字确认的,工程造价咨询人应提请鉴定项目委托人决定处理意见,并在鉴定意见书中作出表述。

三、鉴定

(1)《最高人民法院关于审理建设工程施工合同纠纷案件适用法律问题的解释》(法释

〔2004〕14号)第十六条一款规定:"当事人对建设工程的计价标准或者计价方法有约定的,按照约定结算工程价款",因此,如鉴定项目委托人明确告之合同有效,工程造价咨询人就必须依据合同约定进行鉴定,不得随意改变发承包双方合法的合意,不能以专业技术方面的惯例来否定合同的约定。

(2)工程造价咨询人在鉴定项目合同无效或合同条款约定不明确的情况下应根据法律法规、相关国家标准和"13计价规范"的规定,选择相应专业工程的计价依据和方法进行鉴定。

(3)为保证工程造价鉴定的质量,尽可能将当事人之间的分歧缩小直至化解,为司法调解、裁决或判决提供科学、合理的依据。工程造价咨询人出具正式鉴定意见书之前,可报请鉴定项目委托人向鉴定项目各方当事人发出鉴定意见书征求意见稿,并指明应书面答复的期限及其不答复的相应法律责任。

(4)工程造价咨询人收到鉴定项目各方当事人对鉴定意见书征求意见稿的书面复函后,应对不同意见认真复核,修改完善后再出具正式鉴定意见书。

(5)工程造价咨询人出具的工程造价鉴定书应包括下列内容:
1)鉴定项目委托人名称、委托鉴定的内容;
2)委托鉴定的证据材料;
3)鉴定的依据及使用的专业技术手段;
4)对鉴定过程的说明;
5)明确的鉴定结论;
6)其他需说明的事宜;
7)工程造价咨询人盖章及注册造价工程师签名盖执业专用章。

(6)进入仲裁或诉讼的施工合同纠纷案件,一般都有明确的结案时限。为避免影响案件的处理,工程造价咨询人应在委托鉴定项目的鉴定期限内完成鉴定工作。如确因特殊原因不能在原定期限内完成鉴定工作时,应按照相应法规提前向鉴定项目委托人申请延长鉴定期限,并应在此期限内完成鉴定工作。

经鉴定项目委托人同意等待鉴定项目当事人提交、补充证据的,质证所用的时间不应计入鉴定期限。

(7)对于已经出具的正式鉴定意见书中有部分缺陷的鉴定结论,工程造价咨询人应通过补充鉴定作出补充结论。

任务实施

根据上述相关知识的内容学习,在日后的实践活动中,进行建筑工程造价鉴定的活动。

项目小结

工程合同价款的约定是建设工程合同的主要内容。正确的计量是发包人向承包人支付合同价款的前提和依据。发生需调整合同价款事项时,发、承包双方应当按照合同约定调整合同价款。工程完工后,发承包双方必须在合同约定时间内办理工程竣工结算。施工合同履行过程中出现争议是在所难免的,解决合同履行过程中争议的主要方法包括协商、调解、仲裁和诉讼四种。工程造价鉴定是工程造价咨询人接受人民法院、仲裁机关委托,对施工合同纠纷案件中的工程造价争议，运用专门知识进行鉴别、判断和评定，并提供鉴定意见的活动，也称为工程造价司法鉴定。

> 思考与练习

1. 简述合同价款约定的内容。
2. 单价合同的计量和总价合同的计量有何不同？
3. 当工程变更时，发承包双方应如何约定调整合同价款？
4. 应如何进行竣工结算的编制与核对？
5. 解决合同价款争议的方法有哪些？
6. 如何进行工程造价的鉴定？

附录　建筑工程工程量清单及其计价编制示例

一、某配电房工程量项目说明

1. 背景资料

某配电房工程位于某市某街道，合同工期为 3 个月。该工程施工时采用商品混凝土，用移动式泵车直接泵送；模板采用木模板钢支撑；基础土方土质为普通土，人工挖土；脚手架采用双排钢管扣件式脚手架；垂直运输机械采用一台井架，暂列金额为 10 000 元。

2. 任务描述

本章根据该工程项目背景资料及配电房施工图，依据《房屋建筑与装饰工程工程量计算规范》(GB 50854—2013) 及《某省建设工程计价办法(2014)》《某省建筑工程消耗量标准(2014)》《某省建筑装饰装修工程消耗量标准(2014)》完成以下任务：

(1)编制配电房工程工程量清单；
(2)编制配电房工程招标控制价。

3. 配电房施工图

建筑设计说明

(1)设计依据：工程建设标准强制性条文(房屋建筑部分)及现行标准、规范。
(2)本工程为一层框架结构，建筑等级为三级，耐火等级为二级，设计使用年限为 50 年，火灾危险类别为戊级，建筑面积为 177.16 m^2。
(3)采用的标准图：中南地区通用建筑标准设计(98ZJ、03J609、02ZJ702、05ZJ)。
(4)本图所注尺寸以毫米计，高程以米计，±0.000 现场定。
(5)屋顶不设保温层。
(6)装修。

①配电间为细石混凝土地面，做法详 05ZJ001 地 5，值班室、控制室采用 300 mm×300 mm 浅灰色地砖，做法详 05ZJ001 地 20。
②建筑外墙主墙面为银灰色氟碳漆(色号 C0M0Y0K10)，做法详 05ZJ001 外墙 24，分格缝宽为 10 mm，黑胶泥填缝；勒脚为 300 高，深灰色毛面墙地砖(色号 C0M0Y0K50)，做法详 05ZJ001 外墙 14。围护墙体的内外墙面基层均加铺一层 17 号镀锌钢丝网。
③本工程顶棚均为白色丙烯酸系复层涂料面水泥砂浆顶棚，做法详 05ZJ001 顶 4、涂 27。
④本工程内墙面为白色乳胶漆墙面，做法详 05ZJ001 内墙 5、涂 23。
⑤踢脚板为 200 高灰色面砖踢脚，做法详 05ZJ001 踢 20。
⑥所有内墙门均应装饰 150 宽灰色防火板门套。
⑦外露钢铁构件采用红丹打底，灰色调合漆二道，做法详 05ZJ001 涂 13。

⑧以上装修材料中，凡涉及107胶水的应改为108胶水。

⑨本建筑中所使用的无机非金属装修材料，其放射性指标应满足以下要求：

内照射指数：A类，$I_{Ra} \leqslant 1.0$；B类，$I_{Ra} \leqslant 1.3$；

外照射指数：A类，$I_r \leqslant 1.3$；B类，$I_r \leqslant 1.9$。

本建筑中所使用的木质材料严禁采用沥青、煤焦油类防腐、防潮处理剂。主体材料及装修材料采用的阻燃剂中氨的释放量不应大于0.1％，混凝土外加剂中游离甲醛不应大于0.5 g/kg。

⑩所有装修材料的燃烧性能等级均为A级。

⑪工程装修做法见附表1。

附表1 工程装修做法(摘自05ZJ001)

编号	装修名称	用料及分层做法
地5	细石混凝土地面	(1)30厚细石混凝土随打随抹光 (2)素水泥浆结合层一道 (3)100厚C15混凝土垫层 (4)素土夯实
地20	陶瓷地砖地面	(1)10厚地砖铺实拍平 (2)20厚1∶4干硬性水泥砂浆 (3)素水泥浆结合层一道 (4)100厚C15混凝土垫层 (5)素土夯实
外墙14	面砖外墙面	(1)15厚1∶3水泥砂浆 (2)刷氯丁胶乳防水素浆一道 (3)10厚氯丁胶乳防水砂浆 (4)4～5厚氯丁胶乳防水砂浆镶贴 (5)10厚面砖
外墙24	涂料外墙面	(1)刷素水泥浆一道 (2)15厚2∶1∶8水泥石灰砂浆，分两次抹灰 (3)5厚1∶2.5水泥砂浆 (4)喷底涂料一遍 (5)喷面涂料二遍
顶4	水泥砂浆顶棚	(1)钢筋混凝土板底面清理干净 (2)7厚1∶3水泥砂浆 (3)5厚1∶2水泥砂浆 (4)表面喷刷涂料另选
涂27	丙烯酸系复层涂料	(1)清理基层 (2)刮腻子一遍 (3)喷涂底、中、面涂料

续表

编号	装修名称	用料及分层做法
内墙5	混合砂浆墙面	(1)刷素水泥浆一道 (2)15厚1:1:6水泥石灰砂浆,分两次抹灰 (3)5厚1:0.5:3水泥石灰砂浆
涂23	乳胶漆	(1)清理基层 (2)刮腻子一遍 (3)刷底漆一遍 (4)刷乳胶漆二遍
踢20	面砖踢脚(150高)	(1)刷素水泥浆一道 (2)17厚2:1:8水泥石灰砂浆,分两次抹灰 (3)3~4厚1:1水泥砂浆加水重的20%白乳胶镶贴 (4)10厚面砖
涂13	调合漆(四遍)	(1)金属面除锈 (2)刷防锈漆或红丹漆一遍 (3)刮腻子、磨光 (4)刷调合漆三遍

(7)门窗表(窗气密性等级为4级,双层5厚白玻,可见光透视比>0.4,6厚空气层)见表附表2。

附表2 门窗表

代号	洞口尺寸		标准图		数量	备注
	宽	高	图集号	型号		
M1	1 500	2 700	02J611—1	参M21—1530	1	钢大门(防盗)
M2	1 200	2 400	02J611—1	参M21—1224	2	钢大门(防盗)
M3	1 000	2 100	03J609	2M08—1021	2	防火防盗门(乙级)
C1	1 800	2 100	02ZJ702	TC1—1821	7	95系列推拉塑钢窗
C2	1 500	2 100	02ZJ702	TC1—1521	2	95系列推拉塑钢窗

(8)门窗安装的预埋件应严格按所选标准图或厂家提供的安装大样进行,有关专业的预留洞、预埋件应对照有关专业的图纸进行。本工程所有门均加设600高防鼠板,配电间、控制室窗均加设10 mm×10 mm防鼠钢丝网,值班室窗加设纱窗。

(9)其他未尽事宜应严格按照国家有关标准及规定执行。

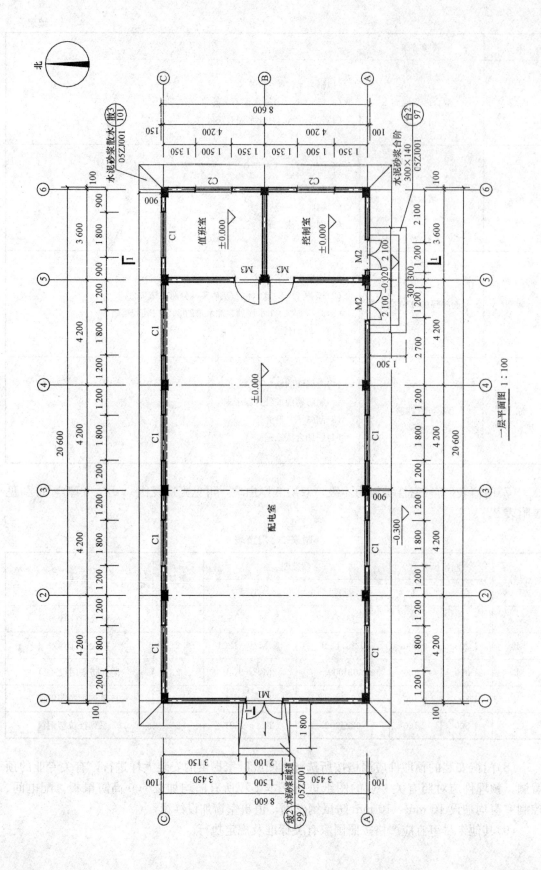

一层平面图 1:100

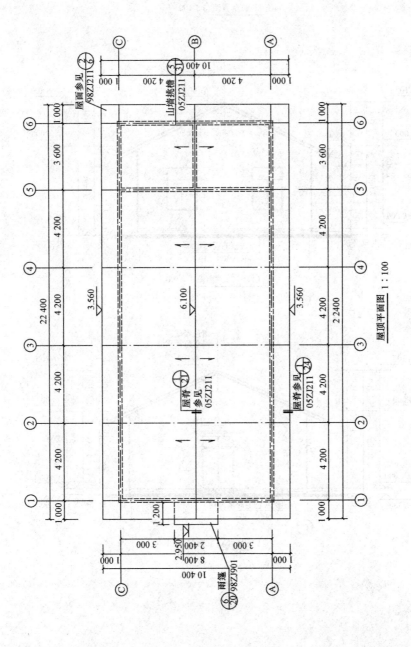

屋顶平面图 1:100

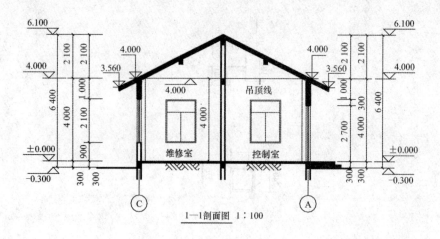

1—1剖面图 1:100

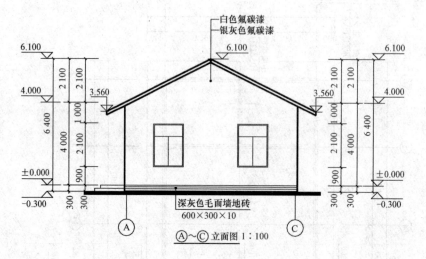

Ⓐ~Ⓒ立面图 1:100

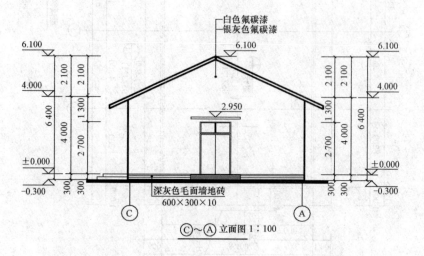

Ⓒ~Ⓐ立面图 1:100

①~⑥ 立面图 1:100

⑥~① 立面图 1:100

结构设计说明

1. 一般说明

(1)本工程结构为配电房,在设计使用年限内未经技术鉴定或设计许可,不得改变结构的用途和使用环境。

(2)全部尺寸除注明外,均以毫米为单位,标高以米为单位。

(3)本工程为一层框架结构。

(4)本工程±0.000 为室内地面标高,室内外高差 300 mm,建筑物总高度为 3.56 m。

2. 抗震设计

(1)本工程建筑结构安全等级为二级。本工程结构设计使用年限为 50 年。

(2)本工程抗震设防烈度为 6 度,抗震设防类别为丙类。

(3)本工程抗震等级:框架为四级。

(4)本工程设计基本地震加速度为 0.05 g,设计地震分组为第一组。

3. 使用荷载标准值

基本风压 $W=0.35$ kN/m^2,基本雪压 $S=0.50$ kN/m^2,本场地地面粗糙度为 C 类。

4. 地基基础部分

(1)本工程建筑场地类别为Ⅱ类,建筑物基础安全等级为二级,地基基础设计等级为丙级,场地土类别为中硬场地土。

(2)本工程采用独立柱基础,依据地勘报告,地基承载力特征值 $f_{ak}=100$ kPa。

5. 钢筋混凝土结构部分

(1)各部分混凝土强度等级,除图中注明者外,均按附表 3 采用。

附表 3 混凝土强度等级

序号	结构部位	强度等级	备注
1	基础垫层	C10	每边出挑 100,厚 100
2	基础	C25	
3	梁、板、柱(承台顶面以上)	C25	
4	构造柱等二次浇捣的次要构件	C25	

(2)结构混凝土耐久性的基本要求见附表 4。

附表 4 混凝土耐久性

环境类别		最大水灰比	最小水泥用量/(kg·m^{-3})	最低混凝土强度等级	最大氯离子含量/%	最大碱含量/(kg·m^{-3})
一		0.60	225	C20	1.0	不限制
二	a	0.55	250	C25	0.20	3.0

(3)钢筋：选普通碳素钢(Q235)。

钢筋级别按图纸要求：Φ 为 HPB300 级钢筋，$f_y=270$ N/mm²，Φ 为 HRB335 级钢筋，$f_y=300$ N/mm²。

(4)结构构件纵向钢筋保护层最小厚度见附表5。(特殊要求另见施工图)

1)二(a)类环境：基础(承台)、基础梁、屋面板、檐口、天沟等室外露天环境及室内潮湿环境的构件。

2)一类环境：其他构件。

附表5　保护层厚度

环境类别	基础(承台)	梁(基础梁)	柱	板、墙、壳
	C25～C40	C25～C40	C25～C40	C25～C40
二(a)	40	30	30	25
一		25	25	20

(5)钢筋混凝土纵向受拉钢筋最小锚固长度 l_{aE}(抗震设计)见附表6。

附表6　最小锚固长度

抗震等级	四级抗震	
混凝土强度等级	C25	C30
l_{aE}　HPB300	27d	24d
HRB335	34d	30d

(6)单向板底筋的分布筋及单向板，双向板支座筋的分布筋，除图中注明者外，均为Φ6@200。

(7)双向板的底筋布置：短向筋放在底层，长向筋放在短向筋之上。

(8)钢筋接头宜优先采用焊接连接接头或机械连接接头，除注明者外，受力筋 $d\geqslant 22$ 时采用焊接连接接头。HPB300 级钢筋采用 E43×× 型焊条，HRB335 级、HRB400 级钢筋采用 E50×× 型焊条。

(9)跨度大于 4 m 的板，要求板跨中起拱 $L/400$；跨度大于 6 m 的梁，要求梁跨中起拱 $L/400$；净挑长度大于 2 m 的悬臂梁，梁端起拱 $L/300$。

6. 标准图集的使用说明

(1)钢筋搭接及锚固要求：除图中标明者外，均详 11G329-1，板底钢筋应伸至梁中心且大于 5d。曲梁纵筋锚固长度 40d 箍筋按抗扭构造。

(2)梁、柱、剪力墙平法施工图制图规则及构造详图详 16G101—1。

(3)梁、柱、剪力墙构造要求均详 16G101—1、11G329—1。

7. 框架填充墙部分(砌体结构施工质量控制等级为 B 级)

(1)室内地坪±0.000 以下砌体用 MU10 灰砂砖，M7.5 水泥砂浆砌筑；室内地坪±0.000 以上墙体用重度不大于 6 kN/m 的加气混凝土砌块，M5 混合砂浆砌筑。

(2)除注明外，填充墙的厚度：外墙为 200 mm。

(3)钢筋混凝土柱(墙)与砌体填充墙的连接,应沿柱(墙)高度每隔500 mm或砌体皮数的两倍预埋2Φ6拉筋,锚入钢筋混凝土柱(墙)内。拉筋伸入填充墙内的长度:抗震等级为二级时沿墙全长布置,三、四级时不应小于墙长的1/5且不应小于700 mm。若墙垛长不足上述长度,则伸入墙内长度等于墙垛长,且末端弯直钩,凡建筑物外墙有门窗洞口处,锚拉筋均应伸至洞口边。当外墙门窗洞口宽度大于或等于1.8 m,且洞口边至柱边距离大于或等于1.0 m时,需在洞口边加设构造柱。当填充墙长度大于5 m时,在填充墙的中央补设夹墙构造柱。未注筋4Φ12,箍筋Φ6@200。

本工程大屋面女儿墙按建施设置部位施工,女儿墙采用250厚加气混凝土块。

(4)当填充墙净高>4 m时中间应设拉梁,墙长>5 m时顶部应有拉结,详见图集03ZG003第36页。

(5)下列情况均应设置构造柱(结构平面图不另布置构造柱):
1)悬臂梁端封口梁上有砖墙和阳台拦河时,在悬臂梁与封口梁交叉处布柱;
2)当封口梁上有通长砖墙时,在T形交叉处及间距不大于3 000布柱;
3)高度大于500 mm的女儿墙转弯角处均布柱,直段间距不大于3 000布柱;
4)当墙体洞口大于4 m时,可在洞口两侧设构造柱;
5)楼、电梯间角部无框架柱时设柱。

8. 过梁

(1)砌体结构的砖墙或框架(框剪)结构的填充墙,其门洞、窗洞及设备孔洞的洞顶,均设置钢筋混凝土过梁。

(2)当按标准图集选用过梁时,过梁型号为GL××32,其中××为洞口跨度。过梁标准图集号详03ZG313,且不得使用冷拔低碳钢丝。原钢筋采用等强度带换为HPB300级或HRB335级。

(3)在一般情况下,梁的允许荷载设计值不超过24 kN/m,可按以下方法设置过梁:梁宽同墙厚,支座长度250 mm,混凝土强度等级C20,底筋2Φ12,面筋2Φ10,箍筋Φ6@200,当洞宽小于1 000 mm时,梁高为120 mm;当洞宽为1 000~1 500 mm时,梁高为180 mm;当洞宽大于1 500 mm时,梁高为240 mm。

(4)当洞边为钢筋混凝土柱(墙)时,须按已确定的过梁标高、截面及配筋在柱(墙)内预埋相应的钢筋,待施工过梁时,再将其相互焊接,详见图(a)。

(5)当洞顶与结构梁(或圈梁)底的距离小于过梁的高度时,按施工图(b)设置。

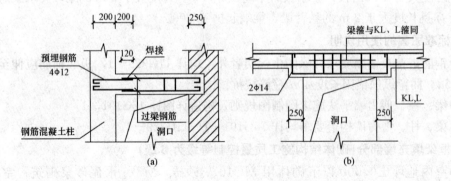

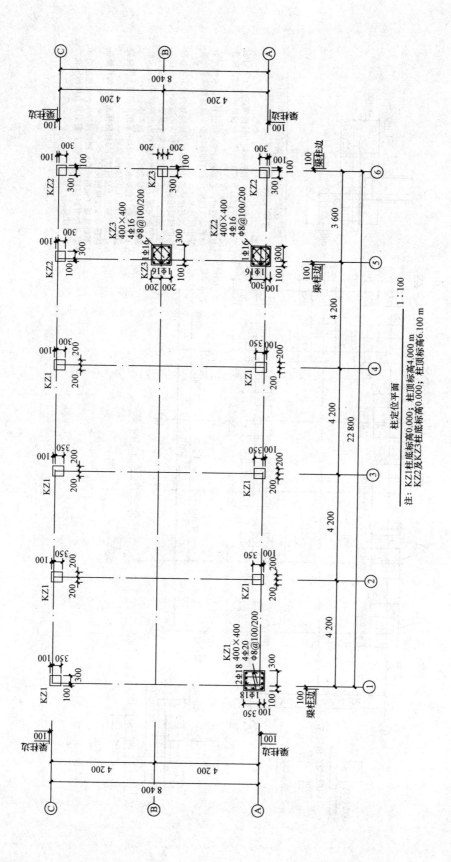

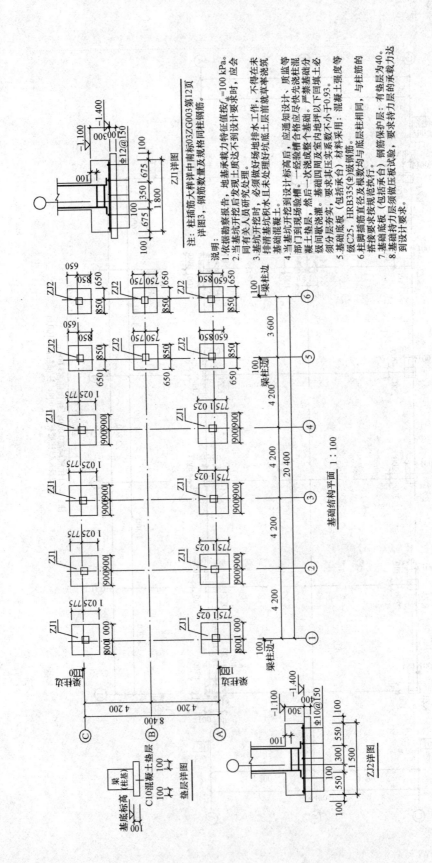

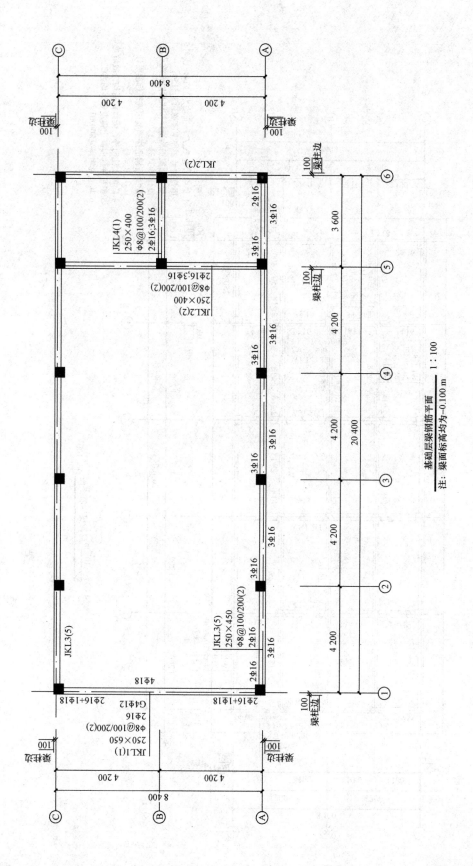

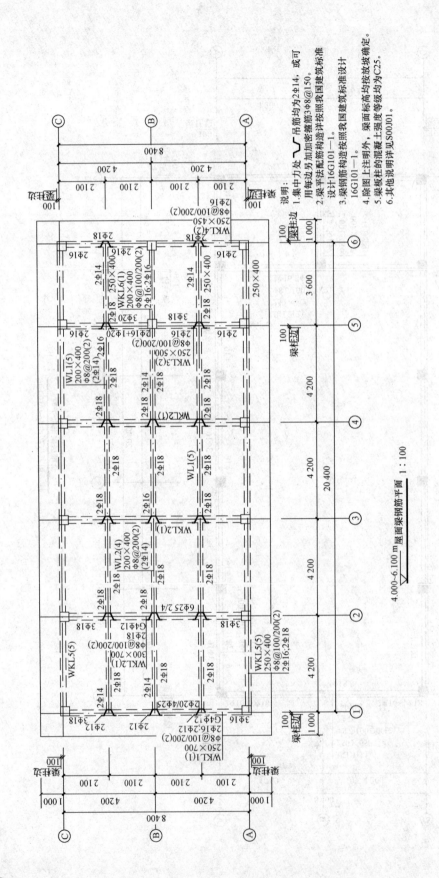

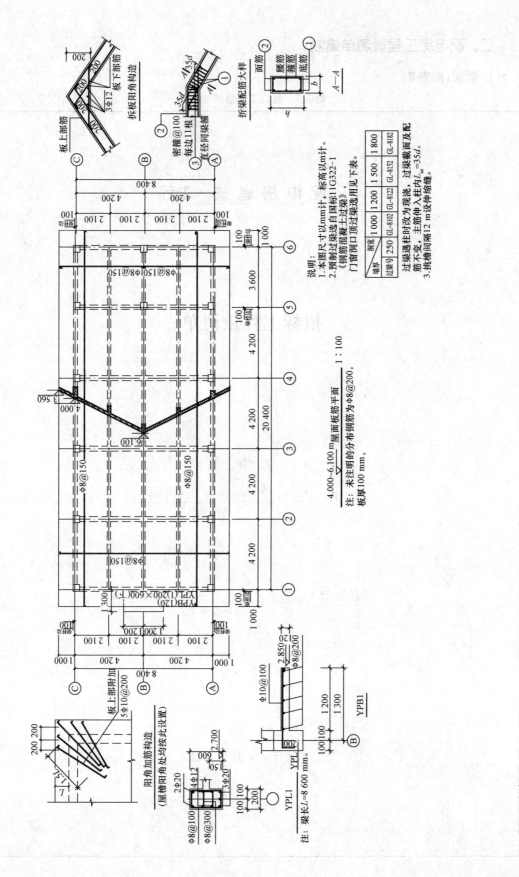

二、配电房工程量清单编制

1. 封面(附表7)

附表7　招标工程量清单封面

<u>　配 电 房 建 筑　</u>工程

招标工程量清单

招　标　人：<u>　××××××公司　</u>
　　　　　　　　（单位盖章）

造价咨询人：<u>　×××××××公司　</u>
　　　　　　　　　（单位盖章）

××年××月××日

---

2. 扉页(附表 8)

附表 8　招标工程量清单

　配电房建筑　工程

招标工程量清单

招　标　人：　×××××公司　　　　　　　　造价咨询人：　×××××公司　
　　　　　　（单位盖章）　　　　　　　　　　　　　　　　（单位资质专用章）

法定代理人
或其授权人：_____　　　　　　　法定代理人
　　　　　　　（签字或盖章）　　　　　　　或其授权人：_____
　　　　　　　　　　　　　　　　　　　　　　　　　　　（签字或盖章）

编　制　人：_____　　　　　　　复　核　人：_____
　　　（造价人员签字盖专用章）　　　　　　　　　（造价工程师签字盖专用章）

编制时间：××年××月××日　　　　　　　　复核时间：××年××月××日

· 241 ·

3. 编制说明(附表9)

附表9　编制说明

工程名称：建筑工程　　　　　　　　　　　　　　　　　　　　　第1页 共1页

一、建设项目设计资料依据及文号
1. 配电房施工图
2.《建设工程工程量清单计价规范》(GB 50500—2013)
3.《某省建设工程计价办法(2014)》
二、采用的定额、费用标准，人工、材料、机械台班单价的依据
三、与预算有关的委托书、协议书、会议纪要的主要内容
四、总预算金额，人工、钢材、水泥、木料、沥青的总用量
五、其他与预算有关但不能在表格中反映的事项

编制：	复核：	核对：

说明：编制工程量清单、招标控制价、投标报价、竣工结算时，均应填写此表

4. 分部分项工程与单价措施项目清单(附表10)

附表10　分部分项工程与单价措施项目清单与计价表

工程名称：配电房　　　　　　标段：建筑工程　　　　　　第1页 共2页

序号	项目编码	项目名称及特征描述	计量单位	工程量	金额/元		
					综合单价	合价	其中：暂估价
		A.1.1	土方工程				
1	010101001001	平整场地	m²	177.159 9			
2	010101004001	挖基坑土方	m³	61.817 4			
		A.1.3	回填				
3	010103001001	回填方	m³	54.987 5			
		A.3.4	砌块砌体				
4	010401005001	空心砖墙、砌块墙	m³	53.184 8			
		A.4.1	现浇混凝土基础				
5	010501003001	独立基础 ZJ1	m³	11.826			
6	010501001001	垫层	m³	4.934			
		A.4.2	现浇混凝土柱				
7	010502001001	矩形柱　KZ1	m³	7.998 2			
8	010502001002	矩形柱　KZ2	m³	3.548 3			
9	010502001003	矩形柱　KZ3	m³	2.304			
		A.4.3	现浇混凝土梁				

续表

序号	项目编码	项目名称及特征描述	计量单位	工程量	金额/元		
					综合单价	合价	其中：暂估价
10	010503002001	矩形梁	m³	7.1637			
	A.4.5	现浇混凝土板					
11	010505001001	有梁板	m³	38.4562			
	A.4.7	现浇混凝土其他构件					
12	010507001001	散水、坡道	m²	53.91			
	A.4.10	预制混凝土梁					
13	010510003001	过梁	m³	1.08			
	A.4.16	钢筋工程					
14	010515001001	现浇混凝土钢筋	t	1			
15	010515001002	现浇混凝土钢筋，圆钢筋直径10以内	t	4.59			
16	010515001003	现浇混凝土钢筋，直径10以外	t	3.95			
	A.7.3	墙、地面防水、防潮					
18	010902001001	卷材防水	m²	183.84			
		单价措施项目					
1	011702001001	基础(ZJ1) (1)独立基础 (2)木模板钢支撑	m²	17.28			
2	011702001002	基础(ZJ2) (1)独立基础 (2)木模板钢支撑	m²	10.8			
3	011702002001	矩形柱(KZ1) 木模板钢支撑	m²	70.05			
4	011702002002	矩形柱(KZ2) 木模板钢支撑	m²	32.97			
5	011702002003	形柱(KZ3) (1)木模板钢支撑 (2)支撑高度：4.3~6.4 m	m²	21.42			
6	011702005001	基础梁 (1)木模板钢支撑	m²	72.79			

续表

序号	项目编码	项目名称及特征描述	计量单位	工程量	金额/元		
					综合单价	合价	其中：暂估价
7	011702006001	有梁板 (1)木模板钢支撑 (2)支撑高度：3.9~6.3 m	m²	355.59			
8	011702029001	散水、坡道 (1)木模板钢支撑	m²	52.83			
9	011701001001	综合脚手架 (1)框架结构 (2)檐口高度：4.2 m	m²	177.16			
10	011703001001	垂直运输 (1)框架结构 (2)单层、檐口高度：4.2 m	m²	177.16			

5. 其他项目清单(附表11～附表16)

附表11　其他项目清单与计价汇总表

工程名称：配电房　　　　　　　标段：建筑工程　　　　　　　第1页 共1页

序号	项目名称	计量单位	金额/元	备注
1	暂列金额	项	10 000	
2	暂估价			
2.1	材料暂估价			
2.2	专业工程暂估价	项		
3	计日工			
4	总承包服务费			
	合　　计		10 000	—
说明：材料暂估单价计入清单项目综合单价，此处不汇总。				

附表 12　暂列金额明细表

工程名称：配电房　　　　　　　标段：建筑工程　　　　　　　第 1 页 共 1 页

序号	项目名称	计量单位	暂定金额	备注
1				
2				
	合　　计			—

说明：此表由招标人填写，也可只列暂定金额总额，投标人应将上述暂列金额计入投标总价中。

附表 13　材料暂估单价表

工程名称：配电房　　　　　　　标段：建筑工程　　　　　　　第 1 页 共 1 页

序号	材料名称、规格、型号	计量单位	单价/元	备注

说明：1. 此表由招标人填写，并在备注栏说明暂估价的材料拟用在哪些清单项目上，投标人应将上述材料暂估单价计入工程量清单综合单价报价中。
　　　2. 材料包括原材料、燃料、构配件以及按规定应计入建筑安装工程造价的设备。

附表14 专业工程暂估价表

工程名称：配电房　　　　　　　　　　标段：建筑工程　　　　　　　　　　第1页 共1页

序号	工程名称	工程内容	金额/元	备注
	合　计			—

说明：此表由招标人填写，投标人应将上述专业工程暂估价计入投标总价中。

附表15 计日工表

工程名称：配电房　　　　　　　　　　标段：建筑工程　　　　　　　　　　第1页 共1页

编号	项目名称	单位	暂定数量	综合单价	合价
1	人工				
	人工小计				
2	材料				
	材料小计				
3	施工机械				

附表16 总承包服务费计价表

工程名称：建筑工程　　　　　　　　　　标段：配电房　　　　　　　　　　第1页 共1页

序号	工程名称	项目价值/元	服务内容	费率/%	金额/元
	总承包服务费				
一	发包人发包专业工程				
二	发包人供应材料				

6. 装饰工程工程量清单(略)

三、配电房工程招标控制价编制

1. 封面(附表17)

附表17 招标控制价封面

<u> 配 电 房 </u> 工 程

招 标 控 制 价

招 标 人：<u>×××××××公司</u>
（单位盖章）

造价咨询人：<u>×××××××公司</u>
（单位盖章）

××年××月××日

---

2. 扉页(附表 18)

附表 18　招标控制价扉页

<u>　配 电 房　</u>工程

招 标 控 制 价

招标控制价(小写)：<u>　　　　　360 198.73　　　　　　</u>
　　　　 (大写)：<u>　　叁拾陆万零壹佰玖拾捌元柒角叁分　　</u>

招　标　人：<u>　华能置业有限公司　</u>　　造价咨询人：<u>　长沙中天工程咨询有限公司　</u>
　　　　　　　　(单位盖章)　　　　　　　　　　　　　　(单位资质专用章)

法定代理人　　　　　　　　　　　　　　　法定代理人
或其授权人：<u>　　　　　　　　</u>　　　或其授权人：<u>　　　　　　　　</u>
　　　　　　　　(签字或盖章)　　　　　　　　　　　　　(签字或盖章)

编　制　人：<u>　　　　　　　　</u>　　　复　核　人：<u>　　　　　　　　</u>
　　　　(造价人员签字盖专用章)　　　　　　　　(造价工程师签字盖专用章)

编制时间：××年××月××日　　　　复核时间：××年××月××日

3. 编制说明(附表 19)

附表 19　编制说明

工程名称：建筑工程　　　　　　　　　　　　　　　　　　　　　　第 1 页 共 1 页

一、建设项目设计资料依据及文号 　　配电房施工图 二、采用的定额、费用标准，人工、材料、机械台班单价的依据 　　1.《某省建筑工程消耗量标准(2014)》 　　2. 某省某市 2014 年 2 月份的价格信息 　　3.《某省建设工程计价办法(2014)》 　　4.《建设工程工程量清单计价规范》(GB 50500—2013) 　　5.《某省建筑工程消耗量标准(2014)》 三、与预算有关的委托书、协议书、会议纪要的主要内容 四、总预算金额，人工、钢材、水泥、木料、沥青的总用量 五、其他与预算有关但不能在表格中反映的事项
编制：　　　　　　　　　复核：　　　　　　　　　核对：
说明：编制工程量清单、招标控制价、投标报价、竣工结算时，均应填写此表

4. 单项工程招标控制价(附表 20)

附表 20　单项工程招标控制价汇总表

序号	单项工程名称	合计	其中/元		
			暂估价	安全文明施工费	规费
1	建筑工程	260 292.05		7 646.6	21 545.19
2	装饰工程	99 906.68		3 005.47	10 469.55
	合　计	360 198.73		10 652.07	32 014.74

(1)建筑工程招标控制价(附表21~附表30)。

附表21 单位工程投标报价汇总表

项目名称：配电房　　　　　　　　　　　　　　　　　　　　　　　　　标段：建筑工程

序号	汇总内容	计费基础说明	费率/%	金额/元	其中：暂估价/元
1	分部分项工程费	1.1+1.2+1.3+1.4+1.5+1.6		144 122.17	
1.1	人工费			31 964.69	
1.2	材料费			92 093.26	
1.3	其中：安装工程设备费				
1.4	机械费			4 079.91	
1.5	其他材料费	1.2×其他材料费率		2 762.8	
1.6	企业管理费		23.34	6 368.63	
1.7	利润		25.12	6 854.33	
2	措施项目费	2.1+2.2		76 214.46	
2.1	能计量的部分	2.1.1+2.1.2+2.1.3+2.1.4+2.1.5+2.1.6		68 228.1	
2.1.1	人工费			30 081.94	
2.1.2	材料费			12 887.57	
2.1.3	其他材料费	2.1.2×其他材料费率			
2.1.4	机械费			9 956.09	
2.1.5	企业管理费		23.34	7 370.21	
2.1.6	利润		25.12	7 932.29	
2.2	总价措施项目费			7 986.36	
2.2.1	其中：安全文明施工费		12.99	7 646.6	
3	其他项目费				
4	规费			21 545.19	
4.1	其中：养老保险费	1+2+3	3.5	7 711.78	
5	税金	1+2+3+4	3.477	8 410.23	
6	暂列金额			10 000	
	招标控制价合计	合计：1+2+3+4+5+6		260 292.05	0

· 250 ·

附表22 分部分项工程量清单与计价表

项目名称：配电房　　　　　　　　　　　　　　　　　　　　　　　　　　　标段：建筑工程

序号	项目编码	项目名称	计量单位	工程量	金额/元		
					综合单价	合价	其中：暂估价
	A.1	土石方工程				9 314.48	
1	010101001001	平整场地	m²	177.16	6.12	1 084.52	
	A1−3	平整场地	100 m²	3.099 6	349.89	1 084.52	
2	010101003001	挖沟槽土方	m³	6.83	290.59	1 984.71	
	A1−4	人工挖槽、坑 深度2 m以内 普通土	100 m³	0.756 8	2 622.5	1 984.71	
3	010101004001	挖基坑土方	m³	61.82	43.69	2 700.92	
	A1−4	人工挖槽、坑 深度2 m以内 普通土	100 m³	1.029 9	2 622.5	2 700.92	
4	010103001001	回填方	m³	54.99	64.45	3 544.33	
	A1−11	回填土 夯填	100 m³	1.011 5	3 504.04	3 544.33	
	A.4	砌筑工程				30 314.45	
5	010401005001	空心砖墙	m³	53.19	569.93	30 314.45	
	A4−19	混凝土空心砖墙 厚240 mm	10 m³	5.319	5 699.28	30 314.45	
	A.5	混凝土及钢筋混凝土工程				88 109.55	
6	010501001001	垫层	m³	4.93	464.36	2 289.27	
	A2−14	垫层 混凝土	10 m³	0.493	4 643.56	2 289.27	
7	010501003001	独立基础 ZJ1	m³	11.83	518.97	6 139.41	
	A5−105	商品混凝土构件地下室基础	100 m³	0.118 3	51 896.92	6 139.41	
8	010502001001	矩形柱 KZ1	m³	8	572.47	4 579.76	
	A5−109	商品混凝土构件 地面以上输送高度30 m以内 墙柱	100 m³	0.08	57 246.99	4 579.76	
9	010502001002	矩形柱 KZ2	m³	3.55	572.47	2 032.27	
	A5−109	商品混凝土构件 地面以上输送高度30 m以内 墙柱	100 m³	0.035 5	57 246.99	2 032.27	
10	010502001003	矩形柱 KZ3	m³	2.3	572.47	1 316.68	

续表

序号	项目编码	项目名称	计量单位	工程量	金额/元		
					综合单价	合价	其中：暂估价
	A5－109	商品混凝土构件 地面以上输送高度30 m以内 墙柱	100 m³	0.023	57 246.99	1 316.68	
11	010503001001	基础梁	m³	7.16	562.32	4 026.24	
	A5－106	商品混凝土构件 地下室 梁板	100 m³	0.071 6	56 232.38	4 026.24	
12	010505001001	有梁板	m³	38.46	531.16	20 428.52	
	A5－108	商品混凝土构件 地面以上输送高度30 m以内 梁板	100 m³	0.384 6	53 116.27	20 428.52	
13	010510003001	过梁	m³	1.08	1 206.83	1 303.38	
	A5－115	预制混凝土 异形梁、过梁、拱形梁	10 m³	0.109 62	5 692.74	624.04	
	A5－144	2类 预制混凝土构件运输 运距1 km以内	10 m³	0.109 4	1 243.67	136.06	
	A5－162	梁安装 单体0.4 m³以内	10 m³	0.10854	4 471.92	485.38	
	A5－225	预制混凝土构件接头灌缝梁	10 m³	0.108	555.68	60.01	
14	010515001001	现浇构件钢筋	t	4.315	5 574.32	24 053.21	
	A5－3	圆钢筋 直径8 mm	t	4.315	5 574.32	24 053.21	
15	010515001002	现浇构件钢筋	t	0.208	6 594.22	1 371.6	
	A5－2	圆钢筋 直径6.5 mm	t	0.208	6 594.22	1 371.6	
16	010515001003	现浇构件钢筋	t	0.067	5 020.07	336.34	
	A5－4	圆钢筋 直径10 mm	t	0.067	5 020.07	336.34	
17	010515001004	现浇构件钢筋	t	0.152	5 231.3	795.16	
	A5－16	带肋钢筋 直径10 mm	t	0.152	5 231.3	795.16	
18	010515001005	现浇构件钢筋	t	0.655	5 211.59	3 413.59	
	A5－17	带肋钢筋 直径12 mm	t	0.655	5 211.59	3 413.59	
19	010515001006	现浇构件钢筋	t	0.03	4 889.24	146.68	
	A5－18	带肋钢筋 直径14 mm	t	0.03	4 889.24	146.68	
20	010515001007	现浇构件钢筋	t	1.142	4 673.43	5 337.06	

续表

序号	项目编码	项目名称	计量单位	工程量	综合单价	合价	其中：暂估价
	A5—19	带肋钢筋 直径16 mm	t	1.142	4 673.43	5 337.06	
21	010515001008	现浇构件钢筋	t	1.368	4 549.55	6 223.78	
	A5—20	带肋钢筋 直径18 mm	t	1.368	4 549.55	6 223.78	
22	010515001009	现浇构件钢筋	t	0.603	5 765.07	3 476.34	
	A5—23	带肋钢筋 直径25 mm	t	0.603	5 765.07	3 476.34	
23	010515001010	现浇构件钢筋	t	2.54	240.39	610.59	
	A5—56	电渣压力焊接 $\phi 14 \sim 18$	10个接头	11.2	54.52	610.59	
24	010515001011	现浇构件钢筋	t	0.603	380.9	229.68	
	A5—57	电渣压力焊接 $\phi 20 \sim 32$	10个接头	3.2	71.78	229.68	
	A.9	屋面及防水工程				11 378.71	
25	010902001001	屋面卷材防水	m²	183.84	61.89	11 378.71	
	A8—91	卷材防水 三元丁橡胶卷材 冷贴满铺平面	100 m²	1.838 4	6 189.46	11 378.71	
	A.17	单价措施费					
26	011702029001	散水	m²	53.91	92.84	5 004.98	
	A10—49	混凝土散水	100 m²	0.5391	9 283.96	5 004.98	
		单价措施费				68 228.1	
27	011702001001	基础 ZJ1	m²	17.28	48.58	839.39	
	A13—5	现浇混凝土模板 独立基础 竹胶合板模板 木支撑	100 m²	0.1728	4 857.55	839.39	
28	011702001002	基础 ZJ2	m²	10.8	48.58	524.62	
	A13—5	现浇混凝土模板 独立基础 竹胶合板模板 木支撑	100 m²	0.108	4 857.55	524.62	
29	011702002001	矩形柱 KZ1	m²	70.05	67.96	4 760.43	
	A13—20	现浇混凝土模板 矩形柱 竹胶合板模板 钢支撑	100 m²	0.700 5	5 606.97	3 927.68	
	A13—22	现浇混凝土模板 柱支撑高度超过3.6 m增加3 m以内 钢支撑	100 m²	0.700 5	1 188.78	832.74	

续表

序号	项目编码	项目名称	计量单位	工程量	金额/元		其中：暂估价
					综合单价	合价	
30	011702002002	矩形柱 KZ2	m²	32.97	67.96	2 240.56	
	A13—20	现浇混凝土模板 矩形柱 竹胶合板模板 钢支撑	100 m²	0.329 7	5 606.97	1 848.62	
	A13—22	现浇混凝土模板 柱支撑高度超过3.6 m增加3 m以内 钢支撑	100 m²	0.329 7	1 188.78	391.94	
31	011702002003	矩形柱 KZ3	m²	21.42	67.96	1 455.65	
	A13—20	现浇混凝土模板 矩形柱 竹胶合板模板 钢支撑	100 m²	0.214 2	5 606.97	1 201.01	
	A13—22	现浇混凝土模板 柱支撑高度超过3.6 m增加3 m以内 钢支撑	100 m²	0.214 2	1 188.78	254.64	
32	011702005001	基础梁	m²	72.79	50.43	3 671.04	
	A13—23	现浇混凝土模板 基础梁 竹胶合板模板 钢支撑	100 m²	0.727 9	5 043.33	3 671.04	
33	011702014001	有梁板	m²	355.59	86.43	30 734.13	
	A13—36	现浇混凝土模板 有梁板 竹胶合板模板 钢支撑	100 m²	3.555 9	6 145.81	21 853.89	
	A13—41	现浇混凝土模板 板支撑高度超过3.6 m增加3 m以内 钢支撑	100 m²	3.555 9	2 497.33	8 880.24	
34	011702029002	散水	m²	52.83	89.85	4 746.9	
	A13—52	现浇混凝土模板 小型构件 木模板木支撑	100 m²	0.528 3	8 985.24	4 746.9	
35	011701001001	综合脚手架	m²	177.16	31.26	5 538.06	
	A12—1	综合脚手架 单层民用建筑檐口高10 m以内	100 m²	1.771 6	3 126.02	5 538.06	
36	011703001001	垂直运输	m²	177.16	77.43	13 717.33	
	A14—3	垂直运输工程 建筑物地面以上 塔吊 建筑檐口高20 m以内	台班	9.979 7	1 374.52	13 717.33	

附表 23 总价措施项目清单计价表

项目名称：配电房　　　　　　　　　　　　　　　　　　　　　　　　　　　标段：建筑工程

序号	项目编码	项目名称	计算基础	费率/%	金额/元	备注
1	011707001001	安全文明施工费	取费人工费+取费机械费+技术措施人工取费价+技术措施机械取费价	12.99	7 646.6	
2	011707005001	冬、雨期施工增加费	分部分项合计+技术措施项目合计	0.16	339.76	
		合　　计			7986.36	

附表 24 其他项目清单计价表

项目名称：配电房　　　　　　　　　　　　　　　　　　　　　　　　　　　标段：建筑工程

序号	项目名称	金额/元	结算金额/元	备注
1	暂列金额	10 000		
2	暂估价			
2.1	材料(工程设备)暂估价	—		
2.2	专业工程暂估价			
3	计日工			
4	总承包服务费			
5	索赔与现场签证			

附表 25　规费项目清单计价表

项目名称：配电房　　　　　　　　　　　　　　　　　　　　　　　　　　　　　标段：建筑工程

序号	项目名称	计算基础	计算费率/%	金额/元
1	工程排污费	分部分项工程费＋措施项目费＋其他项目费－协商项目B－协商项目C	0.4	881.35
2	职工教育经费	分部分项人工费＋技术措施项目人工费＋计日工人工费	1.5	930.7
3	工会经费	分部分项人工费＋技术措施项目人工费＋计日工人工费	2	1 240.93
4	其他规费	分部分项人工费＋技术措施项目人工费＋计日工人工费	16.7	10 361.79
5	养老保险费(劳保基金)	分部分项工程费＋措施项目费＋其他项目费－协商项目B－协商项目C	3.5	7 711.78
6	安全生产责任险	分部分项工程费＋措施项目费＋其他项目费－协商项目B－协商项目C	0.19	418.64

附表26 综合单价分析表(一)

项目名称：开闭所　　　　　　　　　　　　　　　　　　　　　　　　　　标段：建筑工程

项目编码	010101001001	项目名称	平整场地	计量单位	m²	工程量	177.16	综合单价	6.12
消耗量		数量	单价(基价表)			单价(市场价)			合价/元
标准编号	项目名称		合计	人工费	材料费	机械费	合计	人工费	材料费	机械费	管理费	利润	
A1-3	平整场地	3.1	220.5	220.5	0	0	258.3	258.3	0	0	23.34% 136.73	25.12% 147.16	1 084.52
人工单价：综合人工(建筑)82元/工日			累计/元				800.63	800.63	0	0	136.73	147.16	1 084.52

材料费明细表 (注：本栏单价 为市场单价)	主要材料名称、规格、型号	单位	数量	单价/元	合价/元	暂估单价 /元	暂估合价 /元
		元		—	800.63		0
	工料机合计						

附表27 综合单价分析表(二)

项目名称:开闭所 标段:建筑工程

消耗量标准编号	项目名称	单位	数量	单价(基价表)				单价(市场价)				管理费 23.34%	利润 25.12%	合价/元
				合计	人工费	材料费	机械费	合计	人工费	材料费	机械费			
A1—4	人工挖槽、坑 深度2 m 以内普通土	100 m³	0.76	1 652.7	1 652.7	0	0	1 936.02	1 936.02	0	0	250.22	269.31	1 984.71
人工单价:综合人工(建筑)82元/工日				累计/元				1 465.18	1 465.18	0	0	250.22	269.31	1 984.71
材料费明细表(注:本栏单价为市场单价)	主要材料名称、规格、型号	单位	数量					单价/元				暂估单价/元	合价/元	暂估合价/元
	工料合计	元						—					1 465.18	0

附表28 综合单价分析表(三)

项目名称:开闭所　　　　　　　　　　　　　　　　　　　　　　　　　　　　　标段:建筑工程

项目编码	010101004001	项目名称	人工挖槽、坑 深度2m以内 普通土			计量单位	m³	工程量	43.69
消耗量			单价(基价表)			单价(市场价)			综合单价
标准编号	数量	单位	人工费	材料费	机械费	人工费	材料费	机械费	管理费	利润
									61.82	25.12%
A1—4	1.03	100 m³	1 652.7	0	0	1 936.02	0	0	340.52	366.49
合计			1 652.7			1 936.02			340.52	366.49
人工单价:综合人工(建筑)82元/工日			累计/元			1 993.91	0	0	340.52	366.49

	合价/元		
			2 700.92
			2 700.92
	1 993.91		2 700.92

材料费明细表(注:本栏单价为市场单价)	主要材料名称、规格、型号	单位	数量	单价/元	合价/元	暂估单价/元	暂估合价/元
		元	—				0
	工料机合计						

· 259 ·

附表29 综合单价分析表(四)

项目名称:开闭所　　　　　　　　　　　　　　　　　　　　　　　　　　　　　　　　标段:建筑工程

项目编码	010502001001	项目名称	项目名称	矩形柱 KZ1		计量单位	m³	工程量	8	综合单价	572.47
消耗量标准编号	数量	单位	单价(基价表)			单价(市场价)					合价/元
			人工费	材料费	机械费	合计	人工费	材料费	机械费	管理费 23.34%	利润 25.12%
A5-109	0.08	100 m³	6 323.8	46 386.04	2 472.24	52 160.35	7 407.88	43 531.93	2 488.46	147.14	158.36
											4 579.76
人工单价:综合人工(建筑)82元/工日			累计/元			4 172.83	592.63	3 482.55	199.08	147.14	158.36
											4 579.76
主要材料名称、规格、型号			单位	数量		单价/元	合价/元		暂估单价/元		暂估合价/元
水			m³	7.2		4.38	31.54		—		
普通商品混凝土 C35(砾石)			m³	7.872		406.66	3 201.23		—		
其他铁件			kg	8		6.481	51.85		—		
水泥砂浆 1:2			m³	0.248		389.15	96.51				
其他材料费(本项目)			元	—		—	101.43				0
材料费合计			元	—		—	3 482.55				0
工料机合计			元	—		—	4 274.26				0

材料费明细表
(注:本栏单价为市场单价)

附表30 人工、材料、机械汇总表

项目名称：配电房　　　　　　　　　　　　　　　　　　　　　标段：建筑工程

序号	编码	名称(材料、机械规格、型号)	单位	数量	基期价/元	基准价或结算价/元	合价/元
1	00001	综合人工(建筑)	工日	756.666 1	70	82	62 046.62
2	011413	HPB300 直径 8 mm	kg	4 401.3	4.2	3.134	13 793.67
3	011426	HRB400 直径 12 mm	kg	668.1	4.69	3.305	2 208.07
4	011428	HRB400 直径 16 mm	kg	1 164.84	4.5	3.1	3 611
5	011429	HRB400 直径 18 mm	kg	1 395.36	4.5	3.1	4 325.62
6	011432	HRB400 直径 25 mm	kg	615.06	4.5	4.5	2 767.77
7	040182	混凝土空心砖	m³	42.280 7	420	420	17 757.89
8	040204	中净砂	m³	19.059 8	128.51	144.5	2754.14
9	050090	模板锯材	m³	2.222 1	1 843.28	1 843.28	4 095.95
10	050091	模板竹胶合板(15 mm 双面覆膜)	m²	52.246 7	70.5	70.5	3 683.39
11	110057	三元丁橡胶卷材	m²	228.274 1	24.04	24.04	5 487.71
12	040264	普通商品混凝土 C35(砾石)	m³	71.940 2	448	406.66	29 255.2
13	JXRG	人工(建筑)	工日	34.484 3	70	82	2 827.71
14	J1—67	夯实机　电动 20~62 N·m	台班	5.617 2	29.17	29.21	164.08
15	J3—17	汽车式起重机 5 t	台班	1.4674	475.19	469.34	688.71
16	J3—21	汽车式起重机 20 t	台班	0.163 9	1 089.04	1 066.75	174.84
17	J3—37	塔式起重机 600 kN·m	台班	0.027 4	500.93	525.04	14.39
18	J3—41	自升式塔式起重机 1000 kN·m	台班	9.9797	766.35	790.69	7 890.85
19	J4—30	机动翻斗车 1 t	台班	0.069 1	156.03	160.76	11.11
20	J4—6	载货汽车 6 t	台班	3.268 7	452.34	424.29	1 386.88
21	J4—7	载货汽车 8 t	台班	0.088 6	513.67	482.91	42.79
22	J5—10	电动卷扬机　单筒慢速 50 kN	台班	2.1219	128.66	140.73	298.61
23	J5—20	皮带运输机 15×0.5 m	台班	0.027 4	171.77	183.82	5.04
24	J6—11	单卧轴式混凝土搅拌机 350 L	台班	0.940 4	179.96	192.09	180.64
25	J6—16	灰浆搅拌机 200 L	台班	1.548 6	92.19	104.21	161.38
26	J6—38	混凝土输送泵 80 m³/h	台班	0.534	1 928.87	1 941.81	1 036.93

续表

序号	编码	名称(材料、机械规格、型号)	单位	数量	基期价/元	基准价或结算价/元	合价/元
27	J6—39	混凝土泵车 120/170 m³/h	台班	0.141 1	6 024.19	5 873.92	828.81
28	J6—55	混凝土振动器 插入式	台班	3.619 8	12.23	12.24	44.31
29	J6—56	混凝土振动器 附着式	台班	0.713	11.47	11.48	8.19
30	J7—12	木工圆锯机 φ500 mm	台班	0.805	30.95	31	24.96
31	J7—2	钢筋切断机 φ40 mm	台班	1.089 9	49.51	49.57	54.03
32	J7—3	钢筋弯曲机 φ40 mm	台班	4.557 4	26.98	27.01	123.1
33	J9—12	对焊机 容量 75 kV·A	台班	0.360 3	216.81	229.06	82.53
34	J9—24	电渣焊机 1000 A	台班	0.896	289.12	301.41	270.06
35	J9—27	点焊机 长臂 75 kV·A	台班	0.607 9	245.09	257.4	156.47
36	J9—8	直流电弧焊机 32 kW	台班	1.929 8	188.7	200.89	387.68
合 计		元				168 651.13	

(2)装饰装修工程招标控制价(附表31～附表38)。

附表 31　单位工程招标控制价汇总表

项目名称:配电房　　　　　　　　　　　　　　　　　　　　　　　标段:装饰装修工程

序号	汇总内容	计费基础说明	费率/%	金额/元	其中:暂估价/元
1	分部分项工程费	1.1+1.2+1.3+1.4+1.5+1.6		78 040.6	
1.1	人工费			33 363.2	
1.2	材料费			31 145.7	
1.3	其中:安装工程设备费				
1.4	机械费			1 221.84	
1.5	其他材料费	1.2×其他材料费率		934.37	
1.6	企业管理费		26.81	5 476.33	
1.7	利润		28.88	5 899.16	
2	措施项目费	2.1+2.2		8 039.51	
2.1	能计量的部分	2.1.1+2.1.2+2.1.3+2.1.4+2.1.5+2.1.6		5 034.04	
2.1.1	人工费			1 037.15	
2.1.2	材料费			95.06	

续表

序号	汇总内容	计费基础说明	费率/%	金额/元	其中：暂估价/元
2.1.3	其他材料费	2.1.2×其他材料费率		2.85	
2.1.4	机械费			3 545.35	
2.1.5	企业管理费		26.81	170.24	
2.1.6	利润		28.88	183.38	
2.2	总价措施项目费			3 005.47	
2.2.1	其中：安全文明施工费		14.27	3 005.47	
3	其他项目费				
4	规费			10 469.55	
4.1	其中：养老保险费	1+2+3	3.5	3 012.8	
5	税金	1+2+3+4	3.477	3 357.03	
6	暂列金额				
招标控制价合计		合计：1+2+3+4+5+6		99 906.68	0

附表 32　分部分项工程与单价措施项目清单与计价表

项目名称：配电房　　　　　　　　　　　　　　　　　　　　标段：装饰装修工程

序号	项目编码	项目名称	计量单位	工程量	金额/元		其中：暂估价
					综合单价	合价	
		A.8　门窗工程				15 142.58	
1	010802003001	钢质防火门	樘	2	1 063.79	2 127.57	
	B4-93	防火门、防火卷帘门安装 防火门 钢质	100 m²	0.042	50 656.44	2 127.57	
2	010802004001	防盗门 M1	樘	1	1 512.94	1 512.94	
	B4-42	铝合金门窗制作、安装 单扇地弹门 无上亮	100 m²	0.040 5	37 356.46	1 512.94	
3	010802004002	防盗门 M2	樘	2	1 075.87	2 151.73	
	B4-42	铝合金门窗制作、安装 单扇地弹门 无上亮	100 m²	0.057 6	37 356.46	2 151.73	
4	010807001001	金属（塑钢、断桥）窗 C1	樘	7	1 062.18	7 435.28	

续表

序号	项目编码	项目名称	计量单位	工程量	金额/元		其中：暂估价
					综合单价	合价	
	B4—53	铝合金门窗制作、安装 双扇平开门 带上亮	100 m²	0.244 6	30 397.72	7 435.28	
5	010807001002	金属(塑钢、断桥)窗	樘	2	957.53	1 915.06	
	B4—53	铝合金门窗制作、安装 双扇平开门 带上亮	100 m²	0.063	30 397.72	1 915.06	
	A.11	楼地面装饰工程				31 115.84	
6	011101003001	细石混凝土楼地面	m²	136.12	23.46	3 193.51	
	B1—4	找平层 细石混凝土 30 mm	100 m²	1.361 2	2 272.27	3 093.02	
	B1—5	找平层 细石混凝土 每增减 1 mm	100 m²	1.361 2	73.83	100.49	
7	011102003001	块料楼地面	m²	27.2	96.9	2 635.6	
	B1—58	陶瓷地面砖 楼地面 每块面积在 1 600 cm² 以内	100 m²	0.272	9 689.71	2 635.6	
8	011105003001	块料踢脚线	m	14.98	93.63	1 402.53	
	B1—63	陶瓷地面砖 踢脚线	100 m²	0.149 83	9 360.79	1 402.53	
9	011108004001	水泥砂浆零星项目	m²	251.24	95.07	23 884.2	
	B2—24	一般抹灰 水泥砂浆 零星项目	100 m²	2.512 4	9 506.53	23 884.2	
	A.12	墙、柱面装饰与隔断、幕墙工程				18 161.25	
10	011201001001	墙面一般抹灰	m²	338.31	25.36	8 578.83	
	B2—17	一般抹灰 墙面、墙裙抹水泥砂浆 内砖墙	100 m²	3.383 1	2 535.79	8 578.83	
11	011201001002	墙面一般抹灰	m²	234.2	33.14	7 761.06	
	B2—18	一般抹灰 墙面、墙裙抹水泥砂浆 外砖墙	100 m²	2.342	3 313.86	7 761.06	

续表

序号	项目编码	项目名称	计量单位	工程量	金额/元		
					综合单价	合价	其中：暂估价
12	011204003001	块料墙面	m²	16.51	110.32	1 821.36	
	B2-173	面砖 水泥砂浆粘贴 周长在 1 200 mm 以内	100 m²	0.165 1	11 031.85	1 821.36	
	A.13	天棚工程				78.48	
13	011301001001	天棚抹灰	m²	294.03	0.27	78.48	
	B3-3	混凝土天棚 水泥砂浆 现浇	100 m²	0.029 4	2 669.46	78.48	
	A.14	油漆、涂料、裱糊工程				13 542.44	
14	011407002001	天棚喷刷涂料	m²	294.03	21.62	6 355.61	
	B5-237	外墙喷丙烯酸外用乳胶漆 无光 抹灰面	100 m²	2.940 3	2 161.55	6 355.61	
15	011407001001	墙面喷刷涂料	m²	234.2	12.55	2 939.96	
	B5-211	抹灰面刷墙漆 外墙面	100 m²	2.342	1 255.32	2 939.96	
16	011407001002	墙面喷刷涂料	m²	338.31	12.55	4 246.87	
	B5-212	抹灰面刷墙漆 内墙面	100 m²	3.3831	1 255.32	4 246.87	
		单价措施费				5 034.04	
17	011701006001	满堂脚手架	m²	163.32	9.2	1 503.07	
	B7-6	满堂脚手架 层高3.6～5.2 m	100 m²	1.633 2	920.32	1 503.07	
18	011703001001	垂直运输	m²	177.16	19.93	3 530.97	
	B8-10	垂直运输费 单层建筑物檐高 20 m 以内	100 工日	3.510 24	1 005.91	3 530.97	
		合 计				83 074.64	

附表33 总价措施项目清单与计价表

项目名称：配电房　　　　　　　　　　　　　　　　　　　　　　　　标段：装饰装修工程

序号	项目编码	项目名称	计算基础	费率/%	金额/元	备注
1	011707001001	安全文明施工费	取费人工费＋技术措施人工取费价	14.27	3 005.47	
2	011707005001	冬、雨期施工增加费				
		合　　计			3 005.47	

附表34 其他项目清单与计价表

项目名称：配电房　　　　　　　　　　　　　　　　　　　　　　　　标段：装饰装修工程

序号	项目名称	金额/元	结算金额/元	备注
1	暂列金额			
2	暂估价			
2.1	材料(工程设备)暂估价	—		
2.2	专业工程暂估价			
3	计日工			
4	总承包服务费			
5	索赔与现场签证			

附表35 规费项目清单与计价表

项目名称：配电房　　　　　　　　　　　　　　　　　　　　　　　　标段：装饰装修工程

序号	项目名称	计算基础	计算费率/%	金额/元
1	工程排污费	分部分项工程费＋措施项目费＋其他项目费－协商项目B－协商项目C	0.4	344.32
2	职工教育经费	分部分项人工费＋技术措施项目人工费＋计日工人工费	1.5	516.01
3	工会经费	分部分项人工费＋技术措施项目人工费＋计日工人工费	2	688.01
4	其他规费	分部分项人工费＋技术措施项目人工费＋计日工人工费	16.7	5 744.86
5	养老保险费(劳保基金)	分部分项工程费＋措施项目费＋其他项目费－协商项目B－协商项目C	3.5	3 012.8
6	安全生产责任险	分部分项工程费＋措施项目费＋其他项目费－协商项目B－协商项目C	0.19	163.55

附表36 综合单价分析表（一）

项目名称：开闭所　　　　　　　　　　　　　　　　　　　　　　　　　标段：装饰装修工程

项目编码	010802003001		项目名称	防火门、防火卷帘门安装 防火门 钢质防火门	计量单位	100 m²	工程量	0.04

消耗量				单价（基价表）			单价（市场价）			综合单价	合价/元
标准编号	单位	数量	合计	人工费	材料费	机械费	合计	人工费	材料费	机械费	管理费	利润	
B4—93	100 m²	0.04	47 293.9	2 293.9	45 000	0	48 211.46	3 211.46	46 350	0	26.81%	28.88%	1 063.79
							2 024.88	134.88	1 946.7	0	22.14	23.85	2 127.57
人工单价：综合人工（装饰）98元/工日			累计/元								22.14	23.85	2 127.57

材料费明细表 (注：本栏单价为市场单价)	主要材料名称、规格、型号	单位	数量	单价/元	合价/元	暂估单价/元	暂估合价/元
	钢质防火门（成品）	m²	4.2	450	1 890	—	0
	材料费合计	元		—	1 946.7	—	0
	工料机合计	元		—	2 081.58		

附表37 综合单价分析表(二)

项目名称：开闭所　　　　　　　　　　　　　　　　　　　　　　　　　　　　　　　　　　　标段：装饰装修工程

项目编码	010802004001		项目名称	铝合金门窗制作、安装单扇地弹门无上亮			计量单位	100 m²	工程量	0.04			
消耗量标准编号		数量		单价（基价表）				单价（市场价）				综合单价	合价/元
				人工费	材料费	机械费	合计	人工费	材料费	机械费	管理费	利润	
											26.81%	28.88%	
B4-42		0.04	铝合金门窗制作、安装单扇地弹门无上亮	4 879	25 623.46	671.74	31 174.19	6 830.6	27 524.57	672.34	45.41	48.91	1 512.94
			合计	4 879	25 623.46	671.74	31 174.19	6 830.6	27 524.57	672.34	45.41	48.91	1 512.94
人工单价：综合人工(装饰)98元/工日			累计/元				34 225.82	1 386.15	1 114.75	27.23	45.41	48.91	1 512.94
材料费明细表（注：本栏单价为市场单价）	主要材料名称、规格、型号		单位	数量			单价/元	合价/元	暂估单价	暂估合价			
	密封毛条		m	8.219 5			0.25	2.05					
	平板玻璃 6 mm		m²	3.433 2			23.27	79.89					
	膨胀螺栓 M8×65		套	50.143 1			0.45	22.56					
	拉杆螺栓		kg	0.528 9			6	3.17					
	螺钉 M5×16		个	15.891 4			0.04	0.64					
	合金钢钻头 φ10		个	0.3135			8.5	2.66					
	地脚		个	25.0715			5.5	137.89					
	铝合金型材		kg	29.339			25	733.48					
	软填料		kg	2.229 9			35	78.05					
	玻璃胶 350 g		支	1.454			8	11.63					
	密封油膏		kg	1.784 8			5.74	10.24					
	其他材料费（本项目）		元	—			—	32.47					0
	材料费合计		元	—			—	1 114.75					0
	工料机合计		元					1 418.61					0

附表38 人工、材料、机械汇总表

项目名称：配电房　　　　　　　　　　　　　　　　　　　　　　　　标段：装饰装修工程

序号	编码	名称（材料、机械规格、型号）	单位	数量	基期价/元	基准价或结算价/元	合价/元
1	00001	综合人工（装饰）	工日	351.0239	70	98	34 400.34
2	030044	地脚	个	155.666 4	5.5	5.5	856.17
3	040031	粗净砂	m³	22.7116	140.41	145.67	3 308.4
4	040139	水泥 32.5 级	kg	10 835.232	0.39	0.406	4 399.1
5	060116	平板玻璃 6 mm	m²	38.780 7	28	23.27	902.43
6	060152	陶瓷地面砖 400 mm×400 mm	m²	27.88	50	50	1 394
7	070027	瓷墙面砖 300 mm×300 mm	m²	17.170 4	45	45	772.67
8	080111	铝合金型材	kg	261.946 8	25	25	6 548.67
9	090018	钢质防火门（成品）	m²	4.2	450	450	1 890
10	110002	108 胶水	kg	362.455 3	2	1	362.46
11	110095	丙烯酸无光外墙乳胶漆	kg	167.5971	18.5	18.5	3 100.55
12	110179	墙漆	kg	142.326	30	30	4 269.78
13	JXRG	人工（装饰）	工日	26.2528	70	98	2 572.77
14	J10—12	电动空气压缩机 1 m³/min	台班	3.234 3	127.59	155.67	503.48
15	J12—133	石料切割机	台班	0.847 2	10.68	10.69	9.06
16	J12—135	制作安装综合机械（适用于铝合金门窗制安）	台班	0.6613	326.73	327.1	216.31
17	J4—6	载货汽车 6 t	台班	0.0327	452.34	440.29	14.4
18	J5—4	电动卷扬机单筒快速牵引力 20 kN	台班	19.341 4	154.43	182.56	3 530.97
19	J6—16	灰浆搅拌机 200 L	台班	3.222 4	92.19	120.21	387.36
20	J6—6	双锥反转出料混凝土搅拌机 350 L	台班	0.422	142.55	170.64	72.01
21	J7—114	电锤 520 W	台班	3.739 4	8.99	8.99	33.62
		本页小计	元				69 544.55
		合　计	元				69 544.55

参 考 文 献

[1] 中华人民共和国住房和城乡建设部. GB 50500—2013 建设工程工程量清单计价规范[S]. 北京：中国计划出版社，2013.

[2] 中华人民共和国住房和城乡建设部. GB 50854—2013 房屋建筑与装饰工程工程量计算规范[S]. 北京：中国计划出版社，2013.

[3] 中华人民共和国住房和城乡建设部. TY 01－31－2015 房屋建筑与装饰工程消耗量定额[S]. 北京：中国计划出版社，2015.

[4] 中华人民共和国住房和城乡建设部. 建设工程施工机械台班费用编制规则[S]. 北京：中国计划出版社，2015.

[5] 赵平. 建筑工程概预算（高等院校土木工程选修课教材）[M]. 北京：中国建筑工业出版社，2009.

[6] 张建平，吴贤国. 工程估价（全国普通高等院校工程管理专业实用创新型系列规划教材）[M]. 北京：科学出版社，2009.

[7] 胡洋. 建筑工程计量与计价[M]. 南京：南京大学出版社，2012.

[8] 李玉芬. 建筑工程概预算[M]. 北京：机械工业出版社，2010.

[9] 袁建新. 建筑装饰工程预算[M]. 北京：科学出版社，2013.

[10] 赵勤贤. 装饰工程计量与计价（建筑工程技术类）[M]. 大连：大连理工大学出版社，2009.

[11] 侯献语，尹晶. 工程计量与计价[M]. 北京：北京邮电大学出版社，2014.